Kleinknecht/Wüst: Lehrbuch der elementaren Logik

Band 2

Reinhard Kleinknecht
Eckehard Wüst:
Lehrbuch der elementaren Logik

Band 2: Prädikatenlogik

Deutscher
Taschenbuch
Verlag

dtv

Originalausgabe
August 1976

Umschlaggestaltung: Celestino Piatti
Gesamtherstellung: C. H. Beck'sche Buchdruckerei, Nördlingen
Printed in Germany · ISBN 3-423-04119-6

In der Wissenschaft und auch im täglichen Leben kommen viele logische Schlüsse vor, die nicht *allein* aufgrund einer aussagenlogischen Analyse ihrer Prämissen und ihrer Konklusion als korrekt erweisbar sind. Beispiele für solche Schlüsse sind:

Alle Bayern sind Deutsche
Xaver ist ein Bayer
―――――――――
Xaver ist ein Deutscher

Alle Parallelogramme sind Trapeze
Jedes Rechteck ist ein Parallelogramm
Es gibt Rechtecke
―――――――――
Einige Trapeze sind rechteckig

Alle Pferde sind Tiere
―――――――――
Alle Pferdeköpfe sind Tierköpfe

In keinem dieser Schlüsse kommt eine aussagenlogische Satzverbindung vor. Vielmehr enthalten sie nur rein prädikatenlogisch strukturierte Aussagesätze.

Während die Aussagenlogik auf der Analyse des (aussagenlogischen) Gebrauchs aussagenlogischer Konstanten wie »nicht«, »und«, »oder« usw. beruht, befaßt man sich in der Prädikatenlogik darüber hinaus auch mit »quantifizierenden« Ausdrücken wie »alle«, »einige« und »es gibt«. Um die Funktion solcher Ausdrücke darstellen zu können, ist es erforderlich, die in der Aussagenlogik außer Betracht bleibende sog. *Subjekt-Prädikat-Struktur* der Aussagesätze zu berücksichtigen. Eine Analyse von Aussagesätzen mit solchen quantifizierenden Ausdrücken zeigt, daß alle diese Ausdrücke auf zwei *prädikatenlogische Operatoren* zurückgeführt werden können.

Wir werfen zunächst einen kurzen Blick auf die Subjekt-Prädikat-Struktur umgangssprachlicher Sätze und betrachten dann die Funktion quantifizierender Ausdrücke. Gegeben seien etwa folgende Aussagesätze:

Hans ist blond
Die bayerische Landeshauptstadt ist groß
Erik liebt Karin
Die Zahl 2 ist kleiner als die Zahl 3
Augsburg liegt zwischen Ulm und München

Um die Subjekt-Prädikat-Struktur dieser Sätze freizulegen, müssen wir zwischen Gegenstandsausdrücken und Prädikatausdrücken unterscheiden. Ein *Gegenstandsausdruck* ist ein Ausdruck, mit dessen Hilfe man sich sprachlich auf einen bestimmten Gegenstand bezieht. In der deutschen Sprache gibt es mindestens drei Arten von Gegenstandsausdrücken:

1. *Eigennamen* wie z. B. »Hans«, »München«, »die Zahl 2«;
2. *Indikatoren* wie z. B. »er«, »sie«, »es«, »jetzt«, »hier«, »heute«;
3. *Kennzeichnungen* wie z. B. »die bayerische Landeshauptstadt«, »der erste deutsche Bundeskanzler«.

Alle in den obigen Beispielsätzen vorkommenden Gegenstandsausdrücke werden innerhalb der jeweiligen Sätze bezeichnend gebraucht. Es ist jedoch zu beachten, daß nicht jedes Vorkommen eines Gegenstandsausdrucks in einem Satz ein *bezeichnend gebrauchtes Vorkommen* dieses Ausdrucks sein muß. Während beispielsweise der Satz »Hans ist blond« ein bezeichnend gebrauchtes Vorkommen von »Hans« enthält, kommt in dem Satz »»Hans« besteht aus vier Buchstaben« kein bezeichnend gebrauchtes Vorkommen von »Hans« vor; vielmehr kommt »Hans« darin nur als Bestandteil des Namens »»Hans«« vor.

Ersetzt man in einem Aussagesatz ein oder mehrere bezeichnend gebrauchte Vorkommen von Gegenstandsausdrücken durch das Zeichen »∗«, so erhält man einen Ausdruck, den wir *Prädikatausdruck* nennen wollen. Aus den obigen Sätzen gewinnt man beispielsweise folgende Prädikatausdrücke:

∗ ist blond
∗ ist groß
∗ liebt Karin
Erik liebt ∗
∗ liebt ∗
∗ ist kleiner als ∗
∗ liegt zwischen ∗ und ∗

Jeder Prädikatausdruck besitzt eine bestimmte *Stellenzahl*. Darunter sei die Anzahl der Vorkommen von »∗« in dem betreffenden Ausdruck verstanden.

Mit Hilfe der aussagenlogischen Konstanten kann man aus gegebenen Prädikatausdrücken neue, komplexere Prädikatausdrücke bilden. So erhält man z. B. aus »∗ ist blond« und »∗ liebt Karin« den Prädikatausdruck »∗ ist blond und ∗ liebt Karin«.

Man kann nicht nur aus Aussagesätzen Prädikatausdrücke erzeugen, sondern auch umgekehrt aus Prädikatausdrücken wieder Aussagesätze. Die einfachste Methode besteht darin, daß man jedes Vorkommen von »*« durch einen Gegenstandsausdruck ersetzt. So können etwa aus dem (einstelligen) Prädikatausdruck »* ist blond« die Sätze

Hans ist blond
Erik ist blond
Karin ist blond

und aus dem (zweistelligen) Prädikatausdruck »* ist blond und * liebt Karin« die Sätze

Hans ist blond und Hans liebt Karin
Hans ist blond und Erik liebt Karin
Karin ist blond und Karin liebt Karin

gewonnen werden.

Aus einstelligen Prädikatausdrücken und solchen Prädikatausdrücken, die aus einstelligen mittels aussagenlogischer Konstanten wie »und«, »oder« und »wenn – dann« zusammengesetzt sind, kann man auch nach der folgenden Methode Aussagesätze erzeugen: Zunächst ersetzt man in dem betreffenden Prädikatausdruck alle Vorkommen von »*« durch das Pronomen »es«; dann stellt man dem so gewonnenen Ausdruck eine der beiden Wendungen »Für jedes Ding gilt:« bzw. »Es gibt wenigstens ein Ding, für das gilt:« voran. Gegeben seien beispielsweise die folgenden beiden (zweistelligen) Prädikatausdrücke:

(α) wenn * ein Mensch ist, dann ist * sterblich
(β) * ist ein Mensch und * ist sterblich

Aus (α) kann man nach der angegebenen Methode etwa den Satz

(1) Für jedes Ding gilt: wenn es ein Mensch ist, dann ist es sterblich

und aus (β) den Satz

(2) Es gibt wenigstens ein Ding, für das gilt: es ist ein Mensch und es ist sterblich

erzeugen. Der Inhalt von (1) kann auch folgendermaßen formuliert werden:

(1′) Jedes Ding, das ein Mensch ist, ist sterblich
(1″) Wenn irgendetwas ein Mensch ist, dann ist es sterblich
(1‴) Alle Menschen sind sterblich

Und gleichbedeutend mit (2) sind die Sätze:

(2′) Es gibt wenigstens ein Ding, das ein sterblicher Mensch ist
(2″) Es gibt wenigstens einen sterblichen Menschen
(2‴) Einige Menschen sind sterblich

Die Sätze (1)–(1‴) haben dieselbe prädikatenlogische Struktur: es sind sog. *Allsätze.* Auch die Sätze (2)–(2‴) haben dieselbe prädikatenlogische Struktur: es sind sog. *Existenzsätze.* Die prädikatenlogische Struktur von (1)–(1‴) tritt am deutlichsten in (1) hervor, und die von (2)–(2‴) in (2). Die Vorkommen des Pronomens »es« in (1) und (2) beziehen sich natürlich nicht auf bestimmte Gegenstände, sondern sie sind – wie man sagt – durch die Wendungen »Für jedes Ding gilt:« bzw. »Es gibt wenigstens ein Ding, für das gilt:« *gebunden.* Diese Wendungen haben eine *quantifizierende* Funktion und werden deshalb auch *Quantifikatoren* genannt. Die Funktion der ersten ist *generalisierend* und die der zweiten *partikularisierend.*

Die oben geschilderte Methode, aus Prädikatausdrücken unter Verwendung generalisierender oder partikularisierender Quantifikatoren Aussagesätze zu erzeugen, läßt sich wie gesagt nur auf einstellige Prädikatausdrücke oder aussagenlogische Verknüpfungen von solchen anwenden. Man kann diese Methode jedoch auf beliebige mehrstellige Prädikatausdrücke ausdehnen, indem man anstelle des Pronomens »es« sog. *Gegenstandsvariablen* wie »x«, »y« und »z« verwendet. Die Gegenstandsvariablen werden dabei durch eine neue Art von Ausdrücken gebunden, die den Quantifikatoren entsprechen: Ist ξ irgendeine Gegenstandsvariable und ersetzt man in

Für jedes … gilt:
Es gibt wenigstens ein …, für das gilt:

die Pünktchen durch ξ, so nennen wir die entstehenden Ausdrücke *ξ-Quantifikatoren*, den ersten *ξ-Generalisator* und den zweiten *ξ-Partikularisator.*

Die erweiterte Methode besteht nun darin, daß man zuerst alle Vorkommen von »$*$« durch Gegenstandsvariablen ersetzt und dann jede eingesetzte Gegenstandsvariable ξ durch Voranstellung eines ξ-Quantifikators bindet. Dazu einige Beispiele. Ersetzen wir in dem obigen Prädikatausdruck (α) alle Vorkommen von »$*$« durch die Gegenstandsvariable »x«, so erhalten wir folgenden Ausdruck:

wenn x ein Mensch ist, dann ist x sterblich

Durch Voranstellung des x-Generalisators ergibt sich daraus:

(3) Für jedes x gilt: wenn x ein Mensch ist, dann ist x sterblich (d. h.: Jeder Mensch ist sterblich)

Und aus dem Prädikatausdruck (β) erhalten wir unter Verwendung des *x*-Partikularisators:

(4) Es gibt wenigstens ein *x*, für das gilt: *x* ist ein Mensch und *x* ist sterblich (d. h.: Wenigstens ein Mensch ist sterblich)

Betrachten wir nun den zweistelligen Prädikatausdruck »∗ ist verschieden von ∗«. Wir ersetzen das erste Vorkommen von »∗« durch die Gegenstandsvariable »*x*« und das zweite durch die Gegenstandsvariable »*y*« und erhalten so:

x ist verschieden von *y*

Wenn wir nun zuerst »*y*« durch *y*-Quantifikatoren und dann »*x*« durch *x*-Quantifikatoren binden, erhalten wir folgende vier Aussagen:

(5) Für jedes *x* gilt: Für jedes *y* gilt: *x* ist verschieden von *y* (d. h.: Jedes Ding ist von jedem Ding verschieden)
(6) Für jedes *x* gilt: Es gibt wenigstens ein *y*, für das gilt: *x* ist verschieden von *y* (d. h.: Jedes Ding ist von wenigstens einem Ding verschieden)
(7) Es gibt wenigstens ein *x*, für das gilt: Für jedes *y* gilt: *x* ist verschieden von *y* (d. h.: Wenigstens ein Ding ist von jedem Ding verschieden)
(8) Es gibt wenigstens ein *x*, für das gilt: Es gibt wenigstens ein *y*, für das gilt: *x* ist verschieden von *y* (d. h.: Wenigstens ein Ding ist von wenigstens einem Ding verschieden)

In (5)–(8) tritt die prädikatenlogische Struktur der entsprechenden eingeklammerten Aussagesätze deutlich zutage. Wir zeigen nun noch an einigen Beispielen, wie man mit Hilfe von Gegenstandsvariablen und Quantifikatoren die prädikatenlogische Struktur von Aussagesätzen darstellen kann. Gegeben seien etwa folgende Aussagesätze:

(9) Jeder Mensch ist mit jedem Menschen verwandt
(10) Wenigstens ein Mensch ist mit wenigstens einem Menschen verwandt
(11) Jeder Mensch ist mit sich selbst verwandt
(12) Jeder Mensch ist mit wenigstens einem Menschen verwandt
(13) Wenigstens ein Mensch ist mit jedem Menschen verwandt

Wenn wir die prädikatenlogische Struktur dieser Sätze analysieren, ergeben sich etwa folgende damit äquivalente Formulierungen:

(9′) Für jedes *x* gilt: Für jedes *y* gilt: wenn *x* ein Mensch ist und *y* ein Mensch ist, dann ist *x* mit *y* verwandt (Für jedes *x* und für jedes *y* gilt: wenn *x* ein Mensch und *y* ein Mensch ist, dann ist *x* mit *y* verwandt)

(10′) Es gibt wenigstens ein *x*, für das gilt: Es gibt wenigstens ein *y*, für das gilt: *x* ist ein Mensch und *y* ist ein Mensch und *x* ist mit *y* verwandt (Es gibt wenigstens ein *x* und wenigstens ein *y* derart, daß gilt: *x* ist ein Mensch und *y* ist ein Mensch und *x* ist mit *y* verwandt)

(11′) Für jedes *x* gilt: wenn *x* ein Mensch ist, dann ist *x* mit *x* verwandt

(12′) Für jedes *x* gilt: wenn *x* ein Mensch ist, dann gilt: Es gibt wenigstens ein *y*, für das gilt: *y* ist ein Mensch und *x* ist mit *y* verwandt (Für jedes *x* gilt: wenn *x* ein Mensch ist, dann gibt es wenigstens ein *y* derart, daß *y* ein Mensch und *x* verwandt mit *y* ist)

(13′) Es gibt wenigstens ein *x*, für das gilt: *x* ist ein Mensch und für jedes *y* gilt: wenn *y* ein Mensch ist, dann ist *x* mit *y* verwandt

An diesen Beispielen kann man sehen, auf welche Weise man quantifizierende Wendungen wie »alle« und »es gibt« auf die beiden prädikatenlogischen Operatoren

Für jedes … gilt:
Es gibt wenigstens ein …, für das gilt:

zurückführen kann.

Damit wollen wir diese einführenden Betrachtungen der prädikatenlogischen Struktur umgangssprachlicher Aussagesätze abschließen. Der Sinn dieser Ausführungen sollte es sein, den Leser etwas auf den nun folgenden formalen Aufbau der Prädikatenlogik vorzubereiten. Wir beginnen diesen Aufbau mit der Definition einer formalen prädikatenlogischen Sprache *S2*, deren strukturelle Eigenschaften den prädikatenlogischen Strukturen der Umgangssprache entsprechen.

Die formale Sprache *S2* ist eine *prädikatenlogische Sprache der ersten Stufe.* Kennzeichnend für eine solche Sprache ist, daß sie Ausdrücke (sog. *Quantoren*) enthält, die als formale Analoga zu den umgangssprachlichen ξ-Quantifikatoren aufgefaßt werden können. Die Quantoren einer prädikatenlogischen Sprache erster Stufe beziehen sich wie die ξ-Quantifikatoren nur auf Einzelgegenstände (Individuen) und nicht auf (durch prädikative Ausdrücke bezeichnete) Eigenschaften. Prädikatenlogische Sprachen, in denen auch über prädikative Ausdrücke quantifiziert wird, nennt man *prädikaten-*

logische Sprachen höherer Stufen. Solche Sprachen enthalten Formeln, die umgangssprachlichen Redeweisen wie »Es gibt eine Eigenschaft *E*, für die gilt: die Zahlen 2 und 4 haben die Eigenschaft *E*« entsprechen.

Die *elementare Logik* bezieht sich nun ausschließlich auf prädikatenlogische Sprachen erster Stufe. Sie hat die Syntax und Semantik solcher Sprachen sowie formale Systeme zum Gegenstand, mit denen sich die gültigen Formeln dieser Sprachen auszeichnen lassen.

Wir werden in diesem Band zwei formale prädikatenlogische Systeme – ein axiomatisches System *Π2* und ein Regelsystem *Σ2* – angeben, die bezüglich der Klasse der gültigen Formeln von *S2* adäquat sind. Die formalen Systeme *Π3* und *Σ3* stellen dann *identitätslogische Erweiterungen* von *Π2* bzw. *Σ2* dar. Sie zeichnen eine echte Oberklasse der Klasse der gültigen Formeln von *S2* aus, nämlich die Klasse der identitätslogisch gültigen Formeln von *S2*. Erst mit der Konstruktion eines identitätslogischen Systems ist der Rahmen der elementaren Logik abgesteckt.

2.1. Die prädikatenlogische Sprache *S2*

Wir wenden uns nun dem formalen Aufbau der Prädikatenlogik erster Stufe zu. Hierzu definieren wir – wie in der Aussagenlogik – zunächst eine geeignete formale Sprache: die prädikatenlogische Sprache *S2*. Während die aussagenlogische Sprache *S1* in ihrer Struktur nur die mit Hilfe aussagenlogischer Konstanten gebildeten aussagenlogischen Satzverbindungen widerspiegelt, repräsentiert die Sprache *S2* darüber hinaus noch die prädikatenlogische Struktur der Aussagesätze. Damit dies möglich ist, muß die Sprache *S2* natürlich reicher strukturiert sein als die Sprache *S1*: zu den bisherigen fünf logischen Konstanten kommen noch zwei weitere hinzu, die den umgangssprachlichen Ausdrücken »alle« und »einige« entsprechen; außerdem enthalten die Formeln von *S2* den umgangssprachlichen Prädikatausdrücken entsprechende Prädikatzeichen und den umgangssprachlichen Gegenstandsausdrücken entsprechende Gegenstandszeichen.

Wie für die Sprache *S1*, so legen wir auch für die Sprache *S2* eine Semantik fest. Diese beruht auf dem Begriff der *S2*-Interpretation. Eine *S2-Interpretation* ordnet den Gegenstandszeichen Elemente eines nichtleeren Bereichs von Gegenständen und den Prädikatzeichen Relationen in diesem Bereich zu. Erfüllt sie dabei gewisse Bedingungen, so ist sie ein *Modell* einer gegebenen *S2*-Formel über dem entsprechenden Gegenstandsbereich. Mit Hilfe des Modellbegriffs werden wir dann den grundlegenden Begriff der *S2*-Gültigkeit definieren. Damit werden aus der Sprache *S2* die gültigen *S2*-Formeln semantisch ausgesondert. Diese entsprechen den prädikatenlogischen Wahrheiten der Umgangssprache. Die Klasse der *S2*-gültigen Formeln kann aber auch durch eine Semantik festgelegt werden, die auf einem Bewertungsbegriff beruht. Eine solche Bewertungssemantik, die sich als eine Erweiterung der Semantik von *S1* auffassen läßt, werden wir im Anschluß an die Interpretationssemantik angeben. Es wird sich zeigen, daß die Klasse der interpretationssemantisch gültigen *S2*-Formeln mit der Klasse der bewertungssemantisch gültigen *S2*-Formeln identisch ist.

Im Rahmen der Semantik von *S2* werden wir einige fundamentale Sätze über *S2*-Modelle beweisen. Die wichtigsten dieser – zur sog. *Modelltheorie* gehörenden – Sätze sind das Koinzidenztheorem, das Überführungstheorem, die Sätze von LÖWENHEIM und LÖWENHEIM/SKOLEM und das Inflationstheorem.

In der Aussagenlogik haben wir gezeigt, daß die Klasse der *S1*-gültigen Formeln bezüglich *S1* entscheidbar ist (Satz 1.1.2–7). Gilt nun der entsprechende Sachverhalt auch für die Sprache *S2*, d. h., ist die Klasse der *S2*-gültigen Formeln bezüglich *S2* entscheidbar? Die Antwort auf diese Frage lautet: Nein. Zwar fand L. LÖWENHEIM schon 1915 für die Klasse der prädikatenlogischen Formeln mit nur einstelligen Prädikatzeichen ein Entscheidungsverfahren hinsichtlich der logischen Gültigkeit ihrer Elemente (Entscheidbarkeit der sog. monadischen Prädikatenlogik). Und auch für andere Klassen prädikatenlogischer Formeln entdeckte man solche Entscheidungsverfahren. Deshalb glaubte man, daß auch ein Entscheidungsverfahren für *alle* prädikatenlogischen Formeln gefunden werden könnte. Im Jahre 1936 gelang jedoch A. CHURCH der Beweis, daß die Prädikatenlogik erster Stufe unentscheidbar ist, daß also kein Algorithmus existiert, mit dessen Hilfe für jede prädikatenlogische Formel erster Stufe effektiv festgestellt werden kann, ob sie prädikatenlogisch gültig ist (CHURCHsches Theorem). Dieses wichtige Theorem der mathematischen Logik kann im Rahmen dieses Buches nicht bewiesen werden, weil dazu eine Präzisierung des intuitiven Algorithmenbegriffs nötig wäre (vgl. auch 0.6.2). Wir werden jedoch in 2.2.12 einen Beweis für die Entscheidbarkeit der monadischen Prädikatenlogik bringen.

2.1.1. Der Aufbau von *S2*

Das *Alphabet* von *S2* enthalte genau die folgenden elf Zeichen:

| o ¬ ∧ ∨ → ↔ ⋀ ⋁ ( )

Wir bezeichnen dieses Alphabet mit dem Ausdruck »*A2*«. Jedem Element von *A2* ordnen wir als metasprachlichen Namen das entsprechende dünngedruckte Symbol zu. Damit erhalten wir ein *Metaalphabet* von *A2*, welches genau die folgenden Zeichen enthält:

| ∘ ¬ ∧ ∨ → ↔ ⋀ ⋁ ( )

Die zwei Zeichen | und ∘ nennen wir *Konstituenten*, die sieben Zeichen ¬, ∧, ∨, →, ↔, ⋀, ⋁ *logische Konstanten* und die beiden Zeichen (und) *Hilfszeichen*. Ferner sollen die Zeichen ∧, ∨, → und ↔ *logische Verknüpfungszeichen* und die Zeichen ⋀ und ⋁ *Quantifikationszeichen* heißen.

Zur Konstruktion der Formeln von *S2* benötigen wir gewisse komplexe Ausdrücke über *A2*, nämlich sog. Gegenstandszeichen und Prädikatzeichen.

Definition 2.1.1–1.

Ein Ausdruck über *A2* ist ein *Quasigegenstandszeichen* gdw sich dies aufgrund folgender Bestimmungen ergibt:

(1) | ist ein Quasigegenstandszeichen.
(2) Ist *X* ein Quasigegenstandszeichen, so ist auch *X*| ein Quasigegenstandszeichen.

Definition 2.1.1–2.

Ein Ausdruck *X* über *A2* ist ein *Gegenstandszeichen* (*GZ*) gdw es ein Quasigegenstandszeichen *Y* gibt, so daß $X = (Y)$.

Die einzelnen Gegenstandszeichen unterscheiden sich also, ebenso wie die Satzbuchstaben von *S1*, nur durch die Anzahl der in ihnen enthaltenen Vorkommen des Zeichens |. Wir können den Gegenstandszeichen daher durch die folgende Bestimmung kurze metasprachliche Namen zuordnen:

Ist *X* ein GZ und *n* die Anzahl der Vorkommen von | in *X*, so sei jener Ausdruck, der entsteht, wenn man den Buchstaben »*a*« mit derjenigen arabischen Ziffer indiziert, die *n* bezeichnet, ein Name von *X*.

So ist beispielsweise der Ausdruck »a_1« ein Name des GZ (|) und »a_7« ein Name des GZ (|||||||). Als metasprachliche Variable für GZ verwenden wir die Buchstaben »*x*«, »*y*«, »*z*«, »*u*«, »*v*« und »*w*« (auch indiziert). Die Klasse aller GZ bezeichnen wir schließlich mit dem Ausdruck »gz«.

Wir kommen nun zu den Prädikatzeichen von *S2*. Ihre Definition ist etwas komplizierter, da wir jedem Prädikatzeichen einerseits eine bestimmte »Stellenzahl« zuordnen müssen und andererseits für jede Stellenzahl beliebig viele Prädikatzeichen zur Verfügung stehen sollen. Wir definieren zunächst den Hilfsbegriff des *n*-stelligen Quasiprädikatzeichens.

Definition 2.1.1–3.

Ein Ausdruck über *A2* ist ein *n-stelliges Quasiprädikatzeichen* gdw sich dies aufgrund folgender Bestimmungen ergibt:

(1) ○ ist ein 1-stelliges Quasiprädikatzeichen.
(2) Ist *X* ein *n*-stelliges Quasiprädikatzeichen, so ist *X*○ ein $(n+1)$-stelliges Quasiprädikatzeichen.

Aus jedem *n*-stelligen Quasiprädikatzeichen lassen sich nun (abzählbar) unendlich viele *n*-stellige Prädikatzeichen bilden.

Definition 2.1.1–4.

Ein Ausdruck über *A2* ist ein *n-stelliges Prädikatzeichen* (*PZ*) gdw sich dies aufgrund folgender Bestimmungen ergibt:

(1) Ist *X* ein *n*-stelliges Quasiprädikatzeichen, so ist *X*| ein *n*-stelliges Prädikatzeichen.
(2) Ist *X* ein *n*-stelliges Prädikatzeichen, so ist auch *X*| ein *n*-stelliges Prädikatzeichen.

Dazu einige Beispiele:

Der Ausdruck ○ ist ein 1-stelliges Quasiprädikatzeichen. Also ist der Ausdruck ○| ein 1-stelliges Prädikatzeichen. Also sind auch die Ausdrücke ○||, ○|||, ○|||| usw. 1-stellige Prädikatzeichen.

Da der Ausdruck ○○ ein 2-stelliges Quasiprädikatzeichen ist, sind die Ausdrücke ○○|, ○○||, ○○||| usw. 2-stellige Prädikatzeichen.

Die Anzahl der Vorkommen des Zeichens ○ in einem Prädikatzeichen gibt also dessen »Stellenzahl« an, während die Anzahl der Vorkommen des Zeichens | als Unterscheidungsmerkmal von Prädikatzeichen gleicher Stellenzahl aufgefaßt werden kann.

Auch den Prädikatzeichen ordnen wir metasprachliche Namen zu:

> Ist X ein n-stelliges Prädikatzeichen und i die Anzahl der Vorkommen des Zeichens | in X, so sei jener Ausdruck, der entsteht, wenn man an den Buchstaben »F« rechts oben diejenige arabische Ziffer anfügt, die n bezeichnet, und rechts unten diejenige arabische Ziffer anfügt, die i bezeichnet, ein Name von X.

So ist beispielsweise der Ausdruck »F_2^1« ein Name des Prädikatzeichens ○|| und »F_1^3« ein Name des Prädikatzeichens ○○○|. Als metasprachliche Variable für PZ verwenden wir den Buchstaben »P«. Die Klasse aller PZ bezeichnen wir mit dem Ausdruck »pz«.

Nach diesen Vorbereitungen sind wir in der Lage, den Begriff der $S2$-Formel zu definieren.

Definition 2.1.1–5.

> Ein Ausdruck über $A2$ ist eine *S2-Formel* gdw sich dies aufgrund folgender Bestimmungen ergibt:
>
> (1) Ist P ein n-stelliges Prädikatzeichen und sind $x_1, \ldots, x_n$ Gegenstandszeichen, so ist der Ausdruck $Px_1 \ldots x_n$ eine $S2$-Formel.
> (2) Ist X eine $S2$-Formel, so ist auch der Ausdruck $\neg X$ eine $S2$-Formel.
> (3) Sind X und Y $S2$-Formeln, so sind auch die Ausdrücke $(X \wedge Y)$, $(X \vee Y)$, $(X \rightarrow Y)$ und $(X \leftrightarrow Y)$ $S2$-Formeln.
> (4) Ist X eine $S2$-Formel und z ein Gegenstandszeichen, so sind auch die Ausdrücke $\bigwedge zX$ und $\bigvee zX$ $S2$-Formeln.

Beispiele für $S2$-Formeln sind die folgenden Ausdrücke:

○||(|||)
○○|||(|)(|||)
○○○|(||)(|||)(|||)
¬○||(|)
(¬○||(|||)∨○○|||(|)(|||))
⋀(|||)○||(|||)
⋁(||)○○○|(||)(|)(||)
⋀(|)⋁(|||)○○|||(|)(|||)
¬(⋀(|||)○||(|||)→⋁(||)○○○|(||)(|||)(||))

Aufgrund unserer metasprachlichen Konventionen können wir diese Formeln (in derselben Reihenfolge) auch so angeben:

$F_2^1 a_3$
$F_4^2 a_1 a_3$
$F_1^3 a_2 a_3 a_3$
$\neg F_2^1 a_1$
$(\neg F_2^1 a_3 \vee F_4^2 a_1 a_3)$
$\bigwedge a_3 F_2^1 a_3$
$\bigvee a_2 F_1^3 a_2 a_1 a_2$
$\bigwedge a_1 \bigvee a_3 F_4^2 a_1 a_3$
$\neg(\bigwedge a_3 F_2^1 a_3 \rightarrow \bigvee a_2 F_1^3 a_2 a_3 a_2)$

Die Klasse aller *S2*-Formeln ist eine formale Sprache. Wir bezeichnen sie mit dem Symbol »*S2*«.

Als metasprachliche Variable für *S2*-Formeln verwenden wir die Buchstaben »*A*«, »*B*«, »*C*«, »*D*«, »*E*« und »*F*« (auch indiziert).

Eine *S2*-Formel ist eine *S2-Atomformel* (ist *atomar*) gdw sie keine logischen Konstanten enthält; und sie ist eine *S2-Molekülformel* (ist *molekular*) gdw sie wenigstens eine logische Konstante enthält.

Gemäß den sieben logischen Konstanten lassen sich sieben verschiedene Arten von *S2*-Formeln unterscheiden. Davon seien die ersten fünf – *S2-Negation*, *S2-Konjunktion*, *S2-Adjunktion*, *S2-Implikation* und *S2-Äquivalenz* – ebenso definiert wie ihre Gegenstücke von *S1*. (Vgl. Bd. 1, S. 80.) Ferner legen wir fest:

C ist eine *S2-Generalisation* (*S2-Allformel*) gdw es eine *S2*-Formel *A* und ein GZ *x* gibt, so daß $C = \bigwedge xA$;
C ist eine *S2-Partikularisation* (*S2-Existenzformel*) gdw es eine *S2*-Formel *A* und ein GZ *x* gibt, so daß $C = \bigvee xA$.

Die logischen Konstanten $\neg$, $\wedge$, $\vee$, $\rightarrow$, $\leftrightarrow$ bezeichnen wir wie früher als *Negationszeichen*, *Konjunktionszeichen*, *Adjunktionszeichen*, *Implikationszeichen* und *Äquivalenzzeichen*; die logische Konstante $\bigwedge$ nennen wir *Allzeichen* und die logische Konstante $\bigvee$ *Existenzzeichen*.

S2-Generalisationen und *S2*-Partikularisationen beginnen mit sog. Quantoren. Ein Quantor setzt sich aus zwei Ausdrücken zusammen: einem Quantifikationszeichen und einem Gegenstandszeichen. Da ein Quantor ein All- oder Existenzzeichen enthalten kann, unterscheiden wir zwei Arten von Quantoren, nämlich All- und Existenzquantoren. Und nun die Definitionen:

X ist ein *Allquantor* gdw es ein Gegenstandszeichen z gibt, so daß $X = \bigwedge z$;

X ist ein *Existenzquantor* gdw es ein Gegenstandszeichen z gibt, so daß $X = \bigvee z$.

Ein Ausdruck über $A2$ ist ein *Quantor* gdw er ein All- oder Existenzquantor ist.

Beispiele für Quantoren sind die Ausdrücke $\bigwedge(||)$ und $\bigvee(||)$.

Die Bezeichnungen *Negand*, *Konjunktionsglied*, *Adjunktionsglied*, *Implikationsglied*, *Äquivalenzglied*, *Antezedens* und *Konsequens* wollen wir im gleichen Sinn wie früher gebrauchen. Sei nun A irgendeine $S2$-Formel und x irgendein GZ. Dann nennen wir A den *Generalisanden* von $\bigwedge xA$ und den *Partikularisanden* von $\bigvee xA$.

Ebenso wie den $S1$-Formeln ordnen wir jeder $S2$-Formel einen bestimmten Grad zu. Wir definieren:

Sei h eine Funktion auf $S2$, für welche gilt: Ist A irgendeine $S2$-Formel und n die Anzahl der Vorkommen logischer Konstanten (aus $A2$) in A, so ist $h' A = n$. Ist A irgendeine $S2$-Formel, so nennen wir $h' A$ den *$S2$-Grad* von A.

Wie man sofort erkennt, gilt für jede $S2$-Formel A und jedes GZ $x: h' \bigwedge xA = h' \bigvee xA = h' A + 1$. Beispielsweise ist 0 der Grad von $F_2^1 a_1$ und 3 der Grad von $\bigwedge a_1 \bigvee a_2(F_1^2 a_1 a_2 \wedge F_3^1 a_4)$.

Zur Formulierung der Ersetzungstheoreme für $S2$ und $\Pi 2$ benötigen wir den folgenden Teilformelbegriff.

Definition 2.1.1–6.

Ein Ausdruck über $A2$ ist eine *$S2$-Teilformel* einer $S2$-Formel gdw sich dies aufgrund folgender Bestimmungen ergibt:

(1) Ist A eine $S2$-Formel, so ist A eine $S2$-Teilformel von A.
(2) Sind A und B irgendwelche $S2$-Formeln und ist x irgendein Gegenstandszeichen, so gilt:
   (a) Jede $S2$-Teilformel von A ist auch $S2$-Teilformel von $\neg A$.
   (b) Jede $S2$-Teilformel von A oder B ist auch $S2$-Teilformel von $(A \wedge B)$, $(A \vee B)$, $(A \rightarrow B)$ und $(A \leftrightarrow B)$.
   (c) Jede $S2$-Teilformel von A ist auch $S2$-Teilformel von $\bigwedge xA$ und $\bigvee xA$.

So enthält beispielsweise die Formel $\bigwedge a_1 \bigvee a_2(F_1^2 a_1 a_2 \wedge F_3^1 a_4)$ die folgenden fünf Teilformeln:

$F_1^2 a_1 a_2$
$F_3^1 a_4$
$(F_1^2 a_1 a_2 \wedge F_3^1 a_4)$
$\bigvee a_2(F_1^2 a_1 a_2 \wedge F_3^1 a_4)$
$\bigwedge a_1 \bigvee a_2(F_1^2 a_1 a_2 \wedge F_3^1 a_4)$

Zur Vereinfachung unserer metasprachlichen Ausdrucksweise treffen wir ganz ähnlich wie in 1.1.1 noch die beiden folgenden Klammerkonventionen:

1. Formelnamen dürfen dadurch abgekürzt werden, daß man die beiden äußersten Klammern fortläßt.
2. Jedes Vorkommen eines Formelnamens, der eine *S2*-Konjunktion oder *S2*-Adjunktion bezeichnet, darf durch Fortlassung seiner äußeren Klammern abgekürzt werden, wenn es nicht an ein Vorkommen von »¬«, »∧«, »∨« oder an ein Vorkommen eines GZ-Namens angrenzt.

(Wie man sieht, werden die Quantoren wie das Negationszeichen behandelt, wenn es darum geht, einen Formelnamen abzukürzen.) So darf beispielsweise gemäß der ersten Konvention für

$$(\bigwedge a_1 F_2^1 a_1 \rightarrow (\bigvee a_3(F_1^2 a_2 a_1 \vee F_1^1 a_3) \wedge F_3^1 a_1))$$

der Ausdruck

$$\bigwedge a_1 F_2^1 a_1 \rightarrow (\bigvee a_3(F_1^2 a_2 a_1 \vee F_1^1 a_3) \wedge F_3^1 a_1)$$

geschrieben werden. Dieser wiederum darf gemäß der zweiten Konvention durch den Ausdruck

$$\bigwedge a_1 F_2^1 a_1 \rightarrow \bigvee a_3(F_1^2 a_2 a_1 \vee F_1^1 a_3) \wedge F_3^1 a_1$$

ersetzt werden, der sich seinerseits nun nicht mehr weiter vereinfachen läßt.

2.1.2. Der Substitutionsbegriff für *S2*

Wir legen zunächst fest, was es heißen soll, daß ein Gegenstandszeichen in einer Formel frei vorkommt.

Definition 2.1.2–1.

Ein Gegenstandszeichen *kommt frei vor* in einer *S2*-Formel gdw sich dies aufgrund folgender Bestimmungen ergibt:

(1) Ist P ein n-stelliges PZ, sind $x_1, \ldots, x_n$, x irgendwelche GZ und ist x mit einem x_i $(1 \leqq i \leqq n)$ identisch, so kommt x frei vor in $Px_1 \ldots x_n$.

(2) Ist A eine $S2$-Formel, x ein GZ und kommt x frei vor in A, so kommt x frei vor in $\neg A$.

(3) Sind A, B $S2$-Formeln und ist x ein GZ, das in A oder B frei vorkommt, so kommt x frei vor in $(A \wedge B)$, $(A \vee B)$, $(A \rightarrow B)$ und $(A \leftrightarrow B)$.

(4) Ist A eine $S2$-Formel, sind x, y zwei voneinander verschiedene GZ und kommt x frei vor in A, so kommt x frei vor in $\bigwedge yA$ und $\bigvee yA$.

So kommt beispielsweise a_1 frei in $F_2^1 a_1$ und daher auch frei in $\neg F_2^1 a_1$ und $\neg F_2^1 a_1 \wedge \bigvee a_1 F_3^2 a_1 a_2$ vor. Also kommt a_1 auch frei in $\bigvee a_2(\neg F_2^1 a_1 \wedge \bigvee a_1 F_3^2 a_1 a_2)$ vor. In der Formel $\bigvee a_1(\neg F_2^1 a_1 \wedge \bigvee a_1 F_3^2 a_1 a_2)$ hingegen kommt a_1 nicht frei vor.

Um kurz auszudrücken, daß ein GZ x frei in einer Formel A vorkommt, schreiben wir den Ausdruck »Fr«, dann die Klammer »(«, dann einen Namen von x, dann ein Komma, darauf einen Namen von A und schließlich die Klammer »)«. Anstelle von »a_1 kommt frei vor in $F_2^1 a_1$« können wir also kurz »$\mathrm{Fr}(a_1, F_2^1 a_1)$« schreiben. Um kurz auszudrücken, daß ein Gegenstandszeichen *nicht* frei in einer Formel vorkommt, stellen wir dem mit »Fr« beginnenden Ausdruck das Zeichen »$\sim$« voran.

Satz 2.1.2–1.

Sei A irgendeine $S2$-Formel, seien x, y irgendwelche GZ und sei Q ein Quantifikationszeichen. Dann gilt:

(1) Wenn $\mathrm{Fr}(x, A)$, dann kommt x in A vor.

(2) $\sim \mathrm{Fr}(x, QxA)$.

(3) $\mathrm{Fr}(x, QyA)$ gdw $\mathrm{Fr}(x, A)$ und $x \neq y$.

Diese Behauptungen ergeben sich durch vollständige Induktion mit Def. 2.1.2–1.

Definition 2.1.2–2.

Ein Gegenstandszeichen x *kommt gebunden vor* in einer $S2$-Formel A gdw es eine Teilformel B von A gibt, so daß gilt:

(1) x kommt in B vor;

(2) $\sim \mathrm{Fr}(x, B)$.

Kommt ein Gegenstandszeichen überhaupt in einer Formel A vor, so kommt es also frei oder gebunden in A vor. Dies schließt natürlich nicht aus, daß es sowohl frei als auch gebunden in A vorkommt. So kommt z. B. das GZ a_1 sowohl frei als auch gebunden in der Formel $F_1^2 a_1 \wedge \bigvee a_1 F_1^2 a_1$ vor.

Definition 2.1.2–3.

Ein Gegenstandszeichen ist *frei für* ein Gegenstandszeichen *in* einer $S2$-Formel gdw sich dies aufgrund folgender Bestimmungen ergibt:

(1) Ist A eine $S2$-Atomformel und sind x, y irgendwelche GZ, so ist x frei für y in A.

(2) Sind A, B irgendwelche $S2$-Formeln und x, y, z irgendwelche GZ, so gilt:
  (a) Ist x frei für y in A, so ist x frei für y in $\neg A$.
  (b) Ist x frei für y in A und in B, so ist x frei für y in $(A \wedge B)$, $(A \vee B)$, $(A \rightarrow B)$ und $(A \leftrightarrow B)$.
  (c) Ist x frei für y in A und ist $y \neq z$, so ist x frei für y in $\bigwedge zA$ und $\bigvee zA$.

Ein GZ x ist also genau dann frei für ein GZ y in einer Formel A, wenn A keine Teilformel der Gestalt QyB enthält, in der x frei vorkommt.

Um kurz auszudrücken, daß ein GZ x frei für ein GZ y in einer Formel A ist, schreiben wir den Ausdruck »Frf«, dann die Klammer »(«, dann einen Namen von x, dann ein Komma, dann einen Namen von y, dann ein Komma, darauf einen Namen von A und schließlich die Klammer »)«. Und um kurz auszudrücken, daß dies nicht der Fall ist, stellen wir dem mit »Frf« beginnenden Ausdruck das Zeichen »$\sim$« voran. So gilt beispielsweise $\mathrm{Frf}(a_1, a_2, \bigwedge a_1 F_1^1 a_1)$ und $\sim \mathrm{Frf}(a_1, a_2, \bigwedge a_2 F_1^1 a_1)$.

Aufgabe: Man ermittle, in welchen der folgenden Formeln das GZ a_1 frei für das GZ a_2 ist.

1. $\bigwedge a_2 \bigvee a_3 F_1^3 a_1 a_2 a_3$
2. $\bigvee a_1 F_3^1 a_2 \wedge (\bigwedge a_3 \neg F_1^2 a_1 a_3 \vee F_1^1 a_1)$
3. $F_1^2 a_1 a_2 \rightarrow \neg \bigwedge a_2 \neg \bigvee a_1 F_2^2 a_1 a_2$
4. $\bigwedge a_1 \bigwedge a_2 (F_1^2 a_1 a_2 \vee \bigwedge a_3 (\neg F_3^2 a_3 a_2 \rightarrow F_2^2 a_1 a_2))$

Es gilt nun der leicht zu beweisende

Satz 2.1.2–2.

Sei A irgendeine $S2$-Formel und seien x, y irgendwelche GZ. Dann gilt:

(1) Wenn y nicht in A vorkommt, dann ist Frf(x, y, A).
(2) Wenn $\sim$Fr(x, A), dann Frf(x, y, A).

Die (durch vollständige Induktion zu führenden) Beweise dieser beiden Behauptungen seien dem Leser überlassen.

Wir kommen nun zum Substitutionsbegriff. In der Darstellung dieses Themas stützen wir uns auf H. HERMES (1972). Zunächst erläutern wir anhand einiger Beispiele, was es heißen soll, daß aus einer Formel A durch *Substitution* eines Gegenstandszeichens y für ein Gegenstandszeichen x eine Formel B entsteht.

Sei beispielsweise die Formel $F_1^3 a_2 a_1 a_2$ gegeben. Durch Substitution von a_3 für a_1 soll daraus die Formel $F_1^3 a_2 a_3 a_2$ entstehen. Ferner soll durch Substitution von a_3 für a_2 aus $F_1^3 a_2 a_1 a_2$ nicht $F_1^3 a_3 a_1 a_2$ oder $F_1^3 a_2 a_1 a_3$, sondern $F_1^3 a_3 a_1 a_3$ entstehen. Wenn ein GZ x in einer Formel A nicht frei vorkommt, soll aus A durch Substitution eines beliebigen GZ für x wieder A entstehen. Substituiert man also etwa in der Formel $F_1^1 a_1$ für a_2 das GZ a_3 (oder irgendein anderes GZ), so soll wieder $F_1^1 a_1$ resultieren. Ebenso soll durch Substitution von a_3 für a_2 aus $\wedge a_2 F_1^2 a_1 a_2$ wieder $\wedge a_2 F_1^2 a_1 a_2$ entstehen. Daher soll aus der Formel $F_1^3 a_2 a_1 a_2 \rightarrow \wedge a_2 F_1^2 a_1 a_2$ durch Substitution von a_3 für a_2 die Formel $F_1^3 a_3 a_1 a_3 \rightarrow \wedge a_2 F_1^2 a_1 a_2$ entstehen. Aus der Formel $\wedge a_2 F_1^2 a_1 a_2$ soll durch Substitution von a_3 für a_1 die Formel $\wedge a_2 F_1^2 a_3 a_2$ hervorgehen. Wir wollen jedoch nicht zulassen, daß aus $\wedge a_2 F_1^2 a_1 a_2$ durch Substitution von a_2 für a_1 die Formel $\wedge a_2 F_1^2 a_2 a_2$ hervorgeht. Weil nämlich a_1 in $\wedge a_2 F_1^2 a_1 a_2$ frei vorkommt, soll a_2 in der daraus durch Substitution von a_2 für a_1 entstehenden Formel ebenfalls frei vorkommen. Es erhebt sich somit die Frage, wie diese neue Formel aussehen soll. Zunächst stellen wir fest, daß a_1 in $\wedge a_2 F_1^2 a_1 a_2$ nicht frei für a_2 ist. Bevor wir a_2 für a_1 substituieren können, ist es daher erforderlich, $\wedge a_2 F_1^2 a_1 a_2$ erst in eine Formel umzuwandeln, in der a_1 frei für a_2 ist. Prinzipiell käme dafür jede Formel der Gestalt $\wedge a_i F_1^2 a_1 a_i (i \geqq 3)$ in Betracht. Um jedoch Eindeutigkeit zu erzielen, wählen wir einfach das GZ mit der kleinsten Strichzahl, welches nicht in $\wedge a_2 F_1^2 a_1 a_2$ vorkommt, nämlich das GZ a_3. Wir gewinnen so aus der Formel $\wedge a_2 F_1^2 a_1 a_2$ die Formel $\wedge a_3 F_1^2 a_1 a_3$. In dieser ist nun a_1 frei für a_2. Wir stellen ferner fest, daß $F_1^2 a_1 a_3$ aus $F_1^2 a_1 a_2$ durch Substitution von a_3 für a_2

entsteht. Substituieren wir nunmehr in $F_1^2 a_1 a_3$ das GZ a_2 für das GZ a_1, so erhalten wir die Formel $F_1^2 a_2 a_3$. Es ist dann schließlich die Formel $\wedge a_3 F_1^2 a_2 a_3$, die durch Substitution von a_2 für a_1 aus der Formel $\wedge a_2 F_1^2 a_1 a_2$ hervorgehen soll.

Nach diesen Vorbetrachtungen kommen wir nun zur Definition des Substitutionsbegriffs. Um diese Definition prägnant formulieren zu können, führen wir zunächst eine Hilfsfunktion σ von gz³ in gz ein, die so definiert sei, daß für alle GZ z, x, y gilt:

$$\sigma(z, x, y) = \begin{cases} y, \text{ falls } z = x; \\ z, \text{ falls } z \neq x. \end{cases}$$

Den Wert $\sigma(z, x, y)$ wollen wir auch durch einen Ausdruck bezeichnen, welcher entsteht, wenn wir einen Namen von z in die eckigen Klammern »[« und »]« einschließen und den so entstandenen Ausdruck rechts oben mit einem Namen von x und rechts unten mit einem Namen von y versehen. So ist beispielsweise der Ausdruck »$[a_3]_{a_2}^{a_1}$« ein Name von $\sigma(a_3, a_1, a_2)$, und es gilt daher $[a_3]_{a_2}^{a_1} = a_3$. Es gilt nun der

Satz 2.1.2–3.

Seien x, y und z irgendwelche GZ. Dann gilt: Wenn $z \neq y$, dann $[[z]_y^x]_x^y = z$.

Beweis: Seien x, y und z irgendwelche GZ und gelte $z \neq y$. Angenommen, $z = x$. Dann ist definitionsgemäß $[z]_y^x = y$, und es gilt daher definitionsgemäß auch $[y]_x^y = x$, d. h. $[y]_x^y = z$. Angenommen, $z \neq x$. Dann ist $[z]_y^x = z$, und es gilt daher wegen $z \neq y$ auch $[z]_x^y = z$.

Um die Formulierung der Definition des Substitutionsbegriffs zu vereinfachen, führen wir noch eine abkürzende Schreibweise ein. Seien A, B irgendwelche $S2$-Formeln und x, y irgendwelche GZ. Um auszudrücken, daß B aus A durch Substitution von y für x entsteht, schreiben wir der Reihe nach (durch Kommata voneinander getrennt) je einen Namen von A, x, y und B, schließen den so entstandenen Ausdruck in runde Klammern ein und stellen dem Ganzen den Ausdruck »Sub« voran. So können wir beispielsweise statt »aus $\wedge a_2 F_1^2 a_1 a_2$ entsteht durch Substitution von a_2 für a_1 die Formel $\wedge a_3 F_1^2 a_2 a_3$« auch kurz »Sub($\wedge a_2 F_1^2 a_1 a_2$, a_1, a_2, $\wedge a_3 F_1^2 a_2 a_3$)« schreiben.

Definition 2.1.2–4.

Aus A entsteht B durch Substitution von y für x gdw sich dies aufgrund folgender Bestimmungen ergibt:

(1) Ist P ein n-stelliges PZ und sind $x_1, \ldots, x_n$ irgendwelche GZ, so gilt $\mathrm{Sub}(Px_1 \ldots x_n, x, y, P[x_1]_y^x \ldots [x_n]_y^x)$.

(2) Sind A, B $S2$-Formeln, x, y irgendwelche GZ und gilt $\mathrm{Sub}(A, x, y, B)$, so gilt $\mathrm{Sub}(\neg A, x, y, \neg B)$.

(3) Sind A, B, C, D $S2$-Formeln, x, y irgendwelche GZ, ist $\otimes$ ein logisches Verknüpfungszeichen und gilt $\mathrm{Sub}(A, x, y, B)$ sowie $\mathrm{Sub}(C, x, y, D)$, so gilt $\mathrm{Sub}(A \otimes C, x, y, B \otimes D)$.

(4) Ist A eine $S2$-Formel, Q ein Quantifikationszeichen und sind x, y, z irgendwelche GZ mit $\sim \mathrm{Fr}(x, \mathrm{Q}zA)$, so gilt $\mathrm{Sub}(\mathrm{Q}zA, x, y, \mathrm{Q}zA)$.

(5) Ist A eine $S2$-Formel, Q ein Quantifikationszeichen, sind x, y, z irgendwelche GZ mit $\mathrm{Fr}(x, \mathrm{Q}zA)$ und $y \neq z$, und gilt $\mathrm{Sub}(A, x, y, B)$, so gilt $\mathrm{Sub}(\mathrm{Q}zA, x, y, \mathrm{Q}zB)$.

(6) Sind A, B, C $S2$-Formeln, ist Q ein Quantifikationszeichen, sind x, y, z irgendwelche GZ mit $\mathrm{Fr}(x, \mathrm{Q}zA)$ und $y = z$, ist ferner u das GZ mit der kleinsten Strichzahl[1], welches nicht in $\mathrm{Q}zA$ vorkommt, und gilt $\mathrm{Sub}(A, y, u, B)$ sowie $\mathrm{Sub}(B, x, y, C)$, so gilt $\mathrm{Sub}(\mathrm{Q}zA, x, y, \mathrm{Q}uC)$.

Zur Verdeutlichung des Substitutionsbegriffs geben wir noch einige Beispiele an. Es gilt:

1. $\mathrm{Sub}(F_1^1 a_1, a_1, a_2, F_1^1 a_2)$
2. $\mathrm{Sub}(F_1^2 a_2 a_1, a_1, a_2, F_1^2 a_2 a_2)$
3. $\mathrm{Sub}(F_1^1 a_1, a_2, a_3, F_1^1 a_1)$
4. $\mathrm{Sub}(\neg F_1^1 a_1, a_1, a_2, \neg F_1^1 a_2)$
5. $\mathrm{Sub}(\neg F_1^1 a_1 \vee F_1^2 a_2 a_1, a_1, a_2, \neg F_1^1 a_2 \vee F_1^2 a_2 a_2)$
6. $\mathrm{Sub}(F_1^1 a_1 \to F_1^2 a_2 a_1, a_2, a_3, F_1^1 a_1 \to F_1^2 a_3 a_1)$
7. $\mathrm{Sub}(\bigwedge a_1 F_1^1 a_1, a_1, a_2, \bigwedge a_1 F_1^1 a_1)$
8. $\mathrm{Sub}(\bigwedge a_1 F_1^1 a_1, a_2, a_3, \bigwedge a_1 F_1^1 a_1)$
9. $\mathrm{Sub}(\bigwedge a_2 F_1^2 a_2 a_1, a_1, a_3, \bigwedge a_2 F_1^2 a_2 a_3)$
10. $\mathrm{Sub}(\bigvee a_3 F_1^1 a_1, a_1, a_2, \bigvee a_3 F_1^1 a_2)$
11. $\mathrm{Sub}(\bigwedge a_1 (F_1^1 a_1 \to F_1^2 a_2 a_1), a_2, a_3, \bigwedge a_1 (F_1^1 a_1 \to F_1^2 a_3 a_1))$
12. $\mathrm{Sub}(\bigvee a_2 F_1^2 a_2 a_1, a_1, a_2, \bigvee a_3 F_1^2 a_3 a_2)$
13. $\mathrm{Sub}(\bigwedge a_1 (F_1^1 a_1 \to F_1^2 a_4 a_1), a_4, a_1, \bigwedge a_2 (F_1^1 a_2 \to F_1^2 a_1 a_2))$
14. $\mathrm{Sub}(\bigwedge a_3 F_1^1 a_3 \to \bigwedge a_3 \bigvee a_2 F_1^3 a_2 a_1 a_3, a_1, a_3, \bigwedge a_3 F_1^1 a_3 \to$
    $\bigwedge a_4 \bigvee a_2 F_1^3 a_2 a_3 a_4)$
15. $\mathrm{Sub}(\bigvee a_2 F_1^2 a_1 a_2 \vee \bigvee a_3 \bigwedge a_2 F_1^3 a_1 a_3 a_2, a_1, a_2, \bigvee a_3 F_1^2 a_2 a_3 \vee$
    $\bigvee a_3 \bigwedge a_4 F_1^3 a_2 a_3 a_4)$

[1] Unter der *Strichzahl* eines GZ x sei die Anzahl der Vorkommen des Zeichens | in x verstanden.

Aufgabe: Der Leser stelle fest, welche der folgenden Behauptungen zutreffen.

1. $\text{Sub}(\bigwedge a_1 F_2^1 a_1 a_3 \wedge \bigvee a_3 F_1^2 a_1 a_3, a_1, a_3, \bigwedge a_1 F_2^1 a_1 a_3 \wedge \bigvee a_2 F_1^2 a_3 a_2)$
2. $\text{Sub}(\bigwedge a_1(\bigvee a_2 \bigwedge a_1 F_1^3 a_1 a_2 a_3 \rightarrow \bigwedge a_1 F_1^2 a_1 a_3), a_3, a_1, \bigwedge a_4(\bigvee a_2 \bigwedge a_4 F_1^3 a_4 a_2 a_1 \rightarrow \bigwedge a_4 F_1^2 a_4 a_1))$
3. $\text{Sub}(\bigvee a_1 \bigwedge a_3(\bigvee a_2 F_1^3 a_1 a_2 a_3 \rightarrow F_1^2 a_2 a_2), a_2, a_1, \bigvee a_4 \bigwedge a_5(\bigvee a_2 F_1^3 a_4 a_2 a_5 \rightarrow F_1^2 a_1 a_1))$
4. $\text{Sub}(\bigvee a_3 \bigwedge a_1 F_1^1 a_2 \rightarrow \bigwedge a_1(\bigvee a_2 F_1^2 a_2 a_3 \wedge F_1^2 a_1 a_2), a_2, a_1, \bigvee a_3 \bigwedge a_3 F_1^1 a_1 \rightarrow \bigwedge a_4(\bigvee a_2 F_1^2 a_2 a_3 \wedge F_1^2 a_4 a_1))$

Im nächsten Satz sind einige grundlegende Aussagen über Substitution zusammengefaßt:

Satz 2.1.2–4.

Seien A, B irgendwelche $S2$-Formeln und x, y, v irgendwelche GZ. Dann gilt:

(1) Wenn $\text{Sub}(A, x, y, B)$, dann $h^l A = h^l B$.
(2) Wenn $\text{Sub}(A, x, y, B)$, $\text{Fr}(v, A)$ und $v \neq x$, dann $\text{Fr}(v, B)$.
(3) Wenn $\text{Sub}(A, x, y, B)$ und $\text{Fr}(x, A)$, dann $\text{Fr}(y, B)$.
(4) Wenn y nicht in A vorkommt, dann gibt es eine $S2$-Formel C mit $\text{Sub}(A, x, y, C)$ und $\text{Sub}(C, y, x, A)$.
(5) Es gibt genau eine $S2$-Formel C mit $\text{Sub}(A, x, y, C)$.
(6) Wenn $\text{Sub}(A, x, y, B)$, $\text{Frf}(x, y, A)$ und $\sim \text{Fr}(y, A)$, dann $\text{Sub}(B, y, x, A)$.
(7) Wenn $\text{Sub}(A, x, y, B)$ und $\text{Sub}(B, y, x, A)$, dann $\text{Frf}(x, y, A)$ und $\text{Frf}(y, x, B)$.

Beweis

Ad(1): Dieser Satz ergibt sich aus der folgenden Behauptung, die leicht durch starke unendliche Induktion bewiesen werden kann:

Für alle n mit $n \geqq 0$ gilt: Sind A, B irgendwelche $S2$-Formeln, x, y irgendwelche GZ und gilt $h^l A = n$ sowie $\text{Sub}(A, x, y, B)$, so ist $h^l A = h^l B$.

Ad(2): Dieser Satz ergibt sich aus der folgenden Behauptung, die wir durch starke unendliche Induktion beweisen:

Für alle n mit $n \geqq 0$ gilt: Sind A, B irgendwelche $S2$-Formeln, x, y, v irgendwelche GZ mit $h^l A = n$, $\text{Sub}(A, x, y, B)$, $\text{Fr}(v, A)$ und $v \neq x$, so ist $\text{Fr}(v, B)$.

Induktionsbasis

Seien A, B irgendwelche $S2$-Formeln, x, y, v irgendwelche GZ mit $h' A = 0$, Sub(A, x, y, B), Fr(v, A) und $v \neq x$. Dann ist A eine $S2$-Atomformel $Px_1 \ldots x_n$ und B die Formel $P[x_1]^x_y \ldots [x_n]^x_y$. Ferner gibt es ein $i (1 \leqq i \leqq n)$ derart, daß $v = x_i$. Da $x_i \neq x$, gilt definitionsgemäß $[x_i]^x_y = x_i$. Also kommt x_i, d. h. v, in B frei vor.

Induktionsschritt

Sei k irgendeine natürliche Zahl mit $k \geqq 0$ und gelte für jedes i mit $0 \leqq i \leqq k$: Sind A, B irgendwelche $S2$-Formeln, x, y, v irgendwelche GZ mit $h' A = i$, Sub(A, x, y, B), Fr(v, A) und $v \neq x$, so ist Fr(v, B). (I.V.)

Angenommen nun, A, B sind irgendwelche $S2$-Formeln, x, y, v irgendwelche GZ mit $h' A = k + 1$, Sub(A, x, y, B), Fr(v, A) und $v \neq x$. Wir unterscheiden drei Fälle.

Fall 1: Es gibt ein C mit $A = \neg C$.

Da sich Sub(A, x, y, B) in diesem Fall nur aufgrund von Bestimmung (2) der Def. 2.1.2–4 ergeben kann, gibt es ein D mit $B = \neg D$ und Sub(C, x, y, D). Wegen $h' C = k$ und Fr(v, C) erhält man daher mit Hilfe der I.V. Fr(v, D). Also gilt Fr(v, B).

Fall 2: Es gibt C und D mit $A = C \otimes D$.

Da sich Sub(A, x, y, B) in diesem Fall nur aufgrund von Bestimmung (3) ergeben kann, gibt es E und F mit $B = E \otimes F$, Sub(C, x, y, E) und Sub(D, x, y, F). Wegen Fr(v, A) gilt nun Fr(v, C) oder Fr(v, D). Ist Fr(v, C), so erhält man wegen $h' C \leqq k$ mit der I.V. Fr(v, E). Also gilt Fr(v, B). Dasselbe Resultat ergibt sich, wenn man Fr(v, D) annimmt.

Fall 3: Es gibt ein z und ein C mit $A = \mathrm{Q}zC$.

Dann ist Fr(v, C) und $v \neq z$.

3.1: $\sim$ Fr($x, \mathrm{Q}zC$).

Dann gilt nach Bestimmung (4) Sub($\mathrm{Q}zC, x, y, \mathrm{Q}zC$). Da dies unter den gemachten Voraussetzungen nur aufgrund von Bestimmung (4) gelten kann, ist $B = A$, und es gilt daher Fr(v, B).

3.2: Fr($x, \mathrm{Q}zC$).

3.2.1: $y \neq z$.

Da Sub(A, x, y, B) dann nur aufgrund von Bestimmung (5) gelten kann, gibt es ein D mit $B = \mathrm{Q}zD$ und Sub(C, x, y, D).

Wegen $h^{l}C \leqq k$ und $\mathrm{Fr}(v, C)$ gewinnt man also mit der I.V. $\mathrm{Fr}(v, D)$. Folglich gilt $\mathrm{Fr}(v, B)$.

3.2.2: $y = z$.
Sei u das GZ mit der kleinsten Strichzahl, welches nicht in $\mathrm{Q}zC$ vorkommt. Nun kann $\mathrm{Sub}(A, x, y, B)$ unter den gemachten Voraussetzungen nur aufgrund von Bestimmung (6) gelten. Also gibt es ein D mit $B = \mathrm{Q}uD$ sowie ein E mit $\mathrm{Sub}(C, y, u, E)$ und $\mathrm{Sub}(E, x, y, D)$. Wegen $h^{l}C \leqq k$ und $\mathrm{Fr}(v, C)$ ergibt sich also aufgrund der I.V. $\mathrm{Fr}(v, E)$. Wegen $h^{l}E \leqq k$ erhält man somit durch abermalige Anwendung der I.V. auch $\mathrm{Fr}(v, D)$. Folglich gilt $\mathrm{Fr}(v, B)$.

Ad(3): Dieser Satz ergibt sich aus der folgenden Induktionsbehauptung:

Für alle n mit $n \geqq 0$ gilt: Sind A, B irgendwelche $S2$-Formeln, x, y irgendwelche GZ mit $h^{l}A = n$, $\mathrm{Sub}(A, x, y, B)$ und $\mathrm{Fr}(x, A)$, so ist $\mathrm{Fr}(y, B)$.

Induktionsbasis: Trivial!

Induktionsschritt

Sei k irgendeine natürliche Zahl mit $k \geqq 0$ und gelte für alle i mit $0 \leqq i \leqq k$: Sind A, B irgendwelche $S2$-Formeln, x, y irgendwelche GZ mit $h^{l}A = i$, $\mathrm{Sub}(A, x, y, B)$ und $\mathrm{Fr}(x, A)$, so ist $\mathrm{Fr}(y, B)$. (I.V.)

Angenommen nun, A, B, sind irgendwelche $S2$-Formeln, x, y irgendwelche GZ mit $h^{l}A = k + 1$, $\mathrm{Sub}(A, x, y, B)$ und $\mathrm{Fr}(x, A)$. Wir wollen nur den Fall betrachten, daß es z und C gibt mit $A = \mathrm{Q}zC$, wobei Q ein Quantifikationszeichen ist. In diesem Fall ist $x \neq z$ und $\mathrm{Fr}(x, C)$.

(1) $y \neq z$.

Dann gibt es ein D mit $B = \mathrm{Q}zD$ und $\mathrm{Sub}(C, x, y, D)$. Nach I.V. gilt dann also $\mathrm{Fr}(y, D)$, und man erhält folglich $\mathrm{Fr}(y, B)$.

(2) $y = z$.

Sei u das GZ mit der kleinsten Strichzahl, welches nicht in $\mathrm{Q}zC$ vorkommt. Dann gibt es ein D mit $B = \mathrm{Q}uD$ sowie ein E mit $\mathrm{Sub}(C, y, u, E)$ und $\mathrm{Sub}(E, x, y, D)$. Da $x \neq z$, gilt nach Satz 2.1.2–4.(2) $\mathrm{Fr}(x, E)$. Also gilt nach I.V. auch $\mathrm{Fr}(y, D)$. Wegen $u \neq y$ ergibt sich folglich $\mathrm{Fr}(y, B)$.

Ad(4): Dieser Satz ergibt sich aus der folgenden Induktionsbehauptung:

Für alle n mit $n \geqq 0$ gilt: Ist A irgendeine $S2$-Formel und sind x, y irgendwelche GZ derart, daß $h^l A = n$ und y nicht in A vorkommt, so gibt es eine $S2$-Formel C mit Sub(A, x, y, C) und Sub(C, y, x, A).

Induktionsbasis: Trivial!

Induktionsschritt

Sei k irgendeine natürliche Zahl mit $k \geqq 0$ und gelte für alle i mit $0 \leqq i \leqq k$: Ist A irgendeine $S2$-Formel und sind x, y irgendwelche GZ derart, daß $h^l A = i$ und y nicht in A vorkommt, so gibt es eine $S2$-Formel C mit Sub(A, x, y, C) und Sub(C, y, x, A). (I.V.)

Angenommen nun, A ist irgendeine $S2$-Formel und x, y sind irgendwelche GZ derart, daß $h^l A = k + 1$ und y nicht in A vorkommt. Wir betrachten nur den Fall, daß es z und B gibt mit $A = \mathrm{Q}zB$.

(1) $\sim$ Fr(x, QzB).

Dann ist Sub(QzB, x, y, QzB). Da y nicht in A vorkommt, gilt auch $\sim$ Fr(y, QzB). Also ergibt sich Sub(QzB, y, x, QzB).

(2) Fr(x, QzB).

Da y nicht in QzB vorkommt, kommt y auch nicht in B vor. Aufgrund der I.V. gibt es also eine $S2$-Formel D mit Sub(B, x, y, D) und Sub(D, y, x, B). Wegen $y \neq z$ erhält man folglich Sub(QzB, x, y, QzD). Somit gilt nach Satz 2.1.2–4.(3) Fr(y, QzD). Da auch $x \neq z$, ergibt sich also Sub(QzD, y, x, QzB).

Ad(5): Dieser Satz ergibt sich aus der folgenden Induktionsbehauptung:

Für alle n mit $n \geqq 0$ gilt: Ist A irgendeine $S2$-Formel, sind x, y irgendwelche GZ und gilt $h^l A = n$, so gibt es genau eine $S2$-Formel C mit Sub(A, x, y, C).

Induktionsbasis: Trivial!

Induktionsschritt

Sei k irgendeine natürliche Zahl mit $k \geqq 0$ und gelte für alle i mit $1 \leqq i \leqq k$: Ist A irgendeine $S2$-Formel, sind x, y irgendwelche GZ und gilt $h^l A = i$, so gibt es genau eine $S2$-Formel C mit Sub(A, x, y, C). (I.V.)

Angenommen nun, A ist irgendeine $S2$-Formel, x, y sind irgendwelche GZ und es gilt $h' A = k+1$.

Fall 1: Es gibt ein B mit $A = \neg B$.

Dann gibt es nach I.V. genau ein D mit Sub(B, x, y, D). Für dieses D gilt nun definitionsgemäß Sub$(\neg B, x, y, \neg D)$. Da man jedoch in diesem Fall nur Sub$(\neg B, x, y, \neg D)$ gewinnen kann, gibt es also genau ein C mit Sub(A, x, y, C).

Fall 2: Es gibt B und D mit $A = B \otimes D$.

Dann gibt es nach I.V. genau ein E mit Sub(B, x, y, E) und genau ein F mit Sub(D, x, y, F). Für dieses E und dieses F gilt nun definitionsgemäß Sub$(B \otimes D, x, y, E \otimes F)$. Da man in diesem Fall aber nur Sub$(B \otimes D, x, y, E \otimes F)$ gewinnen kann, gibt es also genau ein C mit Sub(A, x, y, C).

Fall 3: Es gibt ein z und ein B mit $A = \mathrm{Q}\, zB$.

3.1: $\sim$ Fr$(x, \mathrm{Q}\, zB)$.

Dann gibt es genau ein C (nämlich die Formel $\mathrm{Q}\, zB$) mit Sub(A, x, y, C).

3.2: Fr$(x, \mathrm{Q}\, zB)$.

3.2.1: $y \neq z$.
Dann gibt es nach I.V. genau ein D mit Sub(B, x, y, D). Also gibt es genau ein C (nämlich die Formel $\mathrm{Q}\, zD$) mit Sub(A, x, y, C).

3.2.2: $y = z$.
Sei u das GZ mit der kleinsten Strichzahl, welches nicht in $\mathrm{Q}\, zB$ vorkommt. Dann gibt es nach Satz 2.1.2–4.(4) ein D mit Sub(B, y, u, D) und Sub(D, u, y, B). Also gibt es nach I.V. genau ein E mit Sub(D, x, y, E). Folglich gibt es genau ein C (nämlich die Formel $\mathrm{Q}\, uE$) mit Sub(A, x, y, C).

Ad(6): Dieser Satz ergibt sich aus der folgenden Induktionsbehauptung:

Für alle n mit $n \geqq 0$ gilt: Sind A, B irgendwelche $S2$-Formeln x, y irgendwelche GZ mit $h' A = n$, Sub(A, x, y, B), $\sim$ Fr(y, A) und Frf(x, y, A), so gilt Sub(B, y, x, A).

Induktionsbasis

Seien A, B irgendwelche $S2$-Formeln, x, y irgendwelche GZ mit $h' A = 0$, Sub(A, x, y, B), $\sim$ Fr(y, A) und Frf(x, y, A). Dann ist A eine

$S2$-Atomformel $Px_1 \dots x_n$ mit $x_1 \neq y, \dots, x_n \neq y$. Ferner ist $B = P[x_1]^x_y \dots [x_n]^x_y$. Da für jedes $i (1 \leqq i \leqq n)$ gilt $[[x_i]^x_y]^y_x = x_i$ (Satz 2.1.2–3), ergibt sich also Sub(B, y, x, A).

Induktionsschritt

Sei k irgendeine natürliche Zahl mit $k \geqq 0$ und gelte für jedes i mit $0 \leqq i \leqq k$: Sind A, B irgendwelche $S2$-Formeln, x, y irgendwelche GZ mit $h^l A = i$, Sub(A, x, y, B), $\sim$Fr(y, A) und Frf(x, y, A), so gilt Sub(B, y, x, A). (I.V.)

Angenommen nun, A, B sind irgendwelche $S2$-Formeln, x, y irgendwelche GZ mit $h^l A = k+1$, Sub(A, x, y, B), $\sim$Fr(y, A) und Frf(x, y, A).

Fall 1: Es gibt ein C mit $A = \neg C$.

Dann gibt es ein D mit $B = \neg D$ und Sub(C, x, y, D). Ferner gilt $\sim$Fr(y, C) und Frf(x, y, C). Also ist die I.V. anwendbar, und man erhält Sub(D, y, x, C). Folglich gilt Sub$(\neg D, y, x, \neg C)$.

Fall 2: Es gibt C und D mit $A = C \otimes D$.

Dann gibt es E und F mit $B = E \otimes F$, Sub(C, x, y, E) und Sub(D, x, y, F). Ferner gilt voraussetzungsgemäß $\sim$Fr(y, C), $\sim$Fr(y, D), Frf(x, y, C) und Frf(x, y, D). Also ist die I.V. anwendbar, und man erhält Sub(E, y, x, C) und Sub(F, y, x, D). Folglich gilt Sub$(E \otimes F, y, x, C \otimes D)$.

Fall 3: Es gibt ein z und ein C mit $A = \mathrm{Q}zC$.

3.1: $\sim$Fr$(x, \mathrm{Q}zC)$.

Dann ist $B = \mathrm{Q}zC$. Da voraussetzungsgemäß $\sim$Fr$(y, \mathrm{Q}zC)$, gilt folglich Sub$(\mathrm{Q}zC, y, x, \mathrm{Q}zC)$.

3.2: Fr$(x, \mathrm{Q}zC)$.

Wäre $y = z$, so müßte gelten Frf$(x, z, \mathrm{Q}zC)$. Dies ist aber unmöglich, da Fr(x, C) (s. Def. 2.1.2–3). Also ist $y \neq z$. Es gibt somit ein D mit $B = \mathrm{Q}zD$ und Sub(C, x, y, D). Da definitionsgemäß $\sim$Fr(y, C) und Frf(x, y, C), ergibt sich also aufgrund der I.V. Sub(D, y, x, C). Wegen Fr(x, C) ergibt sich ferner mit Satz 2.1.2–4.(3) Fr(y, D). Daher erhält man wegen $y \neq z$ auch Fr$(y, \mathrm{Q}zD)$. Da $x \neq z$, gewinnt man folglich Sub$(\mathrm{Q}zD, y, x, \mathrm{Q}zC)$.

Ad(7): Dieser Satz ergibt sich aus der folgenden Induktionsbehauptung:

Für alle n mit $n \geqq 0$ gilt: Sind A, B irgendwelche $S2$-Formeln, x, y irgendwelche GZ mit $h^l A = n$, Sub(A, x, y, B) und Sub(B, y, x, A), so gilt Frf(x, y, A) und Frf(y, x, B).

Induktionsbasis: Trivial!

Induktionsschritt

Sei k irgendeine natürliche Zahl mit $k \geqq 0$ und gelte für jedes i mit $0 \leqq i \leqq k$: Sind A, B irgendwelche $S2$-Formeln, x, y irgendwelche GZ mit $h^l A = i$, Sub(A, x, y, B) und Sub(B, y, x, A), so gilt Frf(x, y, A) und Frf(y, x, B). (I.V.)

Angenommen nun, A, B sind irgendwelche $S2$-Formeln, x, y irgendwelche GZ mit $h^l A = k+1$, Sub(A, x, y, B) und Sub(B, y, x, A).

Fall 1: Es gibt ein C mit $A = \neg C$.

Dann gibt es ein D mit $B = \neg D$, Sub(C, x, y, D) und Sub(D, y, x, C). Also ergibt sich mit I.V. Frf(x, y, C) und Frf(y, x, D). Folglich gilt Frf($x, y, \neg C$) und Frf($y, x, \neg D$).

Fall 2: Es gibt C und D mit $A = C \otimes D$.

Dann gibt es E und F mit $B = E \otimes F$, Sub(C, x, y, E), Sub(E, y, x, C), Sub(D, x, y, F) und Sub(F, y, x, D). Also ergibt sich mit I.V. Frf(x, y, C), Frf(y, x, E), Frf(x, y, D) und Frf(y, x, F). Folglich gilt Frf($x, y, C \otimes D$) und Frf($y, x, E \otimes F$).

Fall 3: Es gibt ein z und ein C mit $A = \mathrm{Q}zC$.

3.1: $\sim$ Fr($x, \mathrm{Q}zC$).

Dann ist nach Satz 2.1.2–2.(2) Frf($x, y, \mathrm{Q}zC$). Da $B = \mathrm{Q}zC$, gilt voraussetzungsgemäß Sub($\mathrm{Q}zC, y, x, \mathrm{Q}zC$). Also muß wegen Satz 2.1.2–4.(3) $\sim$ Fr($y, \mathrm{Q}zC$) gelten und folglich nach Satz 2.1.2–2.(2) auch Frf($y, x, \mathrm{Q}zC$).

3.2: Fr($x, \mathrm{Q}zC$).

Es gilt $y \neq z$. Denn wäre $y = z$, so gäbe es ein D mit $B = \mathrm{Q}uD$, wobei u das GZ mit der kleinsten Strichzahl ist, welches nicht in $\mathrm{Q}zC$ vorkommt. Nach Voraussetzung müßte dann gelten Sub($\mathrm{Q}uD, y, x, \mathrm{Q}zC$). Da dies jedoch nur aufgrund von Bestimmung (6) der Def. 2.1.2–4 gelten kann, ergäbe sich $x = u$ und daher auch Fr(u, QzC). Also käme u in QzC vor (Widerspruch!). Folglich ist $y \neq z$. Also gibt es ein D mit $B = \mathrm{Q}zD$ und Sub(C, x, y, D). Da voraussetzungsgemäß Sub(Q$zD, y, x,$ QzC), ergibt sich mit Satz 2.1.2–4.(3) Fr(y, QzD). Also gilt Sub(D, y, x, C), und man erhält mit I.V. Frf(x, y, C) und Frf(y, x, D). Folglich gilt auch Frf($x, y,$ QzC) und Frf($y, x,$ QzD).

Satz 2.1.2–4.(5) besagt, daß man aus einer beliebigen Formel durch Substitution irgendeines GZ für irgendein GZ eine und nur eine Formel erhält. Dieser Umstand rechtfertigt die folgende Konvention:

Sei A irgendeine $S2$-Formel und seien x, y irgendwelche GZ. Dann bezeichne derjenige Ausdruck, der entsteht, wenn man (von links nach rechts und durch Kommata voneinander getrennt) die Klammer »[«, einen Namen von A, einen Namen von x, einen Namen von y und schließlich die Klammer »]« hinschreibt, diejenige $S2$-Formel B, für welche gilt Sub(A, x, y, B).

Es gilt beispielsweise Sub$(F_1^1 a_1, a_1, a_2, F_1^1 a_2)$. Also ist $[F_1^1 a_1, a_1, a_2]$ die Formel $F_1^1 a_2$. Ist weiterhin A etwa die Formel $\vee a_2 F_1^2 a_2 a_1$, so ist $[A, a_1, a_2]$ die Formel $\vee a_3 F_1^2 a_3 a_2$.

Satz 2.1.2–5.

Seien A, B irgendwelche $S2$-Formeln und x, y irgendwelche GZ. Dann gilt:

(1) Sub($A, x, y, [A, x, y]$).
(2) Sub(A, x, y, B) gdw $B = [A, x, y]$.

Satz 2.1.2–6.

Seien A, B irgendwelche $S2$-Formeln und x, y, z irgendwelche GZ. Sei ferner $\otimes$ ein logisches Verknüpfungszeichen und Q ein Quantifikationszeichen. Dann gilt:

(1) $[\neg A, x, y] = \neg [A, x, y]$.
(2) $[A \otimes B, x, y] = [A, x, y] \otimes [B, x, y]$.
(3) Wenn $\sim$ Fr(x, QzA), dann $[\mathrm{Q}zA, x, y] = \mathrm{Q}zA$.
(4) Wenn Fr(x, QzA) und $y \neq z$, dann $[\mathrm{Q}zA, x, y] = \mathrm{Q}z[A, x, y]$.
(5) Wenn Fr(x, QzA), $y = z$ und u das GZ mit der kleinsten Strichzahl ist, welches nicht in QzA vorkommt, dann ist $[\mathrm{Q}zA, x, y] = \mathrm{Q}u[[A, y, u], x, y]$.

Diese fünf Aussagen ergeben sich leicht unter Verwendung des vorangehenden Satzes aus Def. 2.1.2–4. (Übung!)

Satz 2.1.2–7.

Seien A, B irgendwelche $S2$-Formeln und x, y, z irgendwelche GZ. Sei ferner Q ein Quantifikationszeichen. Dann gilt:

(1) Wenn Fr(z, A) und $z \neq x$, dann Fr(z, $[A, x, y]$).
(2) Wenn Fr(x, A), dann Fr(y, $[A, x, y]$).
(3) Wenn y nicht in A vorkommt, dann $A = [[A, x, y], y, x]$.
(4) $[A, x, x] = A$.
(5) Wenn $\sim$ Fr(x, A), dann $[A, x, y] = A$.
(6) Wenn Fr(x, $[A, x, y]$), dann $x = y$.
(7) Fr(y, $[A, x, y]$) gdw Fr(x, A) oder Fr(y, A).
(8) $\sim$ Fr(x, Q$y[A, x, y]$).
(9) Wenn Frf(x, y, A) und $\sim$ Fr(y, A), dann Sub($[A, x, y]$, y, x, A).
(10) Wenn Frf(x, y, A) und $\sim$ Fr(y, A), dann Frf(y, x, $[A, x, y]$).

Beweis

Ad (1): Sei A irgendeine $S2$-Formel und seien x, y, z irgendwelche GZ derart, daß Fr(z, A) und $z \neq x$. Da nach Satz 2.1.2–5.(1) Sub(A, x, y, $[A, x, y]$) gilt, erhält man folglich mit Satz 2.1.2–4.(2) Fr(z, $[A, x, y]$).

Ad (2): Beweis mit Satz 2.1.2–5.(1) und Satz 2.1.2–4.(3).

Ad (3): Beweis mit Satz 2.1.2–5.(2) und Satz 2.1.2–4.(4).

Ad (4) und (5): Übung!

Ad (6): Dieser Satz ergibt sich aus der folgenden Induktionsbehauptung:

Für alle n mit $n \geqq 0$ gilt: Ist A irgendeine $S2$-Formel und sind x, y irgendwelche GZ mit $h^l A = n$ und Fr(x, $[A, x, y]$), so ist $x = y$.

Induktionsbasis

Sei A irgendeine $S2$-Formel und seien x, y irgendwelche GZ mit $h^l A = 0$ und Fr(x, $[A, x, y]$). Dann ist A eine Atomformel $Px_1 \ldots x_n$ und $[A, x, y]$ die Formel $P[x_1]^x_y \ldots [x_n]^x_y$. Also gibt es voraussetzungsgemäß ein $i (1 \leqq i \leqq n)$ derart, daß $[x_i]^x_y = x$. Ist $x_i = x$, so ist $[x_i]^x_y = y$ und daher $x = y$. Ist hingegen $x_i \neq x$, so ist $[x_i]^x_y = x_i$ und daher $x_i = x$. Also ergibt sich auch in diesem Fall $x = y$.

Induktionsschritt

Sei k irgendeine natürliche Zahl mit $k \geqq 0$ und gelte für alle i mit $0 \leqq i \leqq k$: Ist A irgendeine $S2$-Formel und sind x, y irgendwelche GZ mit $h^{l} A = i$ und $\mathrm{Fr}(x, [A, x, y])$, so ist $x = y$. (I.V.)

Angenommen nun, A ist irgendeine $S2$-Formel und x, y sind irgendwelche GZ mit $h^{l} A = k+1$ und $\mathrm{Fr}(x, [A, x, y])$.

Fall 1: Es gibt ein C mit $A = \neg C$.

Dann ist $\mathrm{Fr}(x, [\neg C, x, y])$, und man erhält mit Satz 2.1.2–6.(1) $\mathrm{Fr}(x, \neg [C, x, y])$. Also gilt $\mathrm{Fr}(x, [C, x, y])$, und es folgt mit I.V. $x = y$.

Fall 2: Es gibt C und D mit $A = C \otimes D$.

Dann ist $\mathrm{Fr}(x, [C \otimes D, x, y])$, und man erhält mit Satz 2.1.2–6.(2) $\mathrm{Fr}(x, [C, x, y] \otimes [D, x, y])$. Also ist $\mathrm{Fr}(x, [C, x, y])$ oder $\mathrm{Fr}(x, [D, x, y])$. Ist $\mathrm{Fr}(x, [C, x, y])$, so ergibt sich mit I.V. $x = y$. Ist $\mathrm{Fr}(x, [D, x, y])$, so ergibt sich mit I.V. ebenfalls $x = y$.

Fall 3: Es gibt ein z und ein C mit $A = \mathrm{Q} z C$.

Nach Voraussetzung ist $\mathrm{Fr}(x, [\mathrm{Q} z C, x, y])$. Wäre $\sim \mathrm{Fr}(x, \mathrm{Q} z C)$, dann wäre wegen Satz 2.1.2–6.(3) $\mathrm{Fr}(x, \mathrm{Q} z C)$. Folglich gilt $\mathrm{Fr}(x, \mathrm{Q} z C)$.

3.1: $y \neq z$.

Dann gilt $\mathrm{Fr}(x, \mathrm{Q} z [C, x, y])$ und also $\mathrm{Fr}(x, [C, x, y])$. Folglich gilt nach I.V. $x = y$.

3.2: $y = z$.

Sei u das GZ mit der kleinsten Strichzahl, welches nicht in $\mathrm{Q} z C$ vorkommt. Dann ist nach Satz 2.1.2–6.(5) $\mathrm{Fr}(x, \mathrm{Q} u [[C, y, u], x, y])$. Also ist $\mathrm{Fr}(x, [[C, y, u], x, y])$, und man gewinnt mit der I.V. $x = y$.

Ad (7): Sei A irgendeine $S2$-Formel und seien x, y irgendwelche GZ.

Angenommen, es gilt $\mathrm{Fr}(y, [A, x, y])$. Käme weder x noch y frei in A vor, so müßte wegen Satz 2.1.2–7.(5) gelten $[A, x, y] = A$, und es ergäbe sich $\sim \mathrm{Fr}(y, [A, x, y])$ (Widerspruch!).

Angenommen umgekehrt, es gilt: $\mathrm{Fr}(x, A)$ oder $\mathrm{Fr}(y, A)$. Ist $\mathrm{Fr}(x, A)$, so gilt nach Satz 2.1.2–7.(2) $\mathrm{Fr}(y, [A, x, y])$. Sei nun $\mathrm{Fr}(y, A)$. Ist $x = y$, so ist $\mathrm{Fr}(x, A)$, und es gilt wieder $\mathrm{Fr}(y, [A, x, y])$. Ist hingegen $x \neq y$, so gilt $\mathrm{Fr}(y, [A, x, y])$ aufgrund von Satz 2.1.2–7.(1).

Ad (8): Angenommen, $\mathrm{Fr}(x, \mathrm{Q}y[A, x, y])$. Dann ist $\mathrm{Fr}(x, [A, x, y])$ und $x \neq y$ (Satz 2.1.2–1.(3)). Folglich erhält man mit Satz 2.1.2–7.(6) $x = y$ (Widerspruch!).

Ad (9): Beweis mit Satz 2.1.2–5.(1) und Satz 2.1.2–4.(6).

Ad (10): Beweis mit Satz 2.1.2–7.(9), Satz 2.1.2–5.(1) und Satz 2.1.2–4.(7).

2.2. Die Semantik von *S2*

Wie wir bereits erwähnt haben, werden wir für die Sprache *S2* zwei verschiedene Arten von Semantik einführen und miteinander vergleichen: eine Interpretationssemantik und eine Bewertungssemantik. Es wird sich zeigen, daß sie in einem gewissen Sinn miteinander äquivalent sind. Im Mittelpunkt der *Interpretationssemantik* steht der Modellbegriff. Dieser Begriff wurde erstmals von BOLZANO konzipiert und später von TARSKI für prädikatenlogische Sprachen präzisiert. Der besondere Wert der Interpretationssemantik besteht darin, daß sie eng an die Methoden der modernen mathematischen Axiomatik anknüpft. Demgegenüber besitzt die Bewertungssemantik den Vorzug, daß sie einfacher ist und in ontologischer sowie mengentheoretischer Hinsicht weniger voraussetzt.

2.2.1. Der Modellbegriff für *S2*

Um die Sprache *S2* zu interpretieren, müssen wir auf einen Bereich von Gegenständen, d. h. auf eine nichtleere Klasse, Bezug nehmen. Zwischen diesen Gegenständen und den Gegenstandszeichen bzw. Prädikatzeichen von *S2* ist dann ein Zusammenhang herzustellen. Ein Hinweis darauf, wie man hierbei vorgehen kann, liegt bereits in den Bezeichnungen »Gegenstandszeichen« und »Prädikatzeichen«. Den Gegenstandszeichen werden nämlich Elemente des Gegenstandsbereichs zugeordnet und den Prädikatzeichen Relationen in diesem Bereich. Den 1-stelligen PZ werden dabei 1-stellige Relationen in dem Gegenstandsbereich (d. h. Teilklassen dieses Bereichs) zugeordnet, den 2-stelligen PZ 2-stellige Relationen in dem Bereich usw. Der Begriff einer Interpretation der Sprache *S2* läßt sich nun so definieren:

Definition 2.2.1–1.

I ist eine *S2-Interpretation über* γ gdw
(1) γ ist eine nichtleere Klasse;
(2) I ist eine Funktion auf $\mathrm{gz} \cup \mathrm{pz}$;
(3) ist x irgendein GZ, so ist $I(x) \in \gamma$;
(4) ist P irgendein n-stelliges ($n \geqq 1$) PZ, so ist $I(P) \subseteq \gamma^n$.

Und wir sagen kurz, daß I eine *S2-Interpretation* ist gdw es ein γ gibt, so daß I eine $S2$-Interpretation über γ ist.

Beispiel: Sei I_0 eine Funktion auf $\mathrm{gz} \cup \mathrm{pz}$ derart, daß gilt:

(1) für jedes $i (i \geqq 1)$ ist $I_0(a_i) = i$;
(2) für jedes i-stellige ($i \geqq 1$) PZ P ist $I_0(P) = \mathbb{N}^i$.

Dann ist I_0 eine $S2$-Interpretation über $\mathbb{N}$.

Unter Zugrundelegung des Interpretationsbegriffs läßt sich nun der *Modell*begriff für *S2* definieren. Zum besseren Verständnis dieser Definition stellen wir zunächst einige intuitive Vorbetrachtungen an. Gegeben seien etwa die Formel $F_1^1 a_1$ und eine $S2$-Interpretation I über $\mathbb{N}$. Angenommen, $I(a_1) = 3$ und $I(F_1^1)$ ist die Klasse der Primzahlen. Dann gilt offenbar $I(a_1) \in I(F_1^1)$. Man kann diesen Sachverhalt auch durch die Wendung »I ist ein Modell der Formel $F_1^1 a_1$ über $\mathbb{N}$« bzw. »I ist ein Modell von $F_1^1 a_1$« ausdrücken. Ist $I(a_2) = 6$, so ist $I(a_2) \notin I(F_1^1)$. I ist dann kein Modell von $F_1^1 a_2$, aber ein Modell von $\neg F_1^1 a_2$. Also ist I ein Modell von $F_1^1 a_1 \wedge \neg F_1^1 a_2$ und ebenso ein Modell von $F_1^1 a_1 \vee F_1^1 a_2$.

Bei All- und Existenzformeln sind die Verhältnisse etwas komplizierter. Ist x irgendein GZ und P irgendein einstelliges PZ, so soll I ein Modell der Formel $\bigwedge x Px$ sein, wenn jede natürliche Zahl Element von $I(P)$ ist, und ein Modell von $\bigvee x Px$, falls wenigstens eine natürliche Zahl Element von $I(P)$ ist.

Betrachten wir zunächst nur die Formel $\bigwedge x Px$. Da der Modellbegriff induktiv (nach dem Aufbau der Formeln) definiert werden soll, erhebt sich die Frage, wie sich der Sachverhalt, daß jede natürliche Zahl Element von $I(P)$ ist, in Form einer Aussage über die Formel Px aussprechen läßt. Wir können offenbar nicht einfach sagen, daß I ein Modell von Px ist. Denn dies heißt ja nur, daß $I(x)$ Element von $I(P)$ ist. Den Sachverhalt, daß jede natürliche Zahl in $I(P)$ enthalten ist, können wir jedoch dadurch beschreiben, daß wir sagen: Jede $S2$-Interpretation über $\mathbb{N}$, die sich von I höchstens in der

Bewertung von x unterscheidet, ist ein Modell von Px. Ist dies nämlich der Fall, so ist jede natürliche Zahl in $I(P)$ enthalten, da es für jede natürliche Zahl n eine $S2$-Interpretation I' über $\mathbb{N}$ mit $I'(x)=n$ gibt.

Entsprechend sagen wir, daß I ein Modell von $\bigvee xPx$ ist, wenn es wenigstens eine $S2$-Interpretation über $\mathbb{N}$ gibt, die sich von I höchstens in der Bewertung von x unterscheidet und ein Modell von Px ist.

Bei der Definition des Modellbegriffs müssen wir also den Fall berücksichtigen, daß zwei Interpretationen höchstens in der Bewertung eines einzigen Gegenstandszeichens voneinander differieren. Im folgenden werden wir es jedoch auch allgemein mit Interpretationen zu tun haben, die höchstens in der Bewertung von Gegenstandszeichen $x_1, \ldots, x_n$ voneinander differieren. Diesem Umstand trägt die folgende Definition Rechnung.

Definition 2.2.1–2.

I_1 differiert von I_2 höchstens (in der Bewertung von) $x_1, \ldots, x_n$ bezüglich γ gdw

(1) I_1 und I_2 sind $S2$-Interpretationen über γ;
(2) $x_1, \ldots, x_n$ sind GZ;
(3) für jedes PZ P gilt $I_1(P)=I_2(P)$;
(4) für jedes GZ y mit $y \neq x_1, \ldots, y \neq x_n$ gilt $I_1(y)=I_2(y)$.

Um kurz auszudrücken, daß I_1 von I_2 höchstens in $x_1, \ldots, x_n$ bezüglich γ differiert, schreiben wir der Reihe nach (durch Kommata voneinander getrennt) je einen Namen von I_1, I_2, x_1, …, x_n und γ, schließen den so entstandenen Ausdruck in runde Klammern ein und stellen dem Ganzen den Ausdruck »Diff« voran. Statt »I_1 differiert von I_2 höchstens in a_1, a_2 bezüglich $\mathbb{N}$« können wir also kurz schreiben »Diff($I_1, I_2, a_1, a_2, \mathbb{N}$)«.

Wie man leicht einsieht, gilt der

Satz 2.2.1–1.

(1) Sei γ irgendeine nichtleere Klasse, I irgendeine $S2$-Interpretation über γ und x irgendein GZ. Dann gilt Diff(I, I, x, γ).
(2) Sei γ irgendeine nichtleere Klasse, seien I_1, I_2 irgendwelche $S2$-Interpretationen über γ, sei x irgendein GZ und gelte Diff(I_1, I_2, x, γ) sowie $I_1(x)=I_2(x)$. Dann ist $I_1=I_2$.

Gelegentlich benötigen wir auch noch den folgenden Begriff:

Definition 2.2.1–3.

I_1 *kongruiert mit* I_2 *in* α *bezüglich* γ gdw
(1) I_1 und I_2 sind $S2$-Interpretationen über γ;
(2) $\alpha \subseteq \text{gz} \cup \text{pz}$;
(3) für jedes Element X aus α gilt $I_1(X) = I_2(X)$.

Wir kommen nun zur Definition des Modellbegriffs für $S2$.

Definition 2.2.1–4.

I ist ein *$S2$-Modell von A über* γ gdw sich dies aufgrund folgender Bestimmungen ergibt:

(1) Sind $x_1, \ldots, x_n$ irgendwelche GZ, ist P ein n-stelliges PZ, γ eine nichtleere Klasse, I eine $S2$-Interpretation über γ und gilt $\langle I(x_1), \ldots, I(x_n) \rangle \in I(P)$, so ist I ein $S2$-Modell von $Px_1 \ldots x_n$ über γ.
(2) Ist A eine $S2$-Formel, γ eine nichtleere Klasse und I eine $S2$-Interpretation über γ, die kein $S2$-Modell von A über γ ist, so ist I ein $S2$-Modell von $\neg A$ über γ.
(3) Sind A, B irgendwelche $S2$-Formeln, ist γ eine nichtleere Klasse und I eine $S2$-Interpretation über γ, so gilt:
    (a) Wenn I sowohl ein $S2$-Modell von A als auch von B über γ ist, dann ist I ein $S2$-Modell von $(A \wedge B)$ über γ.
    (b) Wenn I ein $S2$-Modell von A oder von B über γ ist, dann ist I ein $S2$-Modell von $(A \vee B)$ über γ.
    (c) Wenn I kein $S2$-Modell von A über γ oder ein $S2$-Modell von B über γ ist, dann ist I ein $S2$-Modell von $(A \rightarrow B)$ über γ.
    (d) Wenn I ein $S2$-Modell sowohl von A als auch von B oder weder von A noch von B über γ ist, dann ist I ein $S2$-Modell von $(A \leftrightarrow B)$ über γ.
(4) Ist A irgendeine $S2$-Formel, x irgendein GZ, γ irgendeine nichtleere Klasse und I eine $S2$-Interpretation über γ, so gilt:
    (a) Wenn jede $S2$-Interpretation über γ, die von I höchstens in der Bewertung von x bezüglich γ differiert, ein $S2$-Modell von A über γ ist, dann ist I ein $S2$-Modell von $\bigwedge xA$ über γ.
    (b) Wenn es wenigstens eine $S2$-Interpretation über γ gibt, die von I höchstens in der Bewertung von x bezüglich γ differiert und ein $S2$-Modell von A über γ ist, dann ist I ein $S2$-Modell von $\bigvee xA$ über γ.

Daß I ein $S2$-Modell von A über γ ist, drücken wir kurz aus, indem wir der Reihe nach (durch Kommata voneinander getrennt) je einen Namen von I, A und γ schreiben, den so entstandenen Ausdruck in runde Klammern einschließen und dem Ganzen den Ausdruck »Mod« voranstellen. So können wir beispielsweise statt »I ist ein $S2$-Modell von $F_1^2 a_1 a_2$ über γ« kurz schreiben »$\mathrm{Mod}(I, F_1^2 a_1 a_2, \gamma)$«. Und um kurz auszudrücken, daß I kein $S2$-Modell von A über γ ist, stellen wir dem mit »Mod« beginnenden Ausdruck das Zeichen »$\sim$« voran.

Wenn es nicht auf den Gegenstandsbereich ankommt, verwenden wir auch den folgenden Begriff: I ist ein *$S2$-Modell von A* gdw es ein γ gibt, so daß I ein $S2$-Modell von A über γ ist. Aus Def. 2.2.1–4 ergibt sich nun unmittelbar der folgende

Satz 2.2.1–2.

Sei P irgendein PZ, seien $x, x_1, \ldots, x_n$ irgendwelche GZ und A, B irgendwelche $S2$-Formeln. Sei ferner γ eine nichtleere Klasse und I eine $S2$-Interpretation über γ. Dann gilt:

(1) $\mathrm{Mod}(I, Px_1 \ldots x_n, \gamma)$ gdw $\langle I(x_1), \ldots, I(x_n) \rangle \in I(P)$.
(2) $\mathrm{Mod}(I, \neg A, \gamma)$ gdw $\sim \mathrm{Mod}(I, A, \gamma)$.
(3) $\mathrm{Mod}(I, A \wedge B, \gamma)$ gdw $\mathrm{Mod}(I, A, \gamma)$ und $\mathrm{Mod}(I, B, \gamma)$.
(4) $\mathrm{Mod}(I, A \vee B, \gamma)$ gdw $\mathrm{Mod}(I, A, \gamma)$ oder $\mathrm{Mod}(I, B, \gamma)$.
(5) $\mathrm{Mod}(I, A \rightarrow B, \gamma)$ gdw $\sim \mathrm{Mod}(I, A, \gamma)$ oder $\mathrm{Mod}(I, B, \gamma)$.
(6) $\mathrm{Mod}(I, A \leftrightarrow B, \gamma)$ gdw sowohl $\mathrm{Mod}(I, A, \gamma)$ als auch $\mathrm{Mod}(I, B, \gamma)$ oder weder $\mathrm{Mod}(I, A, \gamma)$ noch $\mathrm{Mod}(I, B, \gamma)$.
(7) $\mathrm{Mod}(I, \bigwedge x A, \gamma)$ gdw für jede $S2$-Interpretation I' über γ mit $\mathrm{Diff}(I', I, x, \gamma)$ gilt: $\mathrm{Mod}(I', A, \gamma)$.
(8) $\mathrm{Mod}(I, \bigvee x A, \gamma)$ gdw es wenigstens eine $S2$-Interpretation I' über γ gibt, für welche gilt: $\mathrm{Diff}(I', I, x, \gamma)$ und $\mathrm{Mod}(I', A, \gamma)$.

Um den Leser mit dem Modellbegriff weiter vertraut zu machen, betrachten wir einige Beispiele. Zunächst treffen wir folgende Festsetzung: Sei I eine $S2$-Interpretation über $\mathbb{N}^+$, für welche gilt:

(1) Ist i ein Element von $\mathbb{N}^+$, so ist $I(a_i) = i$;
(2) $I(F_1^1)$ ist die Klasse aller geraden positiven natürlichen Zahlen;
(3) $I(F_2^1)$ ist die Klasse aller ungeraden natürlichen Zahlen;
(4) $I(F_3^1)$ ist die Klasse der Primzahlen;
(5) $I(F_1^2)$ ist die Klasse aller geordneten Paare $\langle m, n \rangle$ mit $m, n \in \mathbb{N}^+$ und $m > n$.

(6) $I(F_2^2)$ ist die Klasse aller geordneten Paare $\langle m, n\rangle$ mit $m, n \in \mathbb{N}^+$ und $m \leqq n$.

(7) $I(F_1^3)$ ist die Klasse aller Tripel $\langle m, n, p\rangle$ mit $m, n, p \in \mathbb{N}^+$ und $m+n=p$.

Da die Zahl 2 eine gerade natürliche Zahl ist, gilt $I(a_2) \in I(F_1^1)$ und daher auch $\text{Mod}(I, F_1^1 a_2, \mathbb{N}^+)$. Ebenso gilt $\text{Mod}(I, F_2^1 a_1, \mathbb{N}^+)$. Also gilt auch $\text{Mod}(I, F_1^1 a_2 \wedge F_2^1 a_1, \mathbb{N}^+)$. Da die Zahl 4 keine Primzahl ist, gilt nicht $I(a_4) \in I(F_3^1)$ und also auch nicht $\text{Mod}(I, F_3^1 a_4, \mathbb{N}^+)$. Folglich gilt $\text{Mod}(I, \neg F_3^1 a_4, \mathbb{N}^+)$ und somit auch $\text{Mod}(I, F_3^1 a_4 \vee \neg F_3^1 a_4, \mathbb{N}^+)$. Ferner ist $\text{Mod}(I, F_3^1 a_4 \rightarrow F_1^1 a_2, \mathbb{N}^+)$, $\text{Mod}(I, \neg F_3^1 a_4 \rightarrow F_1^1 a_2, \mathbb{N}^+)$, $\text{Mod}(I, F_2^1 a_1 \leftrightarrow F_1^1 a_2, \mathbb{N}^+)$ und $\text{Mod}(I, F_3^1 a_4 \leftrightarrow F_1^1 a_1, \mathbb{N}^+)$. Da $2>1$, ist $\langle I(a_2), I(a_1)\rangle \in I(F_1^2)$ und daher auch $\text{Mod}(I, F_1^2 a_2 a_1, \mathbb{N}^+)$. Es gilt ferner $\sim \text{Mod}(I, F_1^2 a_1 a_2, \mathbb{N}^+)$. Also ist $\text{Mod}(I, \neg F_1^2 a_1 a_2, \mathbb{N}^+)$, und man erhält somit $\text{Mod}(I, F_1^2 a_2 a_1 \rightarrow \neg F_1^2 a_1 a_2, \mathbb{N}^+)$. Wegen $2+3=5$ ist weiterhin $\langle I(a_2), I(a_3), I(a_5)\rangle \in I(F_1^3)$ und also auch $\text{Mod}(I, F_1^3 a_2 a_3 a_5, \mathbb{N}^+)$.

Wir betrachten nun einige Formeln, in denen Quantoren vorkommen. Gegeben sei etwa die Formel $\bigvee a_1 F_3^1 a_1$. Wir wollen zeigen, daß $\text{Mod}(I, \bigvee a_1 F_3^1 a_1, \mathbb{N}^+)$ gdw es wenigstens eine Primzahl gibt[1]. Angenommen, es gilt $\text{Mod}(I, \bigvee a_1 F_3^1 a_1, \mathbb{N}^+)$. Dann gibt es definitionsgemäß wenigstens eine $S2$-Interpretation I' über $\mathbb{N}^+$ mit $\text{Diff}(I', I, a_1, \mathbb{N}^+)$ und $\text{Mod}(I', F_3^1 a_1, \mathbb{N}^+)$. Also ist $I'(a_1) \in I'(F_3^1)$. Da $I'(F_3^1) = I(F_3^1)$, ist somit $I'(a_1) \in I(F_3^1)$. Daher ist $I'(a_1)$ eine Primzahl. Folglich gibt es wenigstens eine Primzahl. Angenommen umgekehrt, es gibt wenigstens eine Primzahl. Sei n eine Primzahl und I' diejenige $S2$-Interpretation über $\mathbb{N}^+$, für welche gilt: $\text{Diff}(I', I, a_1, \mathbb{N}^+)$ und $I'(a_1) = n$. Damit ist I' eindeutig festgelegt. Es gilt nun $I'(a_1) \in I'(F_3^1)$ und daher auch $\text{Mod}(I', F_3^1 a_1, \mathbb{N}^+)$. Also gilt $\text{Mod}(I, \bigvee a_1 F_3^1 a_1, \mathbb{N}^+)$.

Auf ähnliche Weise kann man sich davon überzeugen, daß $\text{Mod}(I, \bigvee a_1 F_1^2 a_1 a_2, \mathbb{N}^+)$ gdw es wenigstens ein n aus $\mathbb{N}^+$ mit $n>2$ gibt.

Betrachten wir nun die Formel $\bigwedge a_1 F_2^2 a_1 a_1$. Es gilt $\text{Mod}(I, \bigwedge a_1 F_2^2 a_1 a_1, \mathbb{N}^+)$ gdw für jedes n aus $\mathbb{N}^+$ gilt $n \leqq n$. Angenommen nämlich, $\text{Mod}(I, \bigwedge a_1 F_2^2 a_1 a_1, \mathbb{N}^+)$. Dann gilt für jede $S2$-Interpretation I' über $\mathbb{N}^+$ mit $\text{Diff}(I', I, a_1, \mathbb{N}^+)$: $\text{Mod}(I', F_2^2 a_1 a_1, \mathbb{N}^+)$. Sei nun n irgendein Element von $\mathbb{N}^+$ und I' diejenige $S2$-Interpretation über $\mathbb{N}^+$, für welche gilt: $\text{Diff}(I', I, a_1, \mathbb{N}^+)$ und $I'(a_1) = n$. Dann ist $\text{Mod}(I', F_2^2 a_1 a_1, \mathbb{N}^+)$ und daher auch $\langle I'(a_1), I'(a_1)\rangle \in I'(F_2^2)$. Hieraus folgt aber $\langle n, n\rangle \in I(F_2^2)$ und damit schließlich $n \leqq n$. Ange-

[1] Ebenso gilt für jedes i $(i>1)$: $\text{Mod}(I, \bigvee a_i F_3^1 a_i, \mathbb{N}^+)$ gdw es wenigstens eine Primzahl gibt.

nommen umgekehrt, für jedes n aus $\mathbb{N}^+$ gilt $n \leqq n$. Sei I' irgendeine $S2$-Interpretation über $\mathbb{N}^+$ mit Diff$(I', I, a_1, \mathbb{N}^+)$. Dann gilt voraussetzungsgemäß $I'(a_1) \leqq I'(a_1)$ und daher auch $\langle I'(a_1), I'(a_1)\rangle \in I'(F_2^2)$. Also ist Mod$(I', F_2^2 a_1 a_1, \mathbb{N}^+)$. Damit ist gezeigt, daß Mod$(I, \wedge a_1 F_2^2 a_1 a_1, \mathbb{N}^+)$.
Auf ähnliche Weise kann man zeigen, daß Mod$(I, \wedge a_2 F_2^2 a_1 a_2, \mathbb{N}^+)$ gdw für jedes n aus $\mathbb{N}^+$ gilt $n \geqq 1$.

Betrachten wir nun die Formel $\wedge a_1(F_3^1 a_1 \to F_2^1 a_1)$. Es gilt Mod$(I, \wedge a_1(F_3^1 a_1 \to F_2^1 a_1), \mathbb{N}^+)$ gdw kein Element von $\mathbb{N}^+$ eine gerade Primzahl ist. Angenommen, Mod$(I, \wedge a_1(F_3^1 a_1 \to F_2^1 a_1), \mathbb{N}^+)$. Dann gilt für jede $S2$-Interpretation I' über $\mathbb{N}^+$ mit Diff$(I', I, a_1, \mathbb{N}^+)$: Mod$(I', F_3^1 a_1 \to F_2^1 a_1, \mathbb{N}^+)$. Sei nun n irgendein Element von $\mathbb{N}^+$ und I' diejenige $S2$-Interpretation über $\mathbb{N}^+$, für welche gilt: Diff$(I', I, a_1, \mathbb{N}^+)$ und $I'(a_1) = n$. Dann gilt voraussetzungsgemäß Mod$(I', F_3^1 a_1 \to F_2^1 a_1, \mathbb{N}^+)$. Also ist $\sim$Mod$(I', F_3^1 a_1, \mathbb{N}^+)$ oder Mod$(I', F_2^1 a_1, \mathbb{N}^+)$. Infolgedessen ist $I'(a_1) \notin I'(F_3^1)$ oder $I'(a_1) \in I'(F_2^1)$. Also ist n keine Primzahl oder ungerade, und somit keine gerade Primzahl. Angenommen umgekehrt, kein Element von $\mathbb{N}^+$ ist eine gerade Primzahl. Sei nun I' irgendeine $S2$-Interpretation über $\mathbb{N}^+$, für welche gilt Diff$(I', I, a_1, \mathbb{N}^+)$. Wäre $\sim$Mod$(I', F_3^1 a_1 \to F_2^1 a_1, \mathbb{N}^+)$, so wäre Mod$(I', F_3^1 a_1, \mathbb{N}^+)$ und $\sim$Mod$(I', F_2^1 a_1, \mathbb{N}^+)$. Also wäre $I'(a_1) \in I'(F_3^1)$ und $I'(a_1) \notin I'(F_2^1)$, d. h. $I'(a_1)$ wäre eine gerade Primzahl. Dies ist jedoch unmöglich, da $\mathbb{N}^+$ voraussetzungsgemäß keine gerade Primzahl enthält. Man erhält somit Mod$(I', F_3^1 a_1 \to F_2^1 a_1, \mathbb{N}^+)$. Damit ist gezeigt, daß Mod$(I, \wedge a_1(F_3^1 a_1 \to F_2^1 a_1), \mathbb{N}^+)$.

Der Leser überzeuge sich in entsprechender Weise, daß Mod$(I, \neg \vee a_2(F_1^1 a_2 \wedge F_2^1 a_2), \mathbb{N}^+)$ gdw es kein Element von $\mathbb{N}^+$ gibt, welches sowohl gerade als auch ungerade ist.

Als letztes Beispiel betrachten wir noch die Formel $\wedge a_1 \vee a_2 F_1^2 a_2 a_1$. Es gilt Mod$(I, \wedge a_1 \vee a_2 F_1^2 a_2 a_1, \mathbb{N}^+)$ gdw es zu jedem n aus $\mathbb{N}^+$ ein m aus $\mathbb{N}^+$ mit $m > n$ gibt. Angenommen nämlich, es gilt Mod$(I, \wedge a_1 \vee a_2 F_1^2 a_2 a_1, \mathbb{N}^+)$. Dann gilt für jede $S2$-Interpretation I' über $\mathbb{N}^+$ mit Diff$(I', I, a_1, \mathbb{N}^+)$: Mod$(I', \vee a_2 F_1^2 a_2 a_1, \mathbb{N}^+)$. Sei nun n irgendein Element von $\mathbb{N}^+$ und I' diejenige $S2$-Interpretation, für welche gilt: Diff$(I', I, a_1, \mathbb{N}^+)$ und $I'(a_1) = n$. Dann ist Mod$(I', \vee a_2 F_1^2 a_2 a_1, \mathbb{N}^+)$, und es gibt folglich eine $S2$-Interpretation I'' mit Diff$(I'', I', a_2, \mathbb{N}^+)$ und Mod$(I'', F_1^2 a_2 a_1, \mathbb{N}^+)$. Also erhält man $\langle I''(a_2), I''(a_1)\rangle \in I''(F_1^2)$ und daher auch $I''(a_2) > n$. Es gibt somit ein m aus $\mathbb{N}^+$ mit $m > n$. Angenommen umgekehrt, es gibt zu jedem n aus $\mathbb{N}^+$ ein m aus $\mathbb{N}^+$ mit $m > n$. Sei nun I' irgendeine $S2$-Interpretation über $\mathbb{N}^+$, für welche gilt Diff$(I', I, a_1, \mathbb{N}^+)$. Dann gibt es ein m aus $\mathbb{N}^+$ mit $m > I'(a_1)$. Sei I'' diejenige $S2$-Interpretation, für welche gilt: $\mathrm{Diff}(I'', I', a_2, \mathbb{N}^+)$ und $I''(a_2) = m$. Dann ist $I''(a_2) > I'(a_1)$, und es gilt daher $\langle I''(a_2), I''(a_1)\rangle \in I''(F_1^2)$, d. h. $\mathrm{Mod}(I'', F_1^2 a_2 a_1, \mathbb{N}^+)$. Folglich ist $\mathrm{Mod}(I', \bigvee a_2 F_1^2 a_2 a_1, \mathbb{N}^+)$. Damit ist gezeigt, daß $\mathrm{Mod}(I, \bigwedge a_1 \bigvee a_2 F_1^2 a_2 a_1, \mathbb{N}^+)$.

Aufgabe: Man ermittle, von welchen der folgenden Formeln die Interpretation I ein Modell über $\mathbb{N}^+$ ist.

1. $\bigwedge a_1 \neg F_1^2 a_1 a_1$
2. $\bigwedge a_1 \bigwedge a_2 (F_1^3 a_1 a_1 a_2 \rightarrow F_2^2 a_1 a_2)$
3. $\bigwedge a_1 \bigwedge a_2 \bigwedge a_3 (F_1^2 a_1 a_2 \wedge F_1^2 a_2 a_3 \rightarrow F_1^2 a_1 a_3)$
4. $\bigwedge a_1 \bigvee a_2 F_2^2 a_1 a_2$
5. $\bigwedge a_1 \bigvee a_2 F_2^2 a_2 a_1$
6. $\bigvee a_1 \bigwedge a_2 F_2^2 a_1 a_2$
7. $\bigvee a_1 \bigwedge a_2 F_2^2 a_2 a_1$
8. $\bigwedge a_1 (\bigvee a_3 F_1^3 a_1 a_3 a_7 \rightarrow F_2^2 a_1 a_7)$
9. $\bigwedge a_1 (F_3^1 a_1 \rightarrow \bigvee a_2 (F_3^1 a_2 \wedge F_1^2 a_2 a_1))$
10. $\bigwedge a_1 \bigwedge a_2 \bigvee a_3 (F_1^2 a_3 a_1 \wedge F_1^2 a_3 a_2)$
11. $\bigvee a_1 \bigwedge a_2 F_2^2 a_1 a_2 \rightarrow \bigwedge a_2 \bigvee a_1 F_2^2 a_1 a_2$
12. $\bigwedge a_1 \bigvee a_2 F_2^2 a_1 a_2 \rightarrow \bigvee a_2 \bigwedge a_1 F_2^2 a_1 a_2$

In der Semantik spielt neben dem Modellbegriff auch der Begriff der Erfüllbarkeit einer Formel bzw. einer Formelklasse eine wichtige Rolle.

Definition 2.2.1–5.

Eine $S2$-Formel A ist *$S2$-erfüllbar über* γ gdw es eine $S2$-Interpretation I über γ mit $\mathrm{Mod}(I, A, \gamma)$ gibt.
Eine $S2$-Formel A ist *$S2$-erfüllbar* gdw es ein γ gibt, so daß A $S2$-erfüllbar über γ ist.
Eine $S2$-Formel A ist *$S2$-unerfüllbar* gdw A nicht $S2$-erfüllbar ist.

Wir wollen diese Begriffe anhand einiger Beispiele einüben. Dabei wird auf die oben (S. 296f.) definierte Interpretation I nicht mehr Bezug genommen.

1. Für jede Klasse γ gilt: die Formel $F_1^1 a_1 \wedge \neg F_1^1 a_2$ ist $S2$-erfüllbar über γ gdw γ wenigstens zwei Elemente enthält.

Beweis: Angenommen, $F_1^1 a_1 \wedge \neg F_1^1 a_2$ ist $S2$-erfüllbar über γ. Dann gibt es ein I mit $\mathrm{Mod}(I, F_1^1 a_1, \gamma)$ und $\mathrm{Mod}(I, \neg F_1^1 a_2, \gamma)$. Also ist $I(a_1) \in I(F_1^1)$ und $I(a_2) \notin I(F_1^1)$. Folglich enthält γ wenigstens zwei Elemente. Angenommen umgekehrt, γ enthält wenigstens zwei

Elemente. Dann gibt es α_1 und α_2 aus γ mit $\alpha_1 \neq \alpha_2$. Sei nun I eine $S2$-Interpretation über γ mit $I(a_1)=\alpha_1$, $I(a_2)=\alpha_2$ und $I(F_1^1)=\{\alpha_1\}$. Dann gilt $I(a_1)\in I(F_1^1)$ und $I(a_2)\notin I(F_1^1)$. Also ist $\mathrm{Mod}(I, F_1^1 a_1, \gamma)$ und $\mathrm{Mod}(I, \neg F_1^1 a_2, \gamma)$. Folglich ist die Formel $F_1^1 a_1 \wedge \neg F_1^1 a_2$ $S2$-erfüllbar über γ.

2. Die Formel $\neg(F_1^1 a_1 \rightarrow F_1^1 a_1)$ ist $S2$-unerfüllbar. (Übung für den Leser!)

3. Die Formel $\bigvee a_1 \bigwedge a_2 F_1^2 a_1 a_2$ ist $S2$-erfüllbar über $\mathbb{N}$.

Beweis: Sei I eine $S2$-Interpretation über $\mathbb{N}$ derart, daß $I(F_1^2)$ die Klasse aller geordneten Paare $\langle m, n\rangle$ mit $m, n \in \mathbb{N}$ und $m \leqq n$ ist. Sei ferner I' diejenige $S2$-Interpretation über $\mathbb{N}$, für die gilt: $\mathrm{Diff}(I', I, a_1, \mathbb{N})$ und $I'(a_1)=0$. Dann gilt $\mathrm{Mod}(I', \bigwedge a_2 F_1^2 a_1 a_2, \mathbb{N})$. Denn ist I'' irgendeine $S2$-Interpretation über $\mathbb{N}$ mit $\mathrm{Diff}(I'', I', a_2, \mathbb{N})$, so ist $I''(a_1)=0$. Da aber für jedes n aus $\mathbb{N}$ gilt $0 \leqq n$, d. h. $I''(a_1) \leqq n$, gilt auch $I''(a_1) \leqq I''(a_2)$. Also ist $\langle I''(a_1), I''(a_2)\rangle \in I''(F_1^2)$, und man erhält folglich $\mathrm{Mod}(I'', F_1^2 a_1 a_2, \mathbb{N})$, womit gezeigt ist, daß $\mathrm{Mod}(I', \bigwedge a_2 F_1^2 a_1 a_2, \mathbb{N})$. Wegen $\mathrm{Diff}(I', I, a_1, \mathbb{N})$ kann man also auf $\mathrm{Mod}(I, \bigvee a_1 \bigwedge a_2 F_1^2 a_1 a_2, \mathbb{N})$ schließen.

4. Die Formel $\neg \bigvee a_1 \bigwedge a_2 F_1^2 a_1 a_2$ ist $S2$-erfüllbar über $\mathbb{N}$.

Beweis: Sei I eine $S2$-Interpretation über $\mathbb{N}$ derart, daß $I(F_1^2)$ die Klasse aller geordneten Paare $\langle m, n\rangle$ mit $m, n \in \mathbb{N}$ und $m > n$ ist. Dann ergibt sich auf ähnliche Weise wie im vorangehenden Beispiel, daß $\mathrm{Mod}(I, \neg \bigvee a_1 \bigwedge a_2 F_1^2 a_1 a_2, \mathbb{N})$.

5. Die Formel $\bigwedge a_1 F_1^1 a_1 \wedge \bigvee a_1 \neg F_1^1 a_1$ ist $S2$-unerfüllbar. (Übung!)

Wir werden später zeigen, daß jede Formel, die überhaupt $S2$-erfüllbar ist, auch über wenigstens einer abzählbaren Klasse $S2$-erfüllbar ist (Satz von LÖWENHEIM). Ferner ist, wie wir noch sehen werden, jede über irgendeiner nichtleeren Klasse γ $S2$-erfüllbare Formel auch über jeder Klasse $S2$-erfüllbar, die eine mit γ gleichmächtige Teilklasse enthält (Inflationstheorem). Es gibt nun auch Formeln, die über keiner endlichen, sondern nur über unendlichen Klassen $S2$-erfüllbar sind. Dies zeigt der

Satz 2.2.1–3.

Sei A_0 die Formel $(\bigwedge a_1 \bigvee a_2 F_1^2 a_1 a_2 \wedge \neg \bigvee a_1 F_1^2 a_1 a_1) \wedge \bigwedge a_1 \bigwedge a_2 \bigwedge a_3 (F_1^2 a_1 a_2 \wedge F_1^2 a_2 a_3 \rightarrow F_1^2 a_1 a_3)$. Dann gilt:

(1) A_0 ist $S2$-erfüllbar über $\mathbb{N}$.
(2) A_0 ist über keiner endlichen nichtleeren Klasse $S2$-erfüllbar.

Beweis:

Ad (1): Sei I eine $S2$-Interpretation über $\mathbb{N}$ derart, daß $I(F_1^2)$ die Klasse aller geordneten Paare $\langle m, n\rangle$ mit $m, n \in \mathbb{N}$ und $m<n$ ist. Da es zu jedem m aus $\mathbb{N}$ ein n aus $\mathbb{N}$ mit $m<n$ gibt, ergibt sich $\mathrm{Mod}(I, \bigwedge a_1 \bigvee a_2 F_1^2 a_1 a_2, \mathbb{N})$. Und da es ferner kein m aus $\mathbb{N}$ mit $m<m$ gibt, gilt auch $\mathrm{Mod}(I, \neg \bigvee a_1 F_1^2 a_1 a_1, \mathbb{N})$. Schließlich gilt für alle m, n, k aus $\mathbb{N}$: es ist nicht der Fall, daß $m<n$, $n<k$ und nicht $m<k$. Also ist $\mathrm{Mod}(I, \bigwedge a_1 \bigwedge a_2 \bigwedge a_3(F_1^2 a_1 a_2 \wedge F_1^2 a_2 a_3 \rightarrow F_1^2 a_1 a_3, \mathbb{N})$.

Ad (2): Der Leser mache sich zunächst klar, daß für jede nichtleere Klasse γ und jedes $S2$-Modell I von A_0 über γ gilt:

(a) Zu jedem α_1 aus γ gibt es ein α_2 aus γ mit $\langle\alpha_1, \alpha_2\rangle \in I(F_1^2)$.
(b) Es gibt kein α_1 aus γ mit $\langle\alpha_1, \alpha_1\rangle \in I(F_1^2)$.
(c) Für alle $\alpha_1, \alpha_2, \alpha_3$ aus γ gilt: es ist nicht der Fall, daß $\langle\alpha_1, \alpha_2\rangle \in I(F_1^2)$, $\langle\alpha_2, \alpha_3\rangle \in I(F_1^2)$ und $\langle\alpha_1, \alpha_3\rangle \notin I(F_1^2)$.

Um zeigen zu können, daß A_0 über keiner endlichen nichtleeren Klasse $S2$-erfüllbar ist, beweisen wir durch schwache unendliche Induktion folgenden Hilfssatz:

> Für alle n mit $n \geqq 2$ gilt: Ist γ irgendeine nichtleere Klasse, I irgendein $S2$-Modell von A_0 über γ, γ' irgendeine endliche, nichtleere Teilklasse von γ mit $|\gamma'| = n$ und $\alpha_1, \ldots, \alpha_n$ irgendeine Abzählung sämtlicher Elemente von γ', so gilt für jedes i mit $1 \leqq i < n$: $\langle\alpha_i, \alpha_n\rangle \in I(F_1^2)$.

Induktionsbasis

Sei γ irgendeine nichtleere Klasse, I irgendein $S2$-Modell von A_0 über γ, γ' irgendeine endliche, nichtleere Teilklasse von γ mit $|\gamma'| = 2$ und α_1, α_2 irgendeine Abzählung der Elemente von γ'. Wegen (a) gibt es dann ein β aus γ mit $\langle\alpha_1, \beta\rangle \in I(F_1^2)$. Aufgrund von (b) ist folglich $\beta \neq \alpha_1$, und es gilt daher $\beta = \alpha_2$. Also ist $\langle\alpha_1, \alpha_2\rangle \in I(F_1^2)$.

Induktionsschritt

Sei k irgendeine natürliche Zahl mit $k \geqq 2$, γ irgendeine nichtleere Klasse, I irgendein $S2$-Modell von A_0 über γ, γ' irgendeine endliche, nichtleere Teilklasse von γ mit $|\gamma'| = k+1$ und $\alpha_1, \ldots, \alpha_{k+1}$ irgendeine Abzählung sämtlicher Elemente von γ'. Sei ferner γ^* die Klasse $\gamma' \setminus \{\alpha_{k+1}\}$. Dann ist γ^* eine endliche, nichtleere Teilklasse von γ mit $|\gamma^*| = k$ und $\alpha_1, \ldots, \alpha_k$ eine Abzählung der Elemente von γ^*. Nach

I.V. gilt also für jedes i mit $1 \leqq i < k$: $\langle \alpha_i, \alpha_k \rangle \in I(F_1^2)$. Wir zeigen zunächst, daß $\langle \alpha_k, \alpha_{k+1} \rangle \in I(F_1^2)$.

Voraussetzungsgemäß ist Mod(I, A_0, γ). Wegen (a) existiert daher ein β aus γ mit $\langle \alpha_k, \beta \rangle \in I(F_1^2)$. Hieraus ergibt sich mit (b), daß $\beta \neq \alpha_k$. Wäre nun $\beta \in \{\alpha_1, \ldots, \alpha_{k-1}\}$, so müßte nach I.V. $\langle \beta, \alpha_k \rangle \in I(F_1^2)$ und somit wegen (c) auch $\langle \alpha_k, \alpha_k \rangle \in I(F_1^2)$ gelten. Dies ist jedoch wegen (b) ausgeschlossen. Damit ist gezeigt, daß $\beta \notin \{\alpha_1, \ldots, \alpha_k\}$. Es gilt folglich $\beta = \alpha_{k+1}$. Wegen $\langle \alpha_k, \beta \rangle \in I(F_1^2)$ ist also $\langle \alpha_k, \alpha_{k+1} \rangle \in I(F_1^2)$.

Sei nun i irgendeine natürliche Zahl mit $1 \leqq i < k+1$.

Fall 1: $i = k$.

Dann ist $\langle \alpha_i, \alpha_{k+1} \rangle \in I(F_1^2)$.

Fall 2: $1 \leqq i < k$.

Dann gilt nach I.V. $\langle \alpha_i, \alpha_k \rangle \in I(F_1^2)$, und man erhält wegen (c) $\langle \alpha_i, \alpha_{k+1} \rangle \in I(F_1^2)$.

Damit ist der Hilfssatz bewiesen. Angenommen nun, es gibt eine endliche nichtleere Klasse γ, über welcher A_0 *S2*-erfüllbar ist. Dann gibt es eine *S2*-Interpretation I über γ mit Mod(I, A_0, γ). Also gibt es eine positive natürliche Zahl n mit $|\gamma| = n$.

Fall 1: $n = 1$.

Dann gibt es ein α mit $\gamma = \{\alpha\}$. Nach (a) existiert also ein β aus γ derart, daß $\langle \alpha, \beta \rangle \in I(F_1^2)$. Nun ist aber $\beta = \alpha$, und es gilt somit $\langle \alpha, \alpha \rangle \in I(F_1^2)$. Dies ist aber wegen (b) ausgeschlossen.

Fall 2: $n \geqq 2$.

Sei $\alpha_1, \ldots, \alpha_n$ irgendeine Abzählung der Elemente von γ. Nach (a) gibt es dann ein β aus γ mit $\langle \alpha_n, \beta \rangle \in I(F_1^2)$. Da ferner wegen (b) $\beta \neq \alpha_n$, gibt es ein $i (1 \leqq i < n)$ mit $\alpha_i = \beta$. Also ist $\langle \alpha_n, \alpha_i \rangle \in I(F_1^2)$. Aus dem obigen Hilfssatz erhält man aber (durch Spezialisierung von γ' zu γ) $\langle \alpha_i, \alpha_n \rangle \in I(F_1^2)$. Folglich gilt wegen (c) $\langle \alpha_n, \alpha_n \rangle \in I(F_1^2)$. Dies ist jedoch nach (b) unmöglich.

Damit ist die Annahme, daß A_0 über einer endlichen nichtleeren Klasse *S2*-erfüllbar ist, widerlegt.

Aufgabe: Sei γ irgendeine nichtleere Klasse.

1. Man zeige, daß die Formel $(((F_1^1 a_1 \wedge \neg F_1^1 a_2) \wedge F_2^1 a_1) \wedge F_2^1 a_2) \wedge \neg F_2^1 a_3$ genau dann über γ *S2*-erfüllbar ist, wenn γ wenigstens drei Elemente enthält.

2. Man gebe eine Formel an, die genau dann über γ $S2$-erfüllbar ist, wenn γ wenigstens vier Elemente enthält.
3. Man zeige, daß die folgende Formel über $\mathbb{N}$, aber nicht über einer endlichen Teilklasse von $\mathbb{N}$ $S2$-erfüllbar ist:
   $\bigwedge a_1 \bigvee a_2 \bigwedge a_3((F_1^2 a_1 a_2 \wedge \neg F_1^2 a_1 a_1) \wedge (F_1^2 a_2 a_3 \rightarrow F_1^2 a_1 a_3))$.

Wie wir gesehen haben, gibt es Formeln, die über gewissen Klassen $S2$-erfüllbar sind, über anderen jedoch nicht. Dies motiviert die nächste Definition.

Definition 2.2.1–6.

I verifiziert (bzw. *falsifiziert*) *A über* γ gdw
(1) I ist eine $S2$-Interpretation über γ;
(2) A ist eine $S2$-Formel;
(3) $\mathrm{Mod}(I, A, \gamma)$ (bzw. $\sim\mathrm{Mod}(I, A, \gamma)$).

Gegeben sei beispielsweise die Formel $\bigvee a_1 F_1^1 a_1 \wedge \bigvee a_1 F_2^1 a_1 \rightarrow \bigvee a_1(F_1^1 a_1 \wedge F_2^1 a_1)$. Wir wollen für diese Formel sowohl eine verifizierende als auch eine falsifizierende $S2$-Interpretation angeben.

(a) Sei I eine $S2$-Interpretation über $\{3\}$ und gelte $I(F_1^1) = I(F_2^1) = \{3\}$. Dann ist $I(a_1) \in I(F_1^1)$ und $I(a_1) \in I(F_2^1)$, und es gilt daher $\mathrm{Mod}(I, F_1^1 a_1 \wedge F_2^1 a_1, \{3\})$. Folglich gilt $\mathrm{Mod}(I, \bigvee a_1(F_1^1 a_1 \wedge F_2^1 a_1), \{3\})$ und somit auch $\mathrm{Mod}(I, \bigvee a_1 F_1^1 a_1 \wedge \bigvee a_1 F_2^1 a_1 \rightarrow \bigvee a_1(F_1^1 a_1 \wedge F_2^1 a_1), \{3\})$.

(b) Sei I eine $S2$-Interpretation über $\{1,2\}$, für welche gilt: $I(F_1^1) = \{1\}$, $I(F_2^1) = \{2\}$ und $I(a_1) = 1$. Dann ist $I(a_1) \in I(F_1^1)$, und es gilt daher $\mathrm{Mod}(I, \bigvee a_1 F_1^1 a_1, \{1,2\})$. Sei nun I' diejenige $S2$-Interpretation über $\{1,2\}$, für die $\mathrm{Diff}(I', I, a_1, \{1,2\})$ und $I'(a_1) = 2$ gilt. Dann ist $\mathrm{Mod}(I', F_2^1 a_1, \{1,2\})$ und daher auch $\mathrm{Mod}(I, \bigvee a_1 F_2^1 a_1, \{1,2\})$. Es gilt also $\mathrm{Mod}(I, \bigvee a_1 F_1^1 a_1 \wedge \bigvee a_1 F_2^1 a_1, \{1,2\})$. Angenommen nun, daß $\mathrm{Mod}(I, \bigvee a_1(F_1^1 a_1 \wedge F_2^1 a_1), \{1,2\})$. Dann gibt es ein I'' mit $\mathrm{Diff}(I'', I, a_1, \{1,2\})$ und $\mathrm{Mod}(I'', F_1^1 a_1 \wedge F_2^1 a_1, \{1,2\})$. Nun ist entweder $I''(a_1) = 1$ oder $I''(a_1) = 2$. Im ersten Fall ist $I''(a_1) \notin I''(F_2^1)$, und es gilt daher $\sim\mathrm{Mod}(I'', F_1^1 a_1 \wedge F_2^1 a_1, \{1,2\})$. Entsprechend erhält man im zweiten Fall $\sim\mathrm{Mod}(I'', F_1^1 a_1 \wedge F_2^1 a_1, \{1,2\})$. Da sich in beiden Fällen ein Widerspruch ergibt, kann also nicht gelten $\mathrm{Mod}(I, \bigvee a_1(F_1^1 a_1 \wedge F_2^1 a_1), \{1,2\})$.

Aufgabe: Man gebe für jede der folgenden Formeln sowohl eine verifizierende als auch eine falsifizierende $S2$-Interpretation an.

1. $\bigvee a_1 F_1^1 a_1 \rightarrow \bigwedge a_1 F_1^1 a_1$
2. $\bigvee a_1 \neg F_1^1 a_1 \rightarrow \neg \bigvee a_1 F_1^1 a_1$
3. $\neg \bigwedge a_1 F_1^1 a_1 \rightarrow \bigwedge a_1 \neg F_1^1 a_1$
4. $\bigwedge a_1 (F_1^1 a_1 \vee F_2^1 a_1) \rightarrow \bigwedge a_1 F_1^1 a_1 \vee \bigwedge a_1 F_2^1 a_1$
5. $\bigwedge a_1 (F_1^1 a_1 \rightarrow F_2^1 a_1) \wedge \bigvee a_1 F_1^1 a_1 \rightarrow \bigwedge a_1 F_2^1 a_1$

Neben der Frage, ob eine bestimmte Formel erfüllbar ist, stellt sich häufig auch die Frage, ob es eine $S2$-Interpretation gibt, die alle Elemente einer bestimmten Formelklasse verifiziert.

Definition 2.2.1–7.

I erfüllt Δ $S2$-simultan über γ gdw
(1) I ist eine $S2$-Interpretation über γ;
(2) $\Delta \subseteq S2$;
(3) $\Delta = \emptyset$ oder für alle A aus Δ gilt: $\mathrm{Mod}(I, A, \gamma)$.

Ferner ist Δ *$S2$-simultan erfüllbar über* γ gdw es eine $S2$-Interpretation über γ gibt, die Δ $S2$-simultan über γ erfüllt; und Δ ist *$S2$-simultan erfüllbar* gdw es eine nichtleere Klasse γ gibt, so daß Δ über γ $S2$-simultan erfüllbar ist.

Satz 2.2.1–4.

Sei γ irgendeine nichtleere Klasse, I eine $S2$-Interpretation über γ und Δ eine Teilklasse von $S2$. Dann gilt:

(1) I erfüllt $\emptyset$ $S2$-simultan über γ.
(2) Wenn I die Klasse Δ $S2$-simultan über γ erfüllt, dann erfüllt I jede Teilklasse von Δ $S2$-simultan über γ.

Aufgabe: Man zeige, daß die folgenden Behauptungen richtig sind.

1. Die Klasse $\{F_1^1 a_1, \neg F_1^1 a_1\}$ ist nicht $S2$-simultan erfüllbar.
2. Die Klasse $\{\bigwedge a_1 (F_1^1 a_1 \rightarrow \neg F_2^1 a_1), \bigvee a_1 F_2^1 a_1\}$ ist $S2$-simultan erfüllbar.
3. Die Klasse $\{\bigwedge a_1 \bigvee a_2 F_1^2 a_1 a_2, \bigwedge a_1 (F_1^1 a_1 \rightarrow \bigvee a_2 F_1^2 a_2 a_1), \bigvee a_1 F_1^1 a_1, \neg \bigvee a_1 F_1^2 a_1 a_1\}$ ist $S2$-simultan erfüllbar.
4. Für jede Klasse γ gilt: Die Klasse $\{F_1^1 a_1, \neg F_1^1 a_2\}$ ist $S2$-simultan erfüllbar über γ gdw γ wenigstens zwei Elemente enthält.
5. Die Klasse $\{\bigwedge a_1 \neg F_1^2 a_1 a_1, \bigwedge a_1 \bigvee a_2 \bigwedge a_3 (F_1^2 a_1 a_2 \wedge (F_1^2 a_3 a_1 \rightarrow F_1^2 a_3 a_2))\}$ ist über keiner endlichen Klasse $S2$-simultan erfüllbar.

2.2.2. Das Koinzidenztheorem

Um festzustellen, ob eine vorgegebene $S2$-Interpretation I ein Modell einer vorgegebenen $S2$-Formel A über einem Gegenstandsbereich γ ist, muß man ermitteln, welche Werte I den in A vorkommenden PZ und den in A *frei* vorkommenden GZ zuordnet. Es ist jedoch nicht erforderlich, daß man weiß, welche Werte I den anderen PZ und GZ zuordnet. Angenommen nun, es ist eine weitere $S2$-Interpretation I' über γ gegeben, die in Bezug auf die Bewertung aller in A enthaltenen PZ und frei vorkommenden GZ mit I übereinstimmt. Dann kann man aufgrund des Koinzidenztheorems darauf schließen, daß I genau dann ein Modell von A über γ ist, wenn I' ein Modell von A über γ ist. Für die Formulierung des Koinzidenztheorems erweist sich folgender Hilfsbegriff als zweckmäßig:

Definition 2.2.2.

I_1 *koinzidiert mit* I_2 *in* A *über* γ gdw
(1) A ist eine $S2$-Formel;
(2) I_1 kongruiert mit I_2 bezüglich γ in der Klasse aller in A vorkommenden PZ und in der Klasse aller in A frei vorkommenden GZ.

Um kurz auszudrücken, daß I_1 mit I_2 in A über γ koinzidiert, schreiben wir der Reihe nach (durch Kommata voneinander getrennt) je einen Namen von I_1, I_2, A und γ, schließen den so entstandenen Ausdruck in runde Klammern ein und stellen dem Ganzen den Ausdruck »Koinz« voran. So können wir beispielsweise statt »I_1 koinzidiert mit I_2 in $F_2^1 a_3$ über $\mathbb{N}$« auch kurz »Koinz($I_1, I_2, F_2^1 a_3, \mathbb{N}$)« schreiben.

Satz 2.2.2–1. (*Koinzidenztheorem* für $S2$)
Ist A irgendeine $S2$-Formel, γ irgendeine nichtleere Klasse und sind I_1, I_2 irgendwelche $S2$-Interpretationen mit Koinz(I_1, I_2, A, γ), so ist Mod(I_1, A, γ) gdw Mod(I_2, A, γ).

Wir beweisen diesen Satz durch starke unendliche Induktion nach dem Grad von A. (Mit dieser etwas ungenauen, dafür aber knappen Ausdrucksweise ist gemeint, daß wir durch starke unendliche Induktion die diesem Satz entsprechende Induktionsbehauptung beweisen.)

Induktionsbasis

Sei A irgendeine $S2$-Formel mit $h^{\prime} A = 0$, γ irgendeine nichtleere Klasse und seien I_1, I_2 irgendwelche $S2$-Interpretationen derart, daß

$\text{Koinz}(I_1, I_2, A, \gamma)$. Dann ist A eine Atomformel $Px_1 \ldots x_n$. Es gilt $\text{Mod}(I_1, Px_1 \ldots x_n, \gamma)$ gdw $\langle I_1(x_1), \ldots, I_1(x_n)\rangle \in I_1(P)$. Da voraussetzungsgemäß für jedes $i (1 \leqq i \leqq n)$ gilt $I_1(x_i) = I_2(x_i)$, und da ferner $I_1(P) = I_2(P)$, ergibt sich: $\langle I_1(x_1), \ldots, I_1(x_n)\rangle \in I_1(P)$ gdw $\langle I_2(x_1), \ldots, I_2(x_n)\rangle \in I_2(P)$. Also ist $\text{Mod}(I_1, Px_1 \ldots x_n, \gamma)$ gdw $\text{Mod}(I_2, Px_1 \ldots x_n, \gamma)$.

Induktionsschritt

Sei k irgendeine natürliche Zahl mit $k \geqq 0$ und gelte für jedes i mit $0 \leqq i \leqq k$: Ist A irgendeine $S2$-Formel mit $h^l A = i$, γ irgendeine nichtleere Klasse und sind I_1, I_2 irgendwelche $S2$-Interpretationen mit $\text{Koinz}(I_1, I_2, A, \gamma)$, so ist $\text{Mod}(I_1, A, \gamma)$ gdw $\text{Mod}(I_2, A, \gamma)$. (I.V.)

Sei nun A irgendeine $S2$-Formel mit $h^l A = k+1$, γ irgendeine nichtleere Klasse und seien I_1, I_2 irgendwelche $S2$-Interpretationen mit $\text{Koinz}(I_1, I_2, A, \gamma)$. Es sind sieben Fälle zu unterscheiden.

Fall 1: Es gibt ein C mit $A = \neg C$.

Dann gilt $\text{Koinz}(I_1, I_2, C, \gamma)$, und es ergibt sich daher aufgrund der I.V., daß $\text{Mod}(I_1, C, \gamma)$ gdw $\text{Mod}(I_2, C, \gamma)$. Also ist $\sim \text{Mod}(I_1, C, \gamma)$ gdw $\sim \text{Mod}(I_2, C, \gamma)$. Hieraus folgt, daß $\text{Mod}(I_1, \neg C, \gamma)$ gdw $\text{Mod}(I_2, \neg C, \gamma)$.

Fall 2: Es gibt C und D mit $A = C \wedge D$.

Dann gilt $\text{Koinz}(I_1, I_2, C, \gamma)$ und $\text{Koinz}(I_1, I_2, D, \gamma)$. Also ist nach I.V. $\text{Mod}(I_1, C, \gamma)$ gdw $\text{Mod}(I_2, C, \gamma)$ und ebenso $\text{Mod}(I_1, D, \gamma)$ gdw $\text{Mod}(I_2, D, \gamma)$. Hieraus folgt aber, daß $\text{Mod}(I_1, C \wedge D, \gamma)$ gdw $\text{Mod}(I_2, C \wedge D, \gamma)$.

Die Fälle 3–5 seien dem Leser überlassen.

Fall 6: Es gibt z und C mit $A = \bigwedge z C$.

Wir zeigen nur: wenn $\text{Mod}(I_1, \bigwedge z C, \gamma)$, dann $\text{Mod}(I_2, \bigwedge z C, \gamma)$. Das Umgekehrte ergibt sich nämlich analog. Angenommen, es gilt $\text{Mod}(I_1, \bigwedge z C, \gamma)$. Sei I_2' irgendeine $S2$-Interpretation mit $\text{Diff}(I_2', I_2, z, \gamma)$. Daß dann $\text{Mod}(I_2', C, \gamma)$, zeigen wir so: Sei I_1' diejenige $S2$-Interpretation, für welche gilt: $\text{Diff}(I_1', I_1, z, \gamma)$ und $I_1'(z) = I_2'(z)$. Dann ist nach Voraussetzung $\text{Mod}(I_1', C, \gamma)$. Wir zeigen nun, daß $\text{Koinz}(I_1', I_2', C, \gamma)$. Sei x irgendein GZ mit $\text{Fr}(x, C)$. Ist $x = z$, so gilt $I_1'(x) = I_2'(x)$. Ist dagegen $x \neq z$, so gilt $\text{Fr}(x, \bigwedge z C)$. Da voraussetzungsgemäß $\text{Koinz}(I_1, I_2, \bigwedge z C, \gamma)$, ist folglich $I_1(x) = I_2(x)$. Wegen $\text{Diff}(I_1', I_1, z, \gamma)$ ist aber $I_1'(x) = I_1(x)$, und wegen $\text{Diff}(I_2', I_2, z, \gamma)$ ist $I_2'(x) = I_2(x)$. Also ergibt sich $I_1'(x) = I_2'(x)$. Es gilt somit für jedes in C

frei vorkommende GZ x: $I'_1(x)=I'_2(x)$. Sei nun P irgendein in C vorkommendes PZ. Wegen Koinz(I_1, I_2, C, γ) ist dann $I_1(P)=I_2(P)$. Also ist wegen Diff(I'_1, I_1, z, γ) und Diff(I'_2, I_2, z, γ) auch $I'_1(P)=I'_2(P)$. Damit ist gezeigt, daß Koinz(I'_1, I'_2, C, γ). Nach I.V. gilt also Mod(I'_1, C, γ) gdw Mod(I'_2, C, γ), und es ergibt sich somit Mod(I'_2, C, γ). Folglich gilt Mod$(I_2, \wedge z C, \gamma)$.

Fall 7: Es gibt z und C mit $A = \vee z C$.

Angenommen, es gilt Mod$(I_1, \vee z C, \gamma)$. Dann gibt es ein I'_1 mit Diff(I'_1, I_1, z, γ) und Mod(I'_1, C, γ). Sei nun I'_2 diejenige *S2*-Interpretation, für welche gilt: Diff(I'_2, I_2, z, γ) und $I'_2(z)=I'_1(z)$. Dann kann man ebenso wie im vorangehenden Fall zeigen, daß Koinz(I'_1, I'_2, C, γ). Also gilt nach I.V.: Mod(I'_1, C, γ) gdw Mod(I'_2, C, γ), und es ergibt sich folglich Mod(I'_2, C, γ). Damit ist gezeigt, daß Mod$(I_2, \vee z C, \gamma)$. Die umgekehrte Richtung ergibt sich wieder analog.

Als Folgesatz des Koinzidenztheorems erhält man nun sofort den

Satz 2.2.2–2.

Ist A irgendeine *S2*-Formel, x irgendein GZ mit $\sim$Fr(x, A), γ irgendeine nichtleere Klasse und sind I_1, I_2 irgendwelche *S2*-Interpretationen mit Diff(I_1, I_2, x, γ), so ist Mod(I_1, A, γ) gdw Mod(I_2, A, γ).

2.2.3. Das Überführungstheorem

Sei I_2 ein Modell einer *S2*-Formel $[A, x, y]$. Dann kann man I_2 in ein Modell von A »überführen«, indem man zu derjenigen Interpretation I_1 übergeht, die von I_2 höchstens in x differiert und für welche gilt $I_1(x)=I_2(y)$. Umgekehrt kann man daraus, daß I_1 ein Modell von A ist, folgern, daß I_2 ein Modell von $[A, x, y]$ ist. Die Grundlage dafür liefert das sog. »Überführungstheorem«. Zum Beweis dieses Theorems verwenden wir als Lemmata die nächsten beiden Sätze.

Satz 2.2.3–1.

Seien A, B irgendwelche *S2*-Formeln, x, y irgendwelche GZ, I_1, I_2 irgendwelche *S2*-Interpretationen, sei γ irgendeine nichtleere Klasse und gelte

(1) Sub(A, x, y, B) und Sub(B, y, x, A),
(2) Diff(I_1, I_2, x, y, γ),
(3) $I_1(x)=I_2(y)$ und $I_1(y)=I_2(x)$.

Dann gilt: Mod(I_1, A, γ) gdw Mod(I_2, B, γ).

Wir beweisen diesen Satz durch starke unendliche Induktion nach dem Grad von A.

Induktionsbasis

Seien A, B irgendwelche $S2$-Formeln mit $h^l A = 0$, x, y irgendwelche GZ, I_1, I_2 irgendwelche $S2$-Interpretationen, sei γ irgendeine nichtleere Klasse und gelte (1)–(3). Dann ist A eine Atomformel $Px_1 \ldots x_r$ und B die Formel $P[x_1]^x_y \ldots [x_r]^x_y$. Ist $x = y$, so ist $A = B$, $\mathrm{Diff}(I_1, I_2, x, \gamma)$ und $I_1(x) = I_2(x)$. Also ist $I_1 = I_2$. Sei nun $x \neq y$.

Fall 1: $\mathrm{Fr}(x, A)$.

Da $A = [B, y, x]$, gilt wegen Satz 2.1.2–7.(6) $\sim \mathrm{Fr}(y, A)$. Sei i irgendeine natürliche Zahl mit $1 \leqq i \leqq r$. Wir zeigen, daß gilt $I_2([x_i]^x_y) = I_1(x_i)$.

1.1: $x_i = x$.

Dann ist $[x_i]^x_y = y$, und es ist voraussetzungsgemäß $I_2([x_i]^x_y) = I_1(x_i)$.

1.2: $x_i \neq x$.

Dann ist $[x_i]^x_y = x_i$. Da wegen $\sim \mathrm{Fr}(y, A)$ auch $x_i \neq y$, erhält man wegen $\mathrm{Diff}(I_1, I_2, x, y, \gamma)$ wiederum $I_2([x_i]^x_y) = I_1(x_i)$.

Da also für jedes $i (1 \leqq i \leqq r)$ gilt: $I_2([x_i]^x_y) = I_1(x_i)$, ergibt sich:

$$\begin{aligned} \mathrm{Mod}(I_1, Px_1 \ldots x_r, \gamma) \ &\text{gdw}\ \langle I_1(x_1), \ldots, I_1(x_r) \rangle \in I_1(P) \\ &\text{gdw}\ \langle I_2([x_1]^x_y), \ldots, I_2([x_r]^x_y) \rangle \in I_2(P) \\ &\text{gdw}\ \mathrm{Mod}(I_2, P[x_1]^x_y \ldots [x_r]^x_y, \gamma). \end{aligned}$$

Fall 2: $\sim \mathrm{Fr}(x, A)$.

Dann ist wegen Satz 2.1.2–7.(5) $A = B$. Also gilt auch $\sim \mathrm{Fr}(y, A)$. Denn andernfalls käme wegen Satz 2.1.2–7.(2) x frei in A vor. Damit ist gezeigt, daß $\mathrm{Koinz}(I_1, I_2, A, \gamma)$, und es ergibt sich daher aufgrund des Koinzidenztheorems: $\mathrm{Mod}(I_1, A, \gamma)$ gdw $\mathrm{Mod}(I_2, B, \gamma)$.

Induktionsschritt

Sei k irgendeine natürliche Zahl mit $k \geqq 0$ und gelte für jedes i mit $0 \leqq i \leqq k$: Sind A, B irgendwelche $S2$-Formeln mit $h^l A = i$, x, y irgendwelche GZ, I_1, I_2 irgendwelche $S2$-Interpretationen, ist γ irgendeine nichtleere Klasse und gilt (1)–(3), so ist $\mathrm{Mod}(I_1, A, \gamma)$ gdw $\mathrm{Mod}(I_2, B, \gamma)$. (I.V.)

Seien nun A, B irgendwelche $S2$-Formeln mit $h^l A = k + 1$, x, y irgendwelche GZ, I_1, I_2 irgendwelche $S2$-Interpretationen, sei γ irgendeine nichtleere Klasse und gelte (1)–(3).

Fall 1: Es gibt ein C mit $A = \neg C$.

Dann gibt es ein D mit $B = \neg D$, und es gilt sowohl $\mathrm{Sub}(C, x, y, D)$ als auch $\mathrm{Sub}(D, y, x, C)$. Nach I.V. ist daher $\mathrm{Mod}(I_1, C, \gamma)$ gdw $\mathrm{Mod}(I_2, D, \gamma)$. Hieraus folgt aber, daß $\mathrm{Mod}(I_1, \neg C, \gamma)$ gdw $\mathrm{Mod}(I_2, \neg D, \gamma)$.

Fall 2: Es gibt C und D mit $A = C \wedge D$.

Dann gibt es E und F mit $B = E \wedge F$, und es gilt $\mathrm{Sub}(C, x, y, E)$, $\mathrm{Sub}(D, x, y, F)$, $\mathrm{Sub}(E, y, x, C)$ und $\mathrm{Sub}(F, y, x, D)$. Nach I.V. ist daher sowohl $\mathrm{Mod}(I_1, C, \gamma)$ gdw $\mathrm{Mod}(I_2, E, \gamma)$ als auch $\mathrm{Mod}(I_1, D, \gamma)$ gdw $\mathrm{Mod}(I_2, F, \gamma)$. Hieraus folgt aber, daß $\mathrm{Mod}(I_1, C \wedge D, \gamma)$ gdw $\mathrm{Mod}(I_2, E \wedge F, \gamma)$.

Die Behandlung der Fälle 3–5 sei dem Leser überlassen.

Fall 6: Es gibt z und C mit $A = \bigwedge z C$.

6.1: $\sim \mathrm{Fr}(x, \bigwedge z C)$

Dann ist $B = \bigwedge z C$. Wäre $\mathrm{Fr}(y, \bigwedge z C)$, so wäre wegen Satz 2.1.2–7.(6) $x = y$, und es müßte daher gelten $\mathrm{Fr}(x, \bigwedge z C)$. Also gilt $\sim \mathrm{Fr}(y, \bigwedge z C)$, und man erhält somit $\mathrm{Koinz}(I_1, I_2, \bigwedge z C, \gamma)$. Mit dem Koinzidenztheorem folgt hieraus, daß $\mathrm{Mod}(I_1, \bigwedge z C, \gamma)$ gdw $\mathrm{Mod}(I_2, \bigwedge z C, \gamma)$.

6.2: $\mathrm{Fr}(x, \bigwedge z C)$.

Wäre $y = z$, so gäbe es u und D mit $u \neq z$, $u \neq x$ und $\mathrm{Sub}(\bigwedge z C, x, y, \bigwedge u D)$. Voraussetzungsgemäß würde dann gelten: $\mathrm{Sub}(\bigwedge u D, y, x, \bigwedge z C)$. Dies könnte jedoch wegen $u \neq x$ nur aufgrund von Bestimmung (5) der Definition des Substitutionsbegriffs gelten (vgl. S. 281), und es müßte infolgedessen $u = z$ sein (Widerspruch!). Es ist also $y \neq z$. Folglich gibt es ein D mit $B = \bigwedge z D$, und es gilt $\mathrm{Sub}(C, x, y, D)$.

Daß auch $\mathrm{Sub}(D, y, x, C)$ gilt, zeigen wir so: Angenommen, es ist $\sim \mathrm{Fr}(y, \bigwedge z D)$. Dann ist definitionsgemäß $\mathrm{Sub}(\bigwedge z D, y, x, \bigwedge z D)$. Da aber nach Voraussetzung gilt: $\mathrm{Sub}(\bigwedge z D, y, x, \bigwedge z C)$, ist $\bigwedge z D = \bigwedge z C$. Also ist $\mathrm{Fr}(x, \bigwedge z D)$, und man erhält daher mit Satz 2.1.2–7.(6) $x = y$. Folglich ergibt sich im Widerspruch zur obigen Annahme $\mathrm{Fr}(y, \bigwedge z D)$. Damit ist gezeigt, daß $\mathrm{Fr}(y, \bigwedge z D)$. Da ferner $x \neq z$, muß wegen $\mathrm{Sub}(\bigwedge z D, y, x, \bigwedge z C)$ definitionsgemäß auch $\mathrm{Sub}(D, y, x, C)$ gelten.

Wir zeigen nun: Wenn $\mathrm{Mod}(I_1, \bigwedge z C, \gamma)$, dann $\mathrm{Mod}(I_2, \bigwedge z D, \gamma)$. (Das Umgekehrte ergibt sich analog!) Angenommen also, es gilt

$\text{Mod}(I_1, \wedge zC, \gamma)$. Sei I_2' irgendeine $S2$-Interpretation mit $\text{Diff}(I_2', I_2, z, \gamma)$. Sei ferner I_1' diejenige $S2$-Interpretation, für welche gilt: $\text{Diff}(I_1', I_2', x, y, \gamma)$, $I_1'(x) = I_2'(y)$ und $I_1'(y) = I_2'(x)$. Dann ist die I.V. anwendbar, und man erhält $\text{Mod}(I_1', C, \gamma)$ gdw $\text{Mod}(I_2', D, \gamma)$. Nun gilt voraussetzungsgemäß $\text{Diff}(I_1', I_1, x, y, z, \gamma)$. Da ferner $I_1'(x) = I_2'(y) = I_2(y) = I_1(x)$ und $I_1'(y) = I_2'(x) = I_2(x) = I_1(y)$, ergibt sich also $\text{Diff}(I_1', I_1, z, \gamma)$. Wegen $\text{Mod}(I_1, \wedge zC, \gamma)$ gilt somit $\text{Mod}(I_1', C, \gamma)$, und man erhält folglich $\text{Mod}(I_2', D, \gamma)$. Damit ist gezeigt, daß $\text{Mod}(I_2, \wedge zD, \gamma)$.

Fall 7: Es gibt z und C mit $A = \vee zC$.

Die Behandlung dieses Falles sei dem Leser überlassen.

Satz 2.2.3–2.

Seien A, B irgendwelche $S2$-Formeln und x, y, irgendwelche GZ derart, daß $\text{Sub}(A, x, y, B)$ und $\text{Sub}(B, y, x, A)$. Sei ferner γ irgendeine nichtleere Klasse und I irgendeine $S2$-Interpretation über γ. Dann gilt:

(1) $\text{Mod}(I, \wedge xA, \gamma)$ gdw $\text{Mod}(I, \wedge yB, \gamma)$.
(2) $\text{Mod}(I, \vee xA, \gamma)$ gdw $\text{Mod}(I, \vee yB, \gamma)$.
(3) $\text{Mod}(I, \wedge xA \leftrightarrow \wedge yB, \gamma)$.
(4) $\text{Mod}(I, \vee xA \leftrightarrow \vee yB, \gamma)$.

Beweis:

Ad (1): Wir unterscheiden zwei Fälle.

Fall 1: $x = y$.

Dann ist $A = B$ und daher auch $\wedge xA = \wedge yB$.

Fall 2: $x \neq y$.

Wir zeigen nur: Wenn $\text{Mod}(I, \wedge xA, \gamma)$, dann $\text{Mod}(I, \wedge yB, \gamma)$. (Die umgekehrte Richtung ergibt sich analog.) Angenommen also, es gilt $\text{Mod}(I, \wedge xA, \gamma)$. Sei I_1 irgendeine $S2$-Interpretation mit $\text{Diff}(I_1, I, y, \gamma)$. Sei ferner I' diejenige $S2$-Interpretation, für welche gilt: $\text{Diff}(I', I, x, \gamma)$ sowie $I'(x) = I_1(y)$; und sei I_2 diejenige $S2$-Interpretation, für welche gilt: $\text{Diff}(I_2, I', y, \gamma)$ sowie $I_2(y) = I_1(x)$. Dann ist $\text{Diff}(I_2, I_1, x, y, \gamma)$ und $I_2(x) = I'(x) = I_1(y)$. Also ergibt sich mit Satz 2.2.3–1, daß $\text{Mod}(I_2, A, \gamma)$ gdw $\text{Mod}(I_1, B, \gamma)$. Nun ist wegen Satz 2.1.2–7.(6) $\sim \text{Fr}(y, [B, y, x])$, d.h. $\sim \text{Fr}(y, A)$. Also erhält man unter Verwendung von Satz 2.2.2–2: $\text{Mod}(I_2, A, \gamma)$ gdw $\text{Mod}(I', A, \gamma)$. Da nun wegen $\text{Mod}(I, \wedge xA, \gamma)$ auch $\text{Mod}(I', A, \gamma)$ gilt, ergibt sich folglich $\text{Mod}(I_2, A, \gamma)$ und daher $\text{Mod}(I_1, B, \gamma)$. Damit ist gezeigt, daß $\text{Mod}(I, \wedge yB, \gamma)$.

Ad (2):

Fall 1: $x = y$.

Dann ist $A = B$ und daher auch $\bigvee x A = \bigvee y B$.

Fall 2: $x \neq y$.

Wir zeigen nur: Wenn Mod(I, $\bigvee x A, \gamma$), dann Mod(I, $\bigvee y B, \gamma$). Angenommen, Mod(I, $\bigvee x A, \gamma$). Dann gibt es ein I_1 mit Diff(I_1, I, x, γ) und Mod(I_1, A, γ). Sei I_2 diejenige $S2$-Interpretation, für welche gilt: Diff(I_2, I, y, γ) sowie $I_2(y) = I_1(x)$; und sei I' diejenige $S2$-Interpretation, für welche gilt: Diff(I', I_2, x, γ) sowie $I'(x) = I_1(y)$. Dann ist Diff(I', I_1, y, x, γ) und $I'(y) = I_1(x)$. Also ergibt sich mit Satz 2.2.3–1, daß Mod(I', B, γ) gdw Mod(I_1, A, γ). Man erhält folglich Mod(I', B, γ). Wegen Diff(I', I_2, x, γ) und $\sim$Fr(x, B) ergibt sich also unter Verwendung von Satz 2.2.2–2 Mod(I_2, B, γ). Damit ist gezeigt, daß Mod(I, $\bigvee y B, \gamma$).

Ad (3): Beweis mit (1) und Satz 2.2.1–2.(6).
Ad (4): Beweis mit (2) und Satz 2.2.1–2.(6).

Satz 2.2.3–3. (*Überführungstheorem* für $S2$)
Seien I_1, I_2 irgendwelche $S2$-Interpretationen, x, y irgendwelche GZ, sei γ irgendeine nichtleere Klasse und gelte Diff(I_1, I_2, x, γ) und $I_1(x) = I_2(y)$; sei ferner A irgendeine $S2$-Formel. Dann gilt: Mod(I_1, A, γ) gdw Mod($I_2, [A, x, y], \gamma$).

Wir beweisen diesen Satz durch starke unendliche Induktion nach dem Grad von A.

Induktionsbasis

Seien I_1, I_2 irgendwelche $S2$-Interpretationen, x, y irgendwelche GZ, sei γ irgendeine nichtleere Klasse und gelte Diff(I_1, I_2, x, γ) und $I_1(x) = I_2(y)$; sei ferner A irgendeine $S2$-Formel mit $h^l A = 0$. Dann ist A eine Atomformel $Px_1 \ldots x_r$ und $[A, x, y]$ die Formel $P[x_1]^x_y \ldots [x_r]^x_y$. Sei nun i irgendeine natürliche Zahl mit $(1 \leqq i \leqq r)$. Ist $x_i = x$, so ist $[x_i]^x_y = y$, und es gilt voraussetzungsgemäß $I_2([x_i]^x_y) = I_1(x_i)$. Ist hingegen $x_i \neq x$, so ist $[x_i]^x_y = x_i$, und es gilt wiederum voraussetzungsgemäß $I_2([x_i]^x_y) = I_1(x_i)$. Also gilt für jedes i mit $(1 \leqq i \leqq r)$: $I_2([x_i]^x_y) = I_1(x_i)$. Es ergibt sich daher:

$$\begin{aligned} \mathrm{Mod}(I_1, Px_1 \ldots x_r, \gamma) \ &\text{gdw} \ \langle I_1(x_1), \ldots, I_1(x_r) \rangle \in I_1(P) \\ &\text{gdw} \ \langle I_2([x_1]^x_y), \ldots, I_2([x_r]^x_y) \rangle \in I_2(P) \\ &\text{gdw} \ \mathrm{Mod}(I_2, P[x_1]^x_y \ldots [x_r]^x_y, \gamma). \end{aligned}$$

Induktionsschritt

Sei k irgendeine natürliche Zahl mit $k \geqq 0$ und gelte für jedes i mit $0 \leqq i \leqq k$: Sind I_1, I_2 irgendwelche $S2$-Interpretationen, x, y irgendwelche GZ, ist γ irgendeine nichtleere Klasse, A irgendeine $S2$-Formel mit $h^l A = i$, und ist $\mathrm{Diff}(I_1, I_2, x, \gamma)$ sowie $I_1(x) = I_2(y)$, so gilt: $\mathrm{Mod}(I_1, A, \gamma)$ gdw $\mathrm{Mod}(I_2, [A, x, y], \gamma)$. (I.V.)

Seien nun I_1, I_2 irgendwelche $S2$-Interpretationen, x, y irgendwelche GZ, sei γ irgendeine nichtleere Klasse und gelte $\mathrm{Diff}(I_1, I_2, x, \gamma)$ und $I_1(x) = I_2(y)$; sei ferner A irgendeine $S2$-Formel mit $h^l A = k+1$.

Fall 1: Es gibt ein C mit $A = \neg C$.

Dann gilt nach I.V. $\mathrm{Mod}(I_1, C, \gamma)$ gdw $\mathrm{Mod}(I_2, [C, x, y], \gamma)$. Hieraus folgt, daß $\mathrm{Mod}(I_1, \neg C, \gamma)$ gdw $\mathrm{Mod}(I_2, \neg [C, x, y], \gamma)$. Nun ist aber wegen Satz 2.1.2–6.(1) $\neg [C, x, y] = [A, x, y]$.

Fall 2: Es gibt C und D mit $A = C \wedge D$.

Dann gilt nach I.V. sowohl $\mathrm{Mod}(I_1, C, \gamma)$ gdw $\mathrm{Mod}(I_2, [C, x, y], \gamma)$ als auch $\mathrm{Mod}(I_1, D, \gamma)$ gdw $\mathrm{Mod}(I_2, [D, x, y], \gamma)$. Hieraus folgt, daß $\mathrm{Mod}(I_1, C \wedge D, \gamma)$ gdw $\mathrm{Mod}(I_2, [C, x, y] \wedge [D, x, y], \gamma)$. Nun ist aber wegen Satz 2.1.2–6.(2) $[C, x, y] \wedge [D, x, y] = [A, x, y]$.

Die Fälle 3–5 seien dem Leser überlassen.

Fall 6: Es gibt z und C mit $A = \bigwedge z C$.

6.1: $\sim \mathrm{Fr}(x, \bigwedge z C)$.

Dann ist $[A, x, y] = A$, und man erhält aufgrund von Satz 2.2.2–2 $\mathrm{Mod}(I_1, A, \gamma)$ gdw $\mathrm{Mod}(I_2, [A, x, y], \gamma)$.

6.2: $\mathrm{Fr}(x, \bigwedge z C)$.

6.2.1: $y \neq z$.

Dann ist wegen Satz 2.1.2–6.(4) $[A, x, y] = \bigwedge z [C, x, y]$.

Wir zeigen zunächst:

Wenn $\mathrm{Mod}(I_1, \bigwedge z C, \gamma)$, dann $\mathrm{Mod}(I_2, \bigwedge z [C, x, y], \gamma)$.

Angenommen, $\mathrm{Mod}(I_1, \bigwedge z C, \gamma)$. Sei I_2' irgendeine $S2$-Interpretation mit $\mathrm{Diff}(I_2', I_2, z, \gamma)$. Sei ferner I_1' diejenige $S2$-Interpretation, für welche gilt: $\mathrm{Diff}(I_1', I_1, z, \gamma)$ und $I_1'(z) = I_2'(z)$. Dann ist voraussetzungsgemäß $\mathrm{Mod}(I_1', C, \gamma)$ und $\mathrm{Diff}(I_1', I_2', x, \gamma)$. Wegen $x \neq z$ ist $I_1'(x) = I_1(x)$, und wegen $y \neq z$ ist $I_2'(y) = I_2(y)$. Es ergibt sich somit $I_1'(x) = I_2'(y)$. Also ist die I.V. anwendbar, und man erhält: $\text{Mod}(I_1', C, \gamma)$ gdw $\text{Mod}(I_2', [C, x, y], \gamma)$. Folglich gilt $\text{Mod}(I_2', [C, x, y], \gamma)$. Damit ist gezeigt, daß $\text{Mod}(I_2, \wedge z[C, x, y], \gamma)$.

Wir zeigen nun umgekehrt:

Wenn $\text{Mod}(I_2, \wedge z[C, x, y], \gamma)$, dann $\text{Mod}(I_1, \wedge zC, \gamma)$.

Angenommen, $\text{Mod}(I_2, \wedge z[C, x, y], \gamma)$. Sei I_1' irgendeine *S2*-Interpretation mit $\text{Diff}(I_1', I_1, z, \gamma)$. Sei ferner I_2' diejenige *S2*-Interpretation, für welche gilt: $\text{Diff}(I_2', I_2, z, \gamma)$ und $I_2'(z) = I_1'(z)$. Dann ist $\text{Diff}(I_1', I_2', x, \gamma)$ und $I_1'(x) = I_2'(y)$. Unter Verwendung der I.V. ergibt sich folglich $\text{Mod}(I_1', C, \gamma)$. Damit ist gezeigt, daß $\text{Mod}(I_1, \wedge zC, \gamma)$.

6.2.2: $y = z$.
Sei u das GZ mit der kleinsten Strichzahl, welches nicht in $\wedge zC$ vorkommt. Dann ist wegen Satz 2.1.2–6.(5) $[A, x, y] = \wedge u[[C, y, u], x, y]$.

Wir zeigen zunächst:

Wenn $\text{Mod}(I_1, \wedge zC, \gamma)$, dann $\text{Mod}(I_2, \wedge u[[C, y, u], x, y], \gamma)$.

Angenommen, $\text{Mod}(I_1, \wedge zC, \gamma)$. Sei I_2' irgendeine *S2*-Interpretation mit $\text{Diff}(I_2', I_2, u, \gamma)$. Sei ferner I_1' diejenige *S2*-Interpretation, für welche gilt: $\text{Diff}(I_1', I_2', x, \gamma)$ und $I_1'(x) = I_2'(y)$. Dann ist $\text{Diff}(I_1', I_1, x, u, \gamma)$. Wegen $u \neq y$ ist aber $I_2'(y) = I_2(y)$. Also ist $I_1'(x) = I_1(x)$, und es gilt daher $\text{Diff}(I_1', I_1, u, \gamma)$. Da u nicht in C vorkommt, ist $\text{Frf}(y, u, C)$ und $\sim \text{Fr}(u, C)$. Also gilt nach Satz 2.1.2–7.(9) $\text{Sub}([C, y, u], u, y, C)$, und man kann daher mit Satz 2.2.3–2.(1) darauf schließen, daß $\text{Mod}(I_1, \wedge yC, \gamma)$ gdw $\text{Mod}(I_1, \wedge u[C, y, u], \gamma)$. Voraussetzungsgemäß gilt folglich $\text{Mod}(I_1, \wedge u[C, y, u], \gamma)$. Wegen $\text{Diff}(I_1', I_1, u, \gamma)$ erhält man daraus $\text{Mod}(I_1', [C, y, u], \gamma)$. Aufgrund der I.V. ergibt sich somit, daß $\text{Mod}(I_1', [C, y, u], \gamma)$ gdw $\text{Mod}(I_2', [[C, y, u], x, y], \gamma)$. Es gilt also $\text{Mod}(I_2', [[C, y. u], x, y], \gamma)$. Damit ist gezeigt, daß $\text{Mod}(I_2, \wedge u[[C, y, u], x, y], \gamma)$.

Wir zeigen nun umgekehrt:

Wenn $\text{Mod}(I_2, \wedge u[[C, y, u], x, y], \gamma)$, dann $\text{Mod}(I_1, \wedge zC, \gamma)$.

Angenommen, $\text{Mod}(I_2, \wedge u[[C, y, u], x, y], \gamma)$. Da aufgrund von Satz 2.1.2–7.(9) und Satz 2.2.3–2.(1) gilt: $\text{Mod}(I_1, \wedge zC, \gamma)$ gdw $\text{Mod}(I_1, \wedge u[C, y, u], \gamma)$, genügt es zu zeigen, daß $\text{Mod}(I_1, \wedge u[C, y, u], \gamma)$. Sei I_1' irgendeine *S2*-Interpretation mit $\text{Diff}(I_1', I_1, u, \gamma)$. Sei ferner I_2' diejenige *S2*-Interpretation, für welche gilt: $\text{Diff}(I_2', I_2, u, \gamma)$ und $I_2'(u) = I_1'(u)$. Dann gilt voraussetzungsgemäß $\mathrm{Mod}(I_2', [[C, y, u], x, y], \gamma)$ und $\mathrm{Diff}(I_1', I_2', x, \gamma)$. Wegen $x \neq u$ ist $I_1'(x) = I_1(x)$, und wegen $y \neq u$ ist $I_2'(y) = I_2(y)$. Mit $I_1(x) = I_2(y)$ erhält man daher $I_1'(x) = I_2'(y)$. Also ist die I.V. anwendbar, und man gewinnt: $\mathrm{Mod}(I_1', [C, y, u], \gamma)$ gdw $\mathrm{Mod}(I_2', [[C, y, u], x, y], \gamma)$. Folglich gilt $\mathrm{Mod}(I_1', [C, y, u], \gamma)$. Damit ist gezeigt, daß $\mathrm{Mod}(I_1, \bigwedge u[C, y, u], \gamma)$.

Fall 7: Es gibt z und C mit $A = \bigvee z C$.

Die (analoge) Behandlung dieses Falles sei dem Leser überlassen.

Aus dem Überführungstheorem ergibt sich als Folgesatz der

Satz 2.2.3–4.

Sei A irgendeine $S2$-Formel, x irgendein GZ, γ irgendeine nichtleere Klasse und I irgendeine $S2$-Interpretation über γ. Dann gilt:

(1) Wenn $\mathrm{Mod}(I, \bigwedge x A, \gamma)$, dann gilt für jedes GZ y: $\mathrm{Mod}(I, [A, x, y], \gamma)$.

(2) Wenn es ein GZ y gibt mit $\mathrm{Mod}(I, [A, x, y], \gamma)$, dann gilt $\mathrm{Mod}(I, \bigvee x A, \gamma)$.

Manchmal benötigt man auch eine Verallgemeinerung des Überführungstheorems. Mit Hilfe dieser Verallgemeinerung ist es möglich, jedes Modell einer Formel B, die aus einer Formel A durch *simultane Substitution* beliebiger GZ für n GZ $x_1, \ldots, x_n$ entsteht, in ein Modell von A zu »überführen«. Wir wollen zunächst diesen Begriff der simultanen Substitution definieren. Aus schreibtechnischen Gründen führen wir dazu folgende Konvention ein:

Sei A irgendeine $S2$-Formel, seien $x_1, \ldots, x_n$ $n (n \geqq 1)$ GZ und $y_1, \ldots, y_n$ beliebige (nicht notwendig voneinander verschiedene) GZ. Dann bezeichnen wir das Ergebnis der simultanen Substitution von $y_1, \ldots, y_n$ für $x_1, \ldots, x_n$, indem wir (durch Kommata voneinander getrennt) einen Namen von A schreiben, und dann der Reihe nach für jedes $i (1 \leqq i \leqq n)$ paarweise einen Namen von x_i und von y_i (beide jeweils durch einen Schrägstrich getrennt). Den so entstandenen Ausdruck schließen wir dann in eckige Klammern ein.

So bezeichnet beispielsweise der Ausdruck

$$[F_1^2 a_1 a_2, a_1/a_3, a_2/a_4]$$

diejenige Formel, die man aus $F_1^2 a_1 a_2$ durch simultane Substitution von a_3, a_4 für a_1, a_2 gewinnt.

Das Ergebnis der simultanen Substitution erhält man im allgemeinen nicht durch einfache Iteration der gewöhnlichen Substitution, d. h.

$[A, x_1/y_1, \ldots, x_n/y_n]$

ist nicht stets mit der Formel

$[\ldots[A, x_1, y_1], \ldots, x_n, y_n]$

identisch. So soll beispielsweise gelten:

$[F_1^2 a_1 a_2, a_1/a_2, a_2/a_1] = F_1^2 a_2 a_1.$

Andererseits gilt jedoch:

$[[F_1^2 a_1 a_2, a_1, a_2], a_2, a_1] = F_1^2 a_1 a_1.$

Wir setzen nun fest:

(1) $[A, x_1/y_1] = [A, x_1, y_1]$;
(2) ist $n > 1$, so sei
$[A, x_1/y_1, \ldots, x_n/y_n] =$
$[\ldots[[\ldots[A, x_1, u_1], \ldots, x_n, u_n], u_1, y_1], \ldots, u_n, y_n]$,
wobei $u_1, \ldots, u_n$ GZ sind, für die gilt:

(a) u_1 ist das GZ mit der kleinsten Strichzahl, die größer ist als die Stichzahl jedes in $\wedge x_1 \ldots \wedge x_n \wedge y_1 \ldots \wedge y_n A$ vorkommenden GZ;
(b) für jedes $i (2 \leqq i \leqq n)$ ist u_i dasjenige GZ, dessen Strichzahl um 1 größer ist als die Strichzahl von u_{i-1}.

Nach diesen Vorbereitungen können wir nun das verallgemeinerte Überführungstheorem formulieren:

Satz 2.2.3–5. (*Verallgemeinertes Überführungstheorem für S2*)
Seien I_1, I_2 irgendwelche $S2$-Interpretationen, $x_1, \ldots, x_n$ n GZ und $y_1, \ldots, y_n$ irgendwelche (nicht notwendig voneinander verschiedene) GZ; sei ferner γ irgendeine nichtleere Klasse, und gelte $\mathrm{Diff}(I_1, I_2, x_1, \ldots, x_n, \gamma)$ sowie $I_1(x_1) = I_2(y_1), \ldots, I_1(x_n) = I_2(y_n)$. Dann gilt für jede $S2$-Formel A: $\mathrm{Mod}(I_1, A, \gamma)$ gdw $\mathrm{Mod}(I_2, [A, x_1/y_1, \ldots, x_n/y_n], \gamma)$.

Beweis: Angenommen, es gelten die Voraussetzungen des Satzes.

Fall 1: $n = 1$.

Dann gilt aufgrund von Satz 2.2.3–3: $\mathrm{Mod}(I_1, A, \gamma)$ gdw $\mathrm{Mod}(I_2, [A, x_1/y_1], \gamma)$.

Fall 2: $n > 1$.

Sei B im folgenden die Formel $[\ldots[A, x_1, u_1], \ldots, x_n, u_n]$, wobei $u_1, \ldots, u_n$ die beiden obigen Bestimmungen (a) und (b) erfüllen. Wir definieren nun n Interpretationen $K_1, \ldots, K_n$:

$$\mathrm{Diff}(K_n, I_2, u_n, \gamma) \text{ und } K_n(u_n) = I_2(y_n);$$
$$\mathrm{Diff}(K_{n-1}, K_n, u_{n-1}, \gamma) \text{ und } K_{n-1}(u_{n-1}) = K_n(y_{n-1});$$
$$\vdots$$
$$\mathrm{Diff}(K_1, K_2, u_1, \gamma) \text{ und } K_1(u_1) = K_2(y_1).$$

Aufgrund des Überführungstheorems gilt folglich:

$$\mathrm{Mod}(K_n, [\ldots[B, u_1, y_1], \ldots, u_{n-1}, y_{n-1}], \gamma) \text{ gdw } \mathrm{Mod}(I_2, [\ldots[B, u_1, y_1], \ldots, u_n, y_n], \gamma);$$
$$\mathrm{Mod}(K_{n-1}, [\ldots[B, u_1, y_1], \ldots, u_{n-2}, y_{n-2}], \gamma) \text{ gdw } \mathrm{Mod}(K_n, [\ldots[B, u_1, y_1], \ldots, u_{n-1}, y_{n-1}], \gamma);$$
$$\vdots$$
$$\mathrm{Mod}(K_1, B, \gamma) \text{ gdw } \mathrm{Mod}(K_2, [B, u_1, y_1]).$$

Hieraus ergibt sich:

$$\mathrm{Mod}(K_1, B, \gamma) \text{ gdw } \mathrm{Mod}(I_2, [\ldots[B, u_1, y_1], \ldots, u_n, y_n], \gamma).$$

Ferner gilt, wie man leicht erkennt:

$$\mathrm{Diff}(K_1, I_2, u_1, \ldots, u_n, \gamma) \text{ und } K_1(u_i) = I_2(y_i).$$

Wir definieren nun weitere n Interpretationen $L_1, \ldots, L_n$:

$$\mathrm{Diff}(L_n, K_1, x_n, \gamma) \text{ und } L_n(x_n) = K_1(u_n);$$
$$\mathrm{Diff}(L_{n-1}, L_n, x_{n-1}, \gamma) \text{ und } L_{n-1}(x_{n-1}) = L_n(u_{n-1});$$
$$\vdots$$
$$\mathrm{Diff}(L_1, L_2, x_1, \gamma) \text{ und } L_1(x_1) = L_2(u_1).$$

Aufgrund des Überführungstheorems gilt folglich:

$$\mathrm{Mod}(L_n, [\ldots[A, x_1, u_1], \ldots, x_{n-1}, u_{n-1}], \gamma) \text{ gdw } \mathrm{Mod}(K_1, B, \gamma);$$
$$\mathrm{Mod}(L_{n-1}, [\ldots[A, x_1, u_1], \ldots, x_{n-2}, u_{n-2}], \gamma) \text{ gdw } \mathrm{Mod}(L_n, [\ldots[A, x_1, u_1], \ldots, x_{n-1}, u_{n-1}], \gamma);$$
$$\vdots$$
$$\mathrm{Mod}(L_1, A, \gamma) \text{ gdw } \mathrm{Mod}(L_2, [A, x_1, u_1], \gamma).$$

Hieraus ergibt sich:

$$\mathrm{Mod}(L_1, A, \gamma) \text{ gdw } \mathrm{Mod}(K_1, B, \gamma).$$

Zusammenfassend erhält man also:

$$\mathrm{Mod}(L_1, A, \gamma) \text{ gdw } \mathrm{Mod}(I_2, [\ldots[B, u_1, y_1], \ldots, u_n, y_n], \gamma).$$

Es gilt ferner:

$\text{Diff}(L_1, K_1, x_1, \ldots, x_n, \gamma)$ und $L_1(x_i) = K_1(u_i)$.

Da $I_1(x_i) = L_1(x_i)$, ist $\text{Diff}(I_1, L_1, u_1, \ldots, u_n, \gamma)$ und somit auch $\text{Koinz}(I_1, L_1, A, \gamma)$. Aufgrund des Koinzidenztheorems gilt also

$\text{Mod}(I_1, A, \gamma)$ gdw $\text{Mod}(L_1, A, \gamma)$

und folglich auch

$\text{Mod}(I_1, A, \gamma)$ gdw $\text{Mod}(I_2, [A, x_1/y_1, \ldots, x_n/y_n], \gamma)$.

Wir geben noch einen wichtigen Satz an, der sich aus dem Überführungstheorem zusammen mit dem Koinzidenztheorem ergibt.

Satz 2.2.3–6.

Sei A irgendeine $S2$-Formel, I irgendeine $S2$-Interpretation und γ irgendeine nichtleere Klasse; seien ferner x, y irgendwelche GZ mit $\sim \text{Fr}(y, A)$. Dann gilt:

(1) $\text{Mod}(I, \bigwedge x A, \gamma)$ gdw $\text{Mod}(I, \bigwedge y [A, x, y], \gamma)$.
(2) $\text{Mod}(I, \bigvee x A, \gamma)$ gdw $\text{Mod}(I, \bigvee y [A, x, y], \gamma)$.

Beweis:

Ad (1): Angenommen, $\text{Mod}(I, \bigwedge x A, \gamma)$. Sei I' irgendeine $S2$-Interpretation mit $\text{Diff}(I', I, y, \gamma)$. Sei ferner I_1 diejenige $S2$-Interpretation, für welche gilt: $\text{Diff}(I_1, I', x, \gamma)$ und $I_1(x) = I'(y)$. Sei schließlich I_2 diejenige $S2$-Interpretation, für welche gilt: $\text{Diff}(I_2, I, x, \gamma)$ sowie $I_2(x) = I_1(x)$. Dann gilt $\text{Mod}(I_2, A, \gamma)$ und $\text{Diff}(I_2, I_1, y, \gamma)$. Also ist aufgrund von Satz 2.2.2–2 $\text{Mod}(I_1, A, \gamma)$. Folglich ist das Überführungstheorem anwendbar, und man erhält $\text{Mod}(I', [A, x, y], \gamma)$. Damit ist gezeigt, daß $\text{Mod}(I, \bigwedge y [A, x, y], \gamma)$.

Angenommen nun, es gilt umgekehrt $\text{Mod}(I, \bigwedge y [A, x, y], \gamma)$. Sei I' irgendeine $S2$-Interpretation mit $\text{Diff}(I', I, x, \gamma)$. Sei ferner I_1 diejenige $S2$-Interpretation, für welche gilt: $\text{Diff}(I_1, I, y, \gamma)$ und $I_1(y) = I'(x)$. Sei schließlich I_2 diejenige $S2$-Interpretation, für welche gilt: $\text{Diff}(I_2, I_1, x, \gamma)$ und $I_2(x) = I_1(y)$. Dann ist $\text{Mod}(I_1, [A, x, y], \gamma)$, und man erhält aufgrund des Überführungstheorems $\text{Mod}(I_2, A, \gamma)$. Wegen $I_2(x) = I'(x)$ gilt ferner $\text{Diff}(I_2, I', y, \gamma)$. Folglich ergibt sich mit Hilfe von Satz 2.2.2–2 $\text{Mod}(I', A, \gamma)$.

Ad (2): Angenommen $\text{Mod}(I, \bigvee x A, \gamma)$. Dann gibt es eine $S2$-Interpretation I' mit $\text{Diff}(I', I, x, \gamma)$ und $\text{Mod}(I', A, \gamma)$. Sei nun I_1 diejenige $S2$-Interpretation, für welche gilt: $\text{Diff}(I_1, I', y, \gamma)$ und $I_1(y) = I'(x)$. Sei ferner I_2 diejenige $S2$-Interpretation, für welche gilt: $\text{Diff}(I_2, I, y, \gamma)$ und $I_2(y) = I_1(y)$. Dann ist nach Satz 2.2.2–2 $\text{Mod}(I_1, A, \gamma)$. Ferner gilt $\text{Diff}(I_1, I_2, x, \gamma)$. Ist $x = y$, so ist $I_1(x) = I_2(y)$. Ist hingegen $x \neq y$, so ist $I_1(x) = I'(x) = I_1(y) = I_2(y)$. Es gilt also $I_1(x) = I_2(y)$, und man erhält daher unter Verwendung des Überführungstheorems $\text{Mod}(I_2, [A, x, y], \gamma)$. Damit ist gezeigt, daß $\text{Mod}(I, \vee y[A, x, y], \gamma)$.

Angenommen umgekehrt, es gilt $\text{Mod}(I, \vee y[A, x, y], \gamma)$. Dann gibt es eine $S2$-Interpretation I' mit $\text{Diff}(I', I, y, \gamma)$ und $\text{Mod}(I', [A, x, y], \gamma)$. Sei nun I_1 diejenige $S2$-Interpretation, für welche gilt: $\text{Diff}(I_1, I', x, \gamma)$ und $I_1(x) = I'(y)$. Sei ferner I_2 diejenige $S2$-Interpretation, für welche gilt: $\text{Diff}(I_2, I, x, \gamma)$ und $I_2(x) = I_1(x)$. Dann ergibt sich aufgrund des Überführungstheorems $\text{Mod}(I_1, A, \gamma)$. Ferner gilt $\text{Diff}(I_2, I_1, y, \gamma)$. Also erhält man mit Satz 2.2.2–2 $\text{Mod}(I_2, A, \gamma)$. Damit ist gezeigt, daß $\text{Mod}(I, \vee xA, \gamma)$.

Ein Folgesatz von Satz 2.2.3–6 ist der

Satz 2.2.3–7.

Sei A irgendeine $S2$-Formel, I irgendeine $S2$-Interpretation und γ irgendeine nichtleere Klasse; seien ferner x, y irgendwelche GZ. Dann gilt:

(1) Wenn $\sim \text{Fr}(y, \wedge xA)$, dann ist $\text{Mod}(I, \wedge xA, \gamma)$ gdw $\text{Mod}(I, \wedge y[A, x, y], \gamma)$.
(2) Wenn $\sim \text{Fr}(y, \vee xA)$, dann ist $\text{Mod}(I, \vee xA, \gamma)$ gdw $\text{Mod}(I, \vee y[A, x, y], \gamma)$.

2.2.4. Interpretationen über endlichen Bereichen

Beschränkt man sich auf $S2$-Interpretationen über endlichen Bereichen, so ergibt sich zwischen $S2$-Generalisationen und $S2$-Konjunktionen einerseits sowie $S2$-Partikularisationen und $S2$-Adjunktionen andererseits ein interessanter semantischer Zusammenhang, der im folgenden Satz formuliert ist. Die Grundlage für den Beweis dieses Satzes bildet das Überführungstheorem.

Satz 2.2.4–1.

Sei γ irgendeine nichtleere endliche Klasse, $\alpha_1, \ldots, \alpha_n$ irgendeine Abzählung sämtlicher Elemente von γ, I irgendeine $S2$-Interpretation über γ, und seien $x_1, \ldots, x_n$ irgendwelche GZ derart, daß für jedes $i (1 \leqq i \leqq n)$ gilt: $I(x_i) = \alpha_i$; sei ferner A irgendeine $S2$-Formel und x irgendein GZ. Dann gilt:

(1) $\mathrm{Mod}(I, \bigwedge x A, \gamma)$ gdw $\mathrm{Mod}(I, (\ldots(([A, x, x_1] \wedge [A, x, x_2]) \wedge [A, x, x_3]) \wedge \ldots \wedge [A, x, x_n]), \gamma)$.
(2) $\mathrm{Mod}(I, \bigvee x A, \gamma)$ gdw $\mathrm{Mod}(I, (\ldots(([A, x, x_1] \vee [A, x, x_2]) \vee [A, x, x_3]) \vee \ldots \vee [A, x, x_n]), \gamma)$.

Beweis:

Ad (1): Angenommen, $\mathrm{Mod}(I, \bigwedge x A, \gamma)$. Dann gilt aufgrund von Satz 2.2.3–4.(1) für jedes $i (1 \leqq i \leqq n)$ $\mathrm{Mod}(I, [A, x, x_i], \gamma)$. Hieraus folgt aber $\mathrm{Mod}(I, (\ldots(([A, x, x_1] \wedge [A, x, x_2]) \wedge [A, x, x_3]) \wedge \ldots \wedge [A, x, x_n]), \gamma)$.

Angenommen, $\mathrm{Mod}(I, (\ldots(([A, x, x_1] \wedge [A, x, x_2]) \wedge [A, x, x_3]) \wedge \ldots \wedge [A, x, x_n]), \gamma)$. Angenommen ferner, es gilt $\sim \mathrm{Mod}(I, \bigwedge x A, \gamma)$. Dann gibt es ein I' derart, daß $\mathrm{Diff}(I', I, x, \gamma)$ und $\sim \mathrm{Mod}(I', A, \gamma)$. Da $I'(x) \in \gamma$, gibt es ein $i (1 \leqq i \leqq n)$ mit $I'(x) = \alpha_i$. Also ist $I'(x) = I(x_i)$, und man erhält aufgrund des Überführungstheorems: $\mathrm{Mod}(I', A, \gamma)$ gdw $\mathrm{Mod}(I, [A, x, x_i], \gamma)$. Es gilt folglich $\sim \mathrm{Mod}(I, [A, x, x_i], \gamma)$. Dies widerspricht jedoch der Voraussetzung. Also ist $\mathrm{Mod}(I, \bigwedge x A, \gamma)$.

Ad (2): Übung!

Satz 2.2.4–2.

Es gibt einen Algorithmus, mit dessen Hilfe man für jede $S2$-Formel A, jede nichtleere endliche Klasse γ und jede $S2$-Interpretation I über γ, deren Werte für alle in A vorkommenden Prädikatzeichen und frei vorkommenden Gegenstandszeichen gegeben sind, feststellen kann, ob $\mathrm{Mod}(I, A, \gamma)$.

Beweis: Durch starke unendliche Induktion nach dem Grad von A.

Induktionsbasis

Sei A irgendeine $S2$-Formel mit $h^{l} A = 0$, γ irgendeine nichtleere endliche Klasse und I irgendeine $S2$-Interpretation über γ, deren Werte für alle in A vorkommenden PZ und frei vorkommenden GZ gegeben sind. Dann ist A eine Atomformel $P x_1 \ldots x_r$. Man kann dann in endlich vielen Schritten effektiv feststellen, ob $\langle I(x_1), \ldots, I(x_r) \rangle \in I(P)$, und damit auch, ob $\mathrm{Mod}(I, P x_1 \ldots x_r, \gamma)$.

Induktionsschritt

Sei k irgendeine natürliche Zahl mit $k \geqq 0$ und gelte für alle i mit $0 \leqq i \leqq k$: Es gibt einen Algorithmus, mit dessen Hilfe man für jede $S2$-Formel A vom Grad i, jede nichtleere endliche Klasse γ und jede $S2$-Interpretation über γ, deren Werte für alle in A vorkommenden PZ und frei vorkommenden GZ gegeben sind, feststellen kann, ob Mod(I, A, γ). (I.V.)

Sei nun A irgendeine $S2$-Formel mit $h^{\prime} A = k+1$, γ irgendeine nichtleere endliche Klasse und I irgendeine $S2$-Interpretation über γ, deren Werte für alle in A vorkommenden PZ und frei vorkommenden GZ gegeben sind. Wir betrachten nur den Fall, daß es z und C gibt mit $A = \wedge zC$. Sei $\alpha_1, \ldots, \alpha_n$ eine Abzählung sämtlicher Elemente von γ und seien $y_1, \ldots, y_n$ voneinander verschiedene nicht in $\wedge zC$ vorkommende GZ. Sei ferner I' diejenige $S2$-Interpretation über γ, für welche gilt: Diff$(I', I, y_1, \ldots, y_n, \gamma)$ und $I'(y_i) = \alpha_i (1 \leqq i \leqq n)$. Dann gibt es nach I.V. einen Algorithmus, mit dessen Hilfe man für jedes i feststellen kann, ob Mod$(I', [C, z, y_i], \gamma)$.

Fall 1: Für alle i ergibt sich Mod$(I', [C, z, y_i], \gamma)$.

Dann gilt nach Satz 2.2.4–1.(1) Mod$(I', \wedge zC, \gamma)$. Folglich ist aufgrund des Koinzidenztheorems auch Mod$(I, \wedge zC, \gamma)$.

Fall 2: Für wenigstens ein i ergibt sich $\sim$Mod$(I', [C, z, y_i], \gamma)$.

Dann gilt nach Satz 2.2.4–1.(1) $\sim$Mod$(I', \wedge zC, \gamma)$, und man erhält daher mit dem Koinzidenztheorem $\sim$Mod$(I, \wedge zC, \gamma)$.

2.2.5. $S2$-Gültigkeit und $S2$-Konsequenz

Ist ein beliebiger Gegenstandsbereich (d. h. eine beliebige nichtleere Klasse) γ vorgegeben, so kann man $S2$ in die folgenden beiden Teilklassen aufspalten:

Δ_1: die Klasse derjenigen $S2$-Formeln, welche über γ $S2$-erfüllbar sind;

Δ_2: die Klasse derjenigen $S2$-Formeln, welche *nicht* über γ $S2$-erfüllbar sind.

Eine echte Teilklasse von Δ_1 ist dann

Δ_3: die Klasse derjenigen $S2$-Formeln, deren Negation in Δ_2 enthalten ist.

Wir definieren nun einen Begriff, dessen Umfang mit Δ_3 identisch ist.

Definition 2.2.5–1.

Eine $S2$-Formel A ist *$S2$-gültig über γ* gdw

(1) γ ist eine nichtleere Klasse;
(2) für jede $S2$-Interpretation I über γ gilt: Mod(I, A, γ).

Mit dieser Definition ergibt sich unmittelbar der

Satz 2.2.5–1.
Sei A irgendeine $S2$-Formel und γ irgendeine nichtleere Klasse. Dann gilt:

(1) Wenn A $S2$-gültig über γ ist, dann ist A $S2$-erfüllbar über γ.
(2) A ist $S2$-gültig über γ gdw $\neg A$ nicht $S2$-erfüllbar über γ ist.
(3) A ist $S2$-erfüllbar über γ gdw $\neg A$ nicht $S2$-gültig über γ ist.

Zur weiteren Erläuterung von Def. 2.2.5–1 betrachten wir zwei Beispiele.

1. Für jede nichtleere Klasse γ gilt: die Formel $\vee a_1 F_1^1 a_1 \rightarrow \wedge a_1 F_1^1 a_1$ ist $S2$-gültig über γ gdw γ genau ein Element enthält.

Beweis: Angenommen, $\vee a_1 F_1^1 a_1 \rightarrow \wedge a_1 F_1^1 a_1$ ist $S2$-gültig über γ und γ enthält mehr als ein Element. Dann enthält γ wenigstens zwei Elemente α_1 und α_2. Sei nun I eine $S2$-Interpretation über γ mit $I(F_1^1) = \{\alpha_1\}$ und $I(a_1) = \alpha_1$. Dann ist Mod$(I, F_1^1 a_1, \gamma)$ und daher auch Mod$(I, \vee a_1 F_1^1 a_1, \gamma)$. Sei ferner I' diejenige $S2$-Interpretation über γ, für welche gilt: Diff(I', I, a_1, γ) und $I'(a_1) = \alpha_2$. Dann gilt $\sim$Mod$(I', F_1^1 a_1, \gamma)$ und also auch $\sim$Mod$(I, \wedge a_1 F_1^1 a_1, \gamma)$. Dies widerspricht jedoch der Voraussetzung. Folglich enthält γ genau ein Element.

Angenommen umgekehrt, γ enthält genau ein Element. Wäre $\vee a_1 F_1^1 a_1 \rightarrow \wedge a_1 F_1^1 a_1$ nicht $S2$-gültig über γ, so gäbe es ein I mit Mod$(I, \vee a_1 F_1^1 a_1, \gamma)$ und $\sim$Mod$(I, \wedge a_1 F_1^1 a_1, \gamma)$. Es gäbe folglich ein I_1 mit Diff(I_1, I, a_1, γ) und Mod$(I_1, F_1^1 a_1, \gamma)$ sowie ein I_2 mit Diff(I_2, I, a_1, γ) und $\sim$Mod$(I_2, F_1^1 a_1, \gamma)$. Da jedoch voraussetzungsgemäß $I_1(a_1) = I_2(a_1) = I(a_1)$, wäre $I_1 = I_2 = I$ (Widerspruch!).

2. Ist γ eine Klasse, die genau ein Element enthält, so ist die Formel $\wedge a_1 \vee a_2 F_1^2 a_1 a_2 \rightarrow \vee a_2 \wedge a_1 F_1^2 a_1 a_2$ $S2$-gültig über γ.

Beweis: Sei γ eine Klasse, die genau ein Element enthält. Angenommen nun, die Formel ist nicht $S2$-gültig über γ. Dann gibt es eine $S2$-Interpretation I über γ derart, daß $\text{Mod}(I, \bigwedge a_1 \bigvee a_2 F_1^2 a_1 a_2, \gamma)$ und $\sim\text{Mod}(I, \bigvee a_2 \bigwedge a_1 F_1^2 a_1 a_2, \gamma)$. Folglich ist $\text{Mod}(I, \bigvee a_2 F_1^2 a_1 a_2, \gamma)$. Also gibt es ein I_1 mit $\text{Diff}(I_1, I, a_2, \gamma)$ und $\text{Mod}(I_1, F_1^2 a_1 a_2, \gamma)$. Andererseits gibt es jedoch kein I_2 mit $\text{Diff}(I_2, I, a_2, \gamma)$ und $\text{Mod}(I_2, \bigwedge a_1 F_1^2 a_1 a_2, \gamma)$. Folglich gilt $\sim\text{Mod}(I_1, \bigwedge a_1 F_1^2 a_1 a_2, \gamma)$. Also gibt es ein I_3 mit $\text{Diff}(I_3, I_1, a_1, \gamma)$ und $\sim\text{Mod}(I_3, F_1^2 a_1 a_2, \gamma)$. Voraussetzungsgemäß ist aber $I_3(a_1) = I_1(a_1)$, und es gilt daher $I_3 = I_1$. Also ist $\sim\text{Mod}(I_1, F_1^2 a_1 a_2, \gamma)$ (Widerspruch!).

Aufgabe: Man zeige, daß für jede nichtleere endliche Klasse γ gilt:

1. Die Formel $\bigvee a_1 \bigwedge a_2 F_1^2 a_1 a_2 \leftrightarrow \bigwedge a_2 \bigvee a_1 F_1^2 a_1 a_2$ ist $S2$-gültig über γ gdw $|\gamma| = 1$.
2. Die Formel $\bigwedge a_1 \bigvee a_2 F_1^2 a_1 a_2 \rightarrow \bigvee a_1 \bigvee a_2 (F_1^2 a_1 a_2 \wedge F_1^2 a_2 a_1)$ ist $S2$-gültig über γ gdw $1 \leqq |\gamma| \leqq 2$.

Von besonderem Interesse sind nun diejenigen $S2$-Formeln, die über jedem Gegenstandsbereich $S2$-gültig sind.

Definition 2.2.5–2.

Eine $S2$-Formel A ist *$S2$-gültig* gdw für jede nichtleere Klasse γ gilt: A ist $S2$-gültig über γ.

Dem Satz 2.2.5–1 entspricht der

Satz 2.2.5–2.

Sei A irgendeine $S2$-Formel. Dann gilt:

(1) Wenn A $S2$-gültig ist, dann ist A $S2$-erfüllbar.
(2) A ist $S2$-gültig gdw $\neg A$ $S2$-unerfüllbar ist.
(3) A ist $S2$-erfüllbar gdw $\neg A$ nicht $S2$-gültig ist.

Um kurz auszudrücken, daß eine Formel A $S2$-gültig ist, schreiben wir vor einen Namen von A das Zeichen »$\Vdash_{\overline{S2}}$« oder, wenn keine Mißverständnisse auftreten können, einfach das Zeichen »$\Vdash$«.

Wir geben nun einige Beispiele für $S2$-gültige Formeln an.

1. $\Vdash \bigwedge a_1 F_1^1 a_1 \rightarrow F_1^1 a_2$.

Beweis: Angenommen, diese Formel ist nicht $S2$-gültig. Dann gibt es definitionsgemäß eine nichtleere Klasse γ sowie eine $S2$-Interpretation I über γ derart, daß $\mathrm{Mod}(I, \bigwedge a_1 F_1^1 a_1, \gamma)$ und $\sim\mathrm{Mod}(I, F_1^1 a_2, \gamma)$. Also gilt nach Satz 2.2.3–4.(1) auch $\mathrm{Mod}(I, F_1^1 a_2, \gamma)$ (Widerspruch!).

2. $\Vdash \bigvee a_1 \bigwedge a_2 F_1^2 a_1 a_2 \rightarrow \bigwedge a_2 \bigvee a_1 F_1^2 a_1 a_2$.

Beweis: Angenommen, diese Formel ist nicht $S2$-gültig. Dann gibt es eine nichtleere Klasse γ sowie eine $S2$-Interpretation I über γ derart, daß $\mathrm{Mod}(I, \bigvee a_1 \bigwedge a_2 F_1^2 a_1 a_2, \gamma)$ und $\sim\mathrm{Mod}(I, \bigwedge a_2 \bigvee a_1 F_1^2 a_1 a_2, \gamma)$. Also gibt es ein I_1 mit $\mathrm{Diff}(I_1, I, a_1, \gamma)$ und $\mathrm{Mod}(I_1, \bigwedge a_2 F_1^2 a_1 a_2, \gamma)$ sowie ein I_2 mit $\mathrm{Diff}(I_2, I, a_2, \gamma)$ und $\sim\mathrm{Mod}(I_2, \bigvee a_1 F_1^2 a_1 a_2, \gamma)$. Hieraus folgt:

$(*_1)$ Für jedes I_1' gilt: Wenn $\mathrm{Diff}(I_1', I_1, a_2, \gamma)$, dann $\mathrm{Mod}(I_1', F_1^2 a_1 a_2, \gamma)$.
$(*_2)$ Es gibt kein I_2' mit $\mathrm{Diff}(I_2', I_2, a_1, \gamma)$ und $\mathrm{Mod}(I_2', F_1^2 a_1 a_2, \gamma)$.

Sei nun I_1' diejenige $S2$-Interpretation, für welche gilt: $\mathrm{Diff}(I_1', I_1, a_2, \gamma)$ und $I_1'(a_2) = I_2(a_2)$. Dann gilt wegen $(*_1)$ $\mathrm{Mod}(I_1', F_1^2 a_1 a_2, \gamma)$. Da ferner $\mathrm{Diff}(I_1', I_2, a_1, \gamma)$, kann aber wegen $(*_2)$ nicht gelten $\mathrm{Mod}(I_1', F_1^2 a_1 a_2, \gamma)$ (Widerspruch!).

Aufgabe: Man zeige, daß die folgenden Aussagen gelten:

1. $\Vdash F_1^1 a_1 \rightarrow \bigvee a_1 F_1^1 a_1$
2. $\Vdash \bigwedge a_1 F_1^1 a_1 \rightarrow \bigvee a_2 F_1^1 a_2$
3. $\Vdash \bigwedge a_1 \bigwedge a_2 F_1^2 a_1 a_2 \leftrightarrow \bigwedge a_2 \bigwedge a_1 F_1^2 a_1 a_2$
4. $\Vdash \bigvee a_1 \bigvee a_2 F_1^2 a_1 a_2 \leftrightarrow \bigvee a_2 \bigvee a_1 F_1^2 a_1 a_2$
5. $\Vdash \bigwedge a_1 (F_1^1 a_1 \vee \neg F_1^1 a_1)$
6. $\Vdash \bigwedge a_1 F_1^1 a_1 \leftrightarrow \neg \bigvee a_1 \neg F_1^1 a_1$
7. $\Vdash \bigwedge a_1 \neg F_1^1 a_1 \leftrightarrow \neg \bigvee a_1 F_1^1 a_1$
8. $\Vdash \bigvee a_1 F_1^1 a_1 \leftrightarrow \neg \bigwedge a_1 \neg F_1^1 a_1$
9. $\Vdash \bigvee a_1 \neg F_1^1 a_1 \leftrightarrow \neg \bigwedge a_1 F_1^1 a_1$
10. $\Vdash \bigwedge a_1 (F_1^1 a_1 \wedge F_2^1 a_1) \leftrightarrow \bigwedge a_1 F_1^1 a_1 \wedge \bigwedge a_1 F_2^1 a_1$
11. $\Vdash \bigvee a_1 (F_1^1 a_1 \vee F_2^1 a_1) \leftrightarrow \bigvee a_1 F_1^1 a_1 \vee \bigvee a_1 F_2^1 a_1$
12. $\Vdash \bigwedge a_1 (F_1^1 a_1 \rightarrow F_2^1 a_1) \rightarrow (\bigwedge a_1 F_1^1 a_1 \rightarrow \bigwedge a_1 F_2^1 a_1)$

Satz 2.2.5–3.

Seien A, B irgendwelche $S2$-Formeln und x, y irgendwelche GZ. Dann gilt:

(1) $\Vdash \bigwedge x A \rightarrow [A, x, y]$.
(2) $\Vdash [A, x, y] \rightarrow \bigvee x A$.
(3) Wenn $\sim\mathrm{Fr}(x, A)$, dann $\Vdash A \rightarrow \bigwedge x A$.
(4) Wenn $\sim\mathrm{Fr}(x, A)$, dann $\Vdash \bigvee x A \rightarrow A$.

(5) $\Vdash \bigwedge x(A \to B) \to (\bigwedge xA \to \bigwedge xB)$.
(6) $\Vdash \bigwedge x(A \to B) \to (\bigvee xA \to \bigvee xB)$.
(7) Wenn $\Vdash A$, dann $\Vdash \bigwedge xA$.
(8) Wenn $\Vdash A$, dann $\Vdash [A, x, y]$.

Beweis:

Ad (1) und (2): Diese beiden Behauptungen ergeben sich unter Verwendung von Satz 2.2.3–4.

Ad (3): Angenommen, es gilt $\sim \mathrm{Fr}(x, A)$. Wäre $A \to \bigwedge xA$ nicht $S2$-gültig, so gäbe es eine nichtleere Klasse γ und eine $S2$-Interpretation I über γ derart, daß $\mathrm{Mod}(I, A, \gamma)$ und $\sim \mathrm{Mod}(I, \bigwedge xA, \gamma)$. Also gäbe es auch ein I' mit $\mathrm{Diff}(I', I, x, \gamma)$ und $\sim \mathrm{Mod}(I', A, \gamma)$. Nach Satz 2.2.2–2 wäre dann aber $\sim \mathrm{Mod}(I, A, \gamma)$ (Widerspruch!).

Ad (5): Angenommen, die Formel $\bigwedge x(A \to B) \to (\bigwedge xA \to \bigwedge xB)$ ist nicht $S2$-gültig. Dann gibt es eine nichtleere Klasse γ sowie eine $S2$-Interpretation I über γ derart, daß $\mathrm{Mod}(I, \bigwedge x(A \to B), \gamma)$, $\mathrm{Mod}(I, \bigwedge xA, \gamma)$ und $\sim \mathrm{Mod}(I, \bigwedge xB, \gamma)$. Also gibt es ein I' mit $\mathrm{Diff}(I', I, x, \gamma)$ und $\sim \mathrm{Mod}(I', B, \gamma)$. Wegen $\mathrm{Mod}(I', A, \gamma)$ kann dann nicht gelten $\mathrm{Mod}(I', A \to B, \gamma)$. Folglich gilt $\sim \mathrm{Mod}(I, \bigwedge x(A \to B), \gamma)$ (Widerspruch!).

So wie wir oben zwei Gültigkeitsbegriffe unterschieden haben, wollen wir nun auch zwei Konsequenzbegriffe unterscheiden.

Definition 2.2.5–3.
A ist eine *S2-Konsequenz aus Δ über* γ gdw
(1) $A \in S2$;
(2) $\Delta \subseteq S2$;
(3) γ ist eine nichtleere Klasse;
(4) jede $S2$-Interpretation, die Δ $S2$-simultan über γ erfüllt, ist ein $S2$-Modell von A über γ.

Definition 2.2.5–4.
A ist eine *S2-Konsequenz aus Δ* gdw für jede nichtleere Klasse γ gilt: A ist eine $S2$-Konsequenz aus Δ über γ.

Ist beispielsweise γ eine Klasse, die genau ein Element enthält, so ist die Formel $\bigwedge a_1 F_1^1 a_1$ eine $S2$-Konsequenz aus $\{F_1^1 a_1\}$ über γ. Denn gäbe es eine $S2$-Interpretation I über γ derart, daß I die Klasse $\{F_1^1 a_1\}$ $S2$-simultan über γ erfüllt, aber kein $S2$-Modell von $\bigwedge a_1 F_1^1 a_1$ über γ ist, so gäbe es ein I' mit $\mathrm{Diff}(I', I, a_1, \gamma)$ und $\sim \mathrm{Mod}(I', F_1^1 a_1, \gamma)$. Nun müßte aber $I'(a_1) = I(a_1)$ und folglich auch $I' = I$ sein. Also müßte gelten $\sim \mathrm{Mod}(I, F_1^1 a_1, \gamma)$ (Widerspruch!).

Wie man sich leicht klarmacht, ist $\bigwedge a_1 F_1^1 a_1$ jedoch keine $S2$-Konsequenz aus $\{F_1^1 a_1\}$.

Wir zeigen nun noch, daß $F_2^1 a_3$ eine $S2$-Konsequenz aus $\{\bigwedge a_1(F_1^1 a_1 \rightarrow F_2^1 a_1), F_1^1 a_3\}$ ist. Angenommen also, γ ist irgendeine nichtleere Klasse und es gibt eine $S2$-Interpretation I über γ derart, daß I die Klasse $\{\bigwedge a_1(F_1^1 a_1 \rightarrow F_2^1 a_1), F_1^1 a_3\}$ $S2$-simultan über γ erfüllt, aber kein $S2$-Modell von $F_2^1 a_3$ über γ ist. Dann ist nach Satz 2.2.3–4.(1) $\mathrm{Mod}(I, F_1^1 a_3 \rightarrow F_2^1 a_3, \gamma)$, und man erhält daher $\mathrm{Mod}(I, F_2^1 a_3, \gamma)$ (Widerspruch!).

Um kurz auszudrücken, daß eine Formel eine $S2$-Konsequenz aus einer Formelklasse ist, schreiben wir einen Namen dieser Formelklasse, dann das Symbol »$\Vdash_{\overline{S2}}$« und hierauf einen Namen der betreffenden Formel. Sind keine Mißverständnisse zu befürchten, so schreiben wir statt »$\Vdash_{\overline{S2}}$« kurz »$\Vdash$«. Ferner dürfen die beiden Klammern »{« und »}« weggelassen werden.

Aufgabe: Man zeige, daß gilt:

1. $\neg \bigwedge a_1(F_1^1 a_1 \vee F_2^1 a_1) \Vdash \bigvee a_1(\neg F_1^1 a_1 \wedge \neg F_2^1 a_1)$
2. $\bigvee a_1(F_1^1 a_1 \vee F_2^1 a_1), \neg \bigvee a_1 F_1^1 a_1 \Vdash \bigvee a_1 F_2^1 a_1$
3. $\bigvee a_1 \bigwedge a_2 F_1^2 a_1 a_2 \Vdash \bigvee a_3 F_1^2 a_3 a_3$
4. $\bigwedge a_1(F_1^1 a_1 \rightarrow \bigvee a_2(F_2^1 a_2 \wedge F_1^2 a_1 a_2)),$
   $\neg \bigvee a_2(F_2^1 a_2 \wedge F_1^2 a_3 a_2) \Vdash \neg F_1^1 a_3$

Satz 2.2.5–4.

Seien $A, B, A_1, \ldots, A_n$ irgendwelche $S2$-Formeln, Γ, Δ irgendwelche Teilklassen von $S2$ und sei x irgendein GZ. Dann gilt:

(1) $\emptyset \Vdash A$ gdw $\Vdash A$.
(2) $A \Vdash B$ gdw $\Vdash A \rightarrow B$.
(3) $A_1, \ldots, A_n \Vdash B$ gdw $\Vdash A_1 \rightarrow (A_2 \rightarrow \ldots (A_n \rightarrow B) \ldots)$ $(n \geqq 2)$.
(4) Wenn $A \in \Gamma$, dann $\Gamma \Vdash A$.
(5) Wenn $\Gamma \Vdash A$, dann $\Gamma \cup \Delta \Vdash A$.
(6) Wenn $\Gamma \Vdash A$ und $\Delta \Vdash A \rightarrow B$, dann $\Gamma \cup \Delta \Vdash B$.
(7) Wenn $\Vdash A$ und $\Vdash A \rightarrow B$, dann $\Vdash B$.
(8) Wenn $\Gamma \Vdash A$ und $A \Vdash B$, dann $\Gamma \Vdash B$.
(9) $\Gamma \cup \{A\} \Vdash B$ gdw $\Gamma \Vdash A \rightarrow B$.
(10) Wenn $\Vdash A \rightarrow B$ und $\Vdash B \rightarrow C$, dann $\Vdash A \rightarrow C$.
(11) Wenn $\Vdash A \leftrightarrow B$ und $\Vdash B \leftrightarrow C$, dann $\Vdash A \leftrightarrow C$.
(12) Wenn $A \Vdash B$ und $\sim \mathrm{Fr}(x, A)$, dann $A \Vdash \bigwedge x B$.
(13) Wenn $A \Vdash B$ und $\sim \mathrm{Fr}(x, B)$, dann $\bigvee x A \Vdash B$.
(14) Wenn Γ $S2$-simultan erfüllbar ist und $\Gamma \Vdash A$, dann ist A $S2$-erfüllbar.

(15) Wenn Γ nicht $S2$-simultan erfüllbar ist, dann gilt für jede $S2$-Formel C: $\Gamma \Vdash C$.
(16) $\Gamma \Vdash A \wedge \neg A$ gdw Γ nicht $S2$-simultan erfüllbar ist.
(17) $\Gamma \Vdash A$ gdw $\Gamma \cup \{\neg A\}$ nicht $S2$-simultan erfüllbar ist.
(18) $\Vdash A$ gdw $\neg A$ $S2$-unerfüllbar ist.

Die Beweise seien dem Leser überlassen.

2.2.6. Der Zusammenhang zwischen *S1*-Gültigkeit und *S2*-Gültigkeit

Wie wir von der Aussagenlogik her wissen, ist die *S1*-Formel $p \rightarrow p \vee q$ *S1*-gültig. Es ist nun naheliegend, anzunehmen, daß dann auch die *S2*-Formeln $F_1^1 a_1 \rightarrow F_1^1 a_1 \vee F_3^2 a_2 a_4$ und $\bigwedge a_1 F_2^1 a_3 \rightarrow \bigwedge a_1 F_2^1 a_3 \vee \neg \bigvee a_2 F_1^1 a_2$ sowie alle anderen *S2*-Formeln von der gleichen syntaktischen Struktur *S2*-gültig sind. Wir wollen diesen Gedanken etwas weiter verfolgen.

Definition 2.2.6–1.
B ist ein *Substitut* von A gdw
(1) $A \in S1$;
(2) B entsteht aus A dadurch, daß man jedes Vorkommen eines Satzbuchstabens in A durch eine *S2*-Formel ersetzt, wobei alle Vorkommen desselben Satzbuchstabens durch dieselbe *S2*-Formel ersetzt werden.

Um zeigen zu können, daß jedes Substitut einer *S1*-gültigen Formel *S2*-gültig ist, beweisen wir zunächst folgenden Hilfssatz:

Satz 2.2.6–1.
Jedes Substitut eines Theorems von *Π1* ist *S2*-gültig.

Beweis: Sei A irgendein Theorem von *Π1*. Dann gibt es einen Beweis $C_1, \ldots, C_n$ für A in *Π1*.

Fall 1: $n = 1$.

Dann ist A ein Axiom von *Π1*. Jedes Substitut eines Axioms von *Π1* ist aber *S2*-gültig (Übung!).

Fall 2: $n > 1$.

Daß dann jedes Substitut von C_n *S2*-gültig ist, ergibt sich aus dem folgenden Satz, den wir durch starke endliche Induktion beweisen:

Für alle j mit $1 \leqq j \leqq n$ gilt: Jedes Substitut von C_j ist *S2*-gültig.

Induktionsbasis: s. Fall 1.

Induktionsschritt

Sei k irgendeine natürliche Zahl mit $1 \leqq k < n$ und gelte für alle i mit $1 \leqq i \leqq k$: Jedes Substitut von C_i ist *S2*-gültig. (I.V.)

Ist nun C_{k+1} ein Axiom von *Π1*, so ist jedes Substitut von C_{k+1} *S2*-gültig. Ergibt sich $C_1, \ldots, C_{k+1}$ durch Anwendung des *S1*-MP auf $C_1, \ldots, C_k$, so gibt es ein $l (1 \leqq l \leqq k)$ derart, daß C_l und $C_l \rightarrow C_{k+1}$ Glieder von $C_1, \ldots, C_k$ sind. Sei nun C^*_{k+1} irgendein Substitut von C_{k+1}. Dann gibt es ein Substitut C^*_l von C_l und ein Substitut B von $C_l \rightarrow C_{k+1}$ mit $B = C^*_l \rightarrow C^*_{k+1}$. Folglich ist aufgrund der I.V. $\Vdash_{\overline{S2}} C^*_l$ und $\Vdash_{\overline{S2}} C^*_l \rightarrow C^*_{k+1}$. Also gilt nach Satz 2.2.5–4.(7) $\Vdash_{\overline{S2}} C^*_{k+1}$.

Der nächste Satz ergibt sich aus Satz 2.2.6–1 unter Verwendung des Vollständigkeitssatzes für *Π1*.

Satz 2.2.6–2. *(Übertragungssatz)*

Jedes Substitut einer *S1*-gültigen Formel ist *S2*-gültig.

Mit Hilfe des Übertragungssatzes ist es auch möglich, vom Bestehen einer bestimmten *S1*-Konsequenzbeziehung auf das Bestehen einer entsprechenden *S2*-Konsequenzbeziehung zu schließen. Es gilt beispielsweise $p \wedge q \Vdash_{\overline{S1}} p \vee q$. Also ist $\Vdash_{\overline{S1}} p \wedge q \rightarrow p \vee q$, und man erhält aufgrund des Übertragungssatzes $\Vdash_{\overline{S2}} F^1_1 a_1 \wedge F^1_2 a_2 \rightarrow F^1_1 a_1 \vee F^1_2 a_2$. Hieraus folgt aber $F^1_1 a_1 \wedge F^1_2 a_2 \Vdash_{\overline{S2}} F^1_1 a_1 \vee F^1_2 a_2$.

Satz 2.2.6–3.

Seien A, B und C irgendwelche *S2*-Formeln. Dann gilt:

(1) $A \leftrightarrow B \Vdash_{\overline{S2}} \neg A \leftrightarrow \neg B$
(2) $A \leftrightarrow B \Vdash_{\overline{S2}} A \wedge C \leftrightarrow B \wedge C$
(3) $A \leftrightarrow B \Vdash_{\overline{S2}} C \wedge A \leftrightarrow C \wedge B$
(4) $A \leftrightarrow B \Vdash_{\overline{S2}} A \vee C \leftrightarrow B \vee C$
(5) $A \leftrightarrow B \Vdash_{\overline{S2}} C \vee A \leftrightarrow C \vee B$
(6) $A \leftrightarrow B \Vdash_{\overline{S2}} (A \rightarrow C) \leftrightarrow (B \rightarrow C)$
(7) $A \leftrightarrow B \Vdash_{\overline{S2}} (C \rightarrow A) \leftrightarrow (C \rightarrow B)$
(8) $A \leftrightarrow B \Vdash_{\overline{S2}} (A \leftrightarrow C) \leftrightarrow (B \leftrightarrow C)$
(9) $A \leftrightarrow B \Vdash_{\overline{S2}} (C \leftrightarrow A) \leftrightarrow (C \leftrightarrow B)$

2.2.7. Das Äquivalenz- und das Ersetzungstheorem für *S2*

Zum Beweis des Ersetzungstheorems für *S2* benötigen wir den

Satz 2.2.7–1. (*Äquivalenztheorem* für *S2*)
Seien A, B, C, D irgendwelche *S2*-Formeln und $x_1, \ldots, x_r$ irgendwelche GZ. Dann gilt: Wenn

(a) A eine *S2*-Teilformel von C ist,
(b) D aus C dadurch entsteht, daß wenigstens ein Vorkommen von A in C durch B ersetzt wird, und
(c) die Klasse derjenigen GZ, die frei in $A \leftrightarrow B$ und gebunden in $C \leftrightarrow D$ vorkommen, eine Teilklasse von $\{x_1, \ldots, x_r\}$ ist,

dann ist $\wedge x_1 \ldots \wedge x_r(A \leftrightarrow B) \Vdash C \leftrightarrow D$.

Beweis: Wie beim Beweis des Ersetzungstheorems für *S1* genügt es auch hier, nur den Fall zu betrachten, daß D aus C durch Ersetzung genau eines Vorkommens von A durch B entsteht. Das Äquivalenztheorem ergibt sich dann aus dem folgenden Satz, den wir durch starke unendliche Induktion beweisen:

Für alle n mit $n \geqq 0$ gilt: Sind A, B, C, D irgendwelche *S2*-Formeln und $x_1, \ldots, x_r$ irgendwelche GZ derart, daß $h^l C - h^l A = n$, Ers(D, C, A, B) und die Klasse derjenigen GZ, die frei in $A \leftrightarrow B$ und gebunden in $C \leftrightarrow D$ vorkommen, eine Teilklasse von $\{x_1, \ldots, x_r\}$ ist, so ist $\wedge x_1 \ldots \wedge x_r(A \leftrightarrow B) \Vdash C \leftrightarrow D$.

(Dabei bedeute »Ers(D, C, A, B)«, daß A eine *S2*-Teilformel von C ist und D aus C dadurch entsteht, daß genau ein Vorkommen von A in C durch B ersetzt wird.)

Induktionsbasis

Seien A, B, C, D irgendwelche *S2*-Formeln und $x_1, \ldots, x_r$ irgendwelche GZ derart, daß $h^l C - h^l A = 0$, Ers(D, C, A, B) und die Klasse derjenigen GZ, die frei in $A \leftrightarrow B$ und gebunden in $C \leftrightarrow D$ vorkommen, eine Teilklasse von $\{x_1, \ldots, x_r\}$ ist. Dann ist $C = A$ und $D = B$. Nun gilt aber nach Satz 2.2.5–3.(1)

$$\Vdash \wedge x_1 \wedge x_2 \ldots \wedge x_r(A \leftrightarrow B) \rightarrow \wedge x_2 \ldots \wedge x_r(A \leftrightarrow B)$$
$$\vdots$$
$$\Vdash \wedge x_r(A \leftrightarrow B) \rightarrow (A \leftrightarrow B).$$

Mit Hilfe von Satz 2.2.5–4.(10) gewinnt man also

$$\Vdash \wedge x_1 \ldots \wedge x_r(A \leftrightarrow B) \rightarrow (A \leftrightarrow B),$$

und es gilt daher wegen Satz 2.2.5–4.(9)

$\bigwedge x_1 \ldots \bigwedge x_r(A \leftrightarrow B) \Vdash A \leftrightarrow B$.

Induktionsschritt

Sei k irgendeine natürliche Zahl mit $k \geqq 0$ und gelte für jedes i mit $0 \leqq i \leqq k$: Sind A, B, C, D irgendwelche $S2$-Formeln und $x_1, \ldots, x_r$ irgendwelche GZ derart, daß $h^l C - h^l A = i$, Ers(D, C, A, B) und die Klasse derjenigen GZ, die frei in $A \leftrightarrow B$ und gebunden in $C \leftrightarrow D$ vorkommen, eine Teilklasse von $\{x_1, \ldots, x_r\}$ ist, so ist $\bigwedge x_1 \ldots \bigwedge x_r(A \leftrightarrow B) \Vdash C \leftrightarrow D$. (I.V.)

Angenommen nun, A, B, C, D sind irgendwelche $S2$-Formeln und $x_1, \ldots, x_r$ sind irgendwelche GZ derart, daß $h^l C - h^l A = k+1$, Ers(D, C, A, B) und die Klasse derjenigen GZ, die frei in $A \leftrightarrow B$ und gebunden in $C \leftrightarrow D$ vorkommen, eine Teilklasse von $\{x_1, \ldots, x_r\}$ ist.

Fall 1: Es gibt ein E mit $C = \neg E$.

Dann gibt es ein F mit $D = \neg F$ und Ers$(\neg F, \neg E, A, B)$, und es gilt daher auch Ers(F, E, A, B). Folglich erhält man aufgrund der I.V. $\bigwedge x_1 \ldots \bigwedge x_r(A \leftrightarrow B) \Vdash E \leftrightarrow F$, woraus sich unter Verwendung der Sätze 2.2.6–3.(1) und 2.2.5–4.(8) schließlich $\bigwedge x_1 \ldots \bigwedge x_r(A \leftrightarrow B) \Vdash \neg E \leftrightarrow \neg F$ ergibt.

Die Behandlung der Fälle 2–5 sei dem Leser überlassen.

Fall 6: Es gibt z und E mit $C = \bigwedge zE$.

6.1: $A = \bigwedge zE$.

Dann ist $C = A$ sowie $D = B$, und man gewinnt somit wie in der Basis $\bigwedge x_1 \ldots \bigwedge x_r(A \leftrightarrow B) \Vdash A \leftrightarrow B$.

6.2: $A \neq \bigwedge zE$.

Dann ist A eine $S2$-Teilformel von E, und es gilt $h^l E - h^l A = k$. Also gibt es ein F mit $D = \bigwedge zF$ und Ers(F, E, A, B). Da die Klasse der frei in $A \leftrightarrow B$ und gebunden in $E \leftrightarrow F$ vorkommenden GZ eine Teilklasse von $\{x_1, \ldots, x_r\}$ ist, erhält man aufgrund der I.V. $\bigwedge x_1 \ldots \bigwedge x_r(A \leftrightarrow B) \Vdash E \leftrightarrow F$. Wäre nun Fr$(z, \bigwedge x_1 \ldots \bigwedge x_r(A \leftrightarrow B))$, so wäre auch Fr$(z, A \leftrightarrow B)$. Da z jedoch gebunden in $C \leftrightarrow D$ vorkommt, müßte voraussetzungsgemäß gelten $z \in \{x_1, \ldots, x_r\}$, und es wäre also $\sim$Fr$(z, \bigwedge x_1 \ldots \bigwedge x_r(A \leftrightarrow B))$ (Widerspruch!). Also gilt $\sim$Fr$(z, \bigwedge x_1 \ldots \bigwedge x_r(A \leftrightarrow B))$. Mit Hilfe von Satz 2.2.5–4.(12) ergibt sich somit $\bigwedge x_1 \ldots \bigwedge x_r(A \leftrightarrow B) \Vdash \bigwedge z(E \leftrightarrow F)$. Da gilt

$\bigwedge z(E \leftrightarrow F) \Vdash \bigwedge zE \leftrightarrow \bigwedge zF$ (der Leser überzeuge sich davon!), erhält man schließlich unter Verwendung von Satz 2.2.5–4.(8) $\bigwedge x_1 \ldots \bigwedge x_r(A \leftrightarrow B) \Vdash \bigwedge zE \leftrightarrow \bigwedge zF$.

Fall 7: Es gibt z und E mit $C = \bigvee zE$.

Dieser Fall ist ähnlich zu behandeln wie der vorangehende. Man berücksichtige dabei, daß für jedes A, B und x gilt $\bigwedge x(A \leftrightarrow B) \Vdash \bigvee xA \leftrightarrow \bigvee xB$.

Damit ist der Beweis für das Äquivalenztheorem abgeschlossen.

Satz 2.2.7–2. *(Ersetzungstheorem* für *S2)*

Seien A, B, C, D irgendwelche *S2*-Formeln und sei Γ irgendeine Teilklasse von *S2*. Dann gilt: Wenn

(a) A eine *S2*-Teilformel von C ist und
(b) D aus C dadurch entsteht, daß wenigstens ein Vorkommen von A in C durch B ersetzt wird,

dann gilt:

(1) Wenn $\Vdash A \leftrightarrow B$, dann $\Vdash C \leftrightarrow D$;
(2) Wenn $\Vdash A \leftrightarrow B$ und $\Gamma \Vdash C$, dann $\Gamma \Vdash D$.

Beweis:

Ad (1): Angenommen, $\Vdash A \leftrightarrow B$. Seien $x_1, \ldots, x_r$ irgendwelche GZ, für welche gilt: die Klasse derjenigen GZ, die frei in $A \leftrightarrow B$ und gebunden in $C \leftrightarrow D$ vorkommen, ist eine Teilklasse von $\{x_1, \ldots, x_r\}$. Dann ergibt sich aufgrund des Äquivalenztheorems, daß $\bigwedge x_1 \ldots \bigwedge x_r(A \leftrightarrow B) \Vdash C \leftrightarrow D$. Nun gilt nach Satz 2.2.5–3.(7) $\Vdash \bigwedge x_1 \ldots \bigwedge x_r(A \leftrightarrow B)$. Folglich gewinnt man unter Verwendung von Satz 2.2.5–4.(8) $\Vdash C \leftrightarrow D$.

Ad (2): Übung!

2.2.8. Umbenennung

Häufig empfiehlt es sich, anstelle einer bestimmten Formel A eine andere Formel B zu wählen, die aus A dadurch entsteht, daß ein in A gebunden vorkommendes GZ x in ein GZ y »umbenannt« wird, so daß die Formel $A \leftrightarrow B$ *S2*-gültig ist. Der diesbezügliche Sprachgebrauch ist in der Literatur keineswegs einheitlich. Oft wird unter »Umbenennung« der (nur unter gewissen Bedingungen mögliche)

Übergang von einer All- oder Existenzformel QxA zu einer Formel $Qy[A, x, y]$ verstanden. Das Wort »Umbenennung« wird jedoch nicht selten auch in einer allgemeineren Bedeutung verwendet. Es kann damit nämlich ebenso der (nur unter gewissen Bedingungen mögliche) Übergang von einer Formel A zu einer Formel B gemeint sein, der darin besteht, daß eine in A enthaltene Teilformel der Gestalt QxC durch eine Formel der Gestalt $Qy[C, x, y]$ ersetzt wird.

Wir wollen uns nun mit diesen beiden Arten der Umbenennung näher befassen und betrachten zunächst die erste. Je nachdem, welche Bedingungen hier für den Übergang von QxA zu $Qy[A, x, y]$ aufgestellt werden, ergeben sich mehrere Umbenennungsbegriffe der ersten Art. Drei in der Literatur häufig anzutreffende Bedingungen sind die folgenden:

1. $\mathrm{Sub}([A, x, y], y, x, A)$
2. $\sim \mathrm{Fr}(y, A)$
3. $\sim \mathrm{Fr}(y, QxA)$

Diesen drei Bedingungen entsprechen nun die drei im folgenden Satz zusammengefaßten Aussagen, deren Beweise sich unschwer mit Hilfe der Sätze 2.2.3–2.(3, 4), 2.2.3–6 und 2.2.3–7 ergeben.

Satz 2.2.8–1.

Sei A irgendeine $S2$-Formel, Q ein Quantifikationszeichen und seien x, y irgendwelche GZ. Dann gilt:

(1) Wenn $\mathrm{Sub}([A, x, y], y, x, A)$, dann $\Vdash QxA \leftrightarrow Qy[A, x, y]$.

(2) Wenn $\sim \mathrm{Fr}(y, A)$, dann $\Vdash QxA \leftrightarrow Qy[A, x, y]$.

(3) Wenn $\sim \mathrm{Fr}(y, QxA)$, dann $\Vdash QxA \leftrightarrow Qy[A, x, y]$.

Ein Umbenennungsbegriff der zweiten Art kann so definiert werden:

Definition 2.2.8–1.

Aus A entsteht B durch Umbenennung von x in y gdw

(1) A, B sind $S2$-Formeln und x, y sind GZ;

(2) es gibt eine $S2$-Formel C und ein Quantifikationszeichen Q derart, daß gilt:

  (a) QxC ist eine $S2$-Teilformel von A;

  (b) $C = [[C, x, y], y, x]$;

  (c) B entsteht aus A dadurch, daß wenigstens ein Vorkommen von QxC in A durch $Qy[C, x, y]$ ersetzt wird.

Ferner definieren wir:

Aus A entsteht durch Umbenennung B gdw es x und y gibt, so daß B aus A durch Umbenennung von x in y entsteht.

Durch Umbenennung von a_1 in a_2 entsteht beispielsweise aus der Formel $\wedge a_2 F_1^1 a_2 \rightarrow \vee a_3 \wedge a_1 F_1^2 a_1 a_3$ die Formel $\wedge a_2 F_1^1 a_2 \rightarrow \vee a_3 \wedge a_2 F_1^2 a_2 a_3$.

Satz 2.2.8–2. (*Umbenennungssatz* für *S2*)

Für alle *S2*-Formeln A und B gilt: Wenn B aus A durch Umbenennung entsteht, dann ist die Formel $A \leftrightarrow B$ *S2*-gültig.

Beweis: Seien A und B irgendwelche *S2*-Formeln und entstehe B aus A durch Umbenennung. Dann gibt es x, y, Q und C, welche Bestimmung (2) von Def. 2.2.8–1 erfüllen. Nun gilt nach Satz 2.2.8–1.(1) $\Vdash \mathrm{Q}xC \leftrightarrow \mathrm{Q}y[C, x, y]$. Folglich ergibt sich aufgrund des Ersetzungstheorems $\Vdash A \leftrightarrow B$.

Manchmal ist es zweckmäßig, von einer bestimmten Formel ausgehend nicht nur eine, sondern sukzessive mehrere Umbenennungen vorzunehmen. Man erhält dann eine Formel, die in einem gewissen Sinne mit der ursprünglichen »kongruent« ist.

Definition 2.2.8–2.

A ist *kongruent mit* B gdw eine der beiden folgenden Bestimmungen gilt:

(a) Aus A entsteht durch Umbenennung B.
(b) Es gibt *S2*-Formeln $C_1, C_2, \ldots, C_n$ derart, daß
aus A durch Umbenennung C_1 entsteht und
aus C_1 durch Umbenennung C_2 entsteht und
⋮
aus C_n durch Umbenennung B entsteht.

Beispielsweise ist die Formel

$$\wedge a_1 \vee a_2 F_1^2 a_1 a_2 \rightarrow \vee a_3 (F_1^1 a_3 \wedge \wedge a_3 F_2^2 a_3 a_4)$$

kongruent mit

$$\wedge a_2 \vee a_3 F_1^2 a_2 a_3 \rightarrow \vee a_1 (F_1^1 a_1 \wedge \wedge a_2 F_2^2 a_2 a_4).$$

Denn aus der ersten Formel entsteht durch Umbenennung von a_2 in a_3 zunächst

$$\wedge a_1 \vee a_3 F_1^2 a_1 a_3 \rightarrow \vee a_3 (F_1^1 a_3 \wedge \wedge a_3 F_2^2 a_3 a_4).$$

Hieraus entsteht durch Umbenennung von a_1 in a_2

$$\bigwedge a_2 \bigvee a_3 F_1^2 a_2 a_3 \rightarrow \bigvee a_3 (F_1^1 a_3 \wedge \bigwedge a_3 F_2^2 a_3 a_4).$$

Durch Umbenennung von a_3 in a_1 entsteht daraus

$$\bigwedge a_2 \bigvee a_3 F_1^2 a_2 a_3 \rightarrow \bigvee a_1 (F_1^1 a_1 \wedge \bigwedge a_3 F_2^2 a_3 a_4),$$

und man erhält schließlich durch Umbenennung von a_3 in a_2

$$\bigwedge a_2 \bigvee a_3 F_1^2 a_2 a_3 \rightarrow \bigvee a_1 (F_1^1 a_1 \wedge \bigwedge a_2 F_2^2 a_2 a_4).$$

Satz 2.2.8–3. *(Kongruenzsatz* für *S2)*
Für alle *S2*-Formeln *A* und *B* gilt: Wenn *A* mit *B* kongruent ist, dann ist die Formel $A \leftrightarrow B$ *S2*-gültig.

Der Beweis dieses Satzes wird mit Hilfe des Umbenennungssatzes und Satz 2.2.5–4.(11) geführt.

2.2.9. Eine Bewertungssemantik für *S2*

In Anlehnung an die Semantik für *S1* wollen wir nun auch für *S2* eine Bewertungssemantik angeben. Diese Semantik unterscheidet sich von der Interpretationssemantik hauptsächlich darin, daß weder eine Interpretation der GZ noch eine Interpretation der PZ vorgenommen wird, sondern ausschließlich Formeln »bewertet« werden. Im Rahmen der Bewertungssemantik für *S2* läßt sich ein (dem Begriff der *S1*-Gültigkeit entsprechender) Gültigkeitsbegriff definieren, und es wird sich zeigen, daß die Klasse der interpretationssemantisch gültigen *S2*-Formeln mit der Klasse der bewertungssemantisch gültigen *S2*-Formeln identisch ist. In den Beweisen dieses Abschnitts folgen wir im wesentlichen der Darstellung von F. v. KUTSCHERA (1966).

So wie die Semantik von *S1* auf dem Begriff der *S1*-Grundbewertung basiert, basiert die Bewertungssemantik von *S2* auf dem Begriff der *S2*-Grundbewertung.

Definition 2.2.9–1.

$\mathfrak{A}$ ist eine *S2-Grundbewertung* gdw $\mathfrak{A}$ eine Funktion von der Klasse aller *S2*-Atomformeln in $\{0, 1\}$ ist.

Definition 2.2.9–2.

$\mathfrak{B}$ ist eine *mit* $\mathfrak{A}$ *übereinstimmende S2-Bewertung* gdw

(1) $\mathfrak{A}$ ist eine $S2$-Grundbewertung;

(2) $\mathfrak{B}$ ist eine Funktion von $S2$ in $\{0, 1\}$;

(3) für jede $S2$-Atomformel A gilt: $\mathfrak{B}' A = \mathfrak{A}' A$;

(4) für alle $S2$-Formeln A, B und für alle GZ x gilt:

(a) $\mathfrak{B}' \neg A = 1$ gdw $\mathfrak{B}' A = 0$;

(b) $\mathfrak{B}' A \wedge B = 1$ gdw $\mathfrak{B}' A = 1$ und $\mathfrak{B}' B = 1$;

(c) $\mathfrak{B}' A \vee B = 1$ gdw $\mathfrak{B}' A = 1$ oder $\mathfrak{B}' B = 1$;

(d) $\mathfrak{B}' A \rightarrow B = 1$ gdw $\mathfrak{B}' A = 0$ oder $\mathfrak{B}' B = 1$;

(e) $\mathfrak{B}' A \leftrightarrow B = 1$ gdw $\mathfrak{B}' A = \mathfrak{B}' B$;

(f) $\mathfrak{B}' \bigwedge x A = 1$ gdw für jedes GZ y gilt: $\mathfrak{B}' [A, x, y] = 1$;

(g) $\mathfrak{B}' \bigvee x A = 1$ gdw es wenigstens ein GZ y gibt, so daß $\mathfrak{B}' [A, x, y] = 1$.

Analog zu Satz 1.1.2–1 gilt dann

Satz 2.2.9–1.

Zu jeder $S2$-Grundbewertung $\mathfrak{A}$ gibt es genau eine mit $\mathfrak{A}$ übereinstimmende $S2$-Bewertung.

Der Beweis dieses Satzes wird ebenso geführt wie der Beweis für Satz 1.1.2–1. Um zu zeigen, daß es zu jeder $S2$-Grundbewertung $\mathfrak{A}$ wenigstens eine mit $\mathfrak{A}$ übereinstimmende $S2$-Bewertung gibt, verwende man eine Relation $\mathfrak{R}^*$, die, was die aussagenlogischen Fälle anbetrifft, ebenso definiert ist wie die frühere Relation $\mathfrak{R}$ und die außerdem den folgenden vier Bestimmungen genügt:

Für alle $S2$-Formeln A und für alle GZ x gilt:

(1) Wenn für jedes GZ y gilt $\langle [A, x, y], 1 \rangle \in \mathfrak{R}^*$, dann ist $\langle \bigwedge x A, 1 \rangle \in \mathfrak{R}^*$.

(2) Wenn es wenigstens ein GZ y gibt mit $\langle [A, x, y], 0 \rangle \in \mathfrak{R}^*$, dann ist $\langle \bigwedge x A, 0 \rangle \in \mathfrak{R}^*$.

(3) Wenn es wenigstens ein GZ y gibt mit $\langle [A, x, y], 1 \rangle \in \mathfrak{R}^*$, dann ist $\langle \bigvee x A, 1 \rangle \in \mathfrak{R}^*$.

(4) Wenn für jedes GZ y gilt $\langle [A, x, y], 0 \rangle \in \mathfrak{R}^*$, dann ist $\langle \bigvee x A, 0 \rangle \in \mathfrak{R}^*$.

Ist nun $\mathfrak{A}$ eine $S2$-Grundbewertung, so bezeichnen wir die mit $\mathfrak{A}$ übereinstimmende $S2$-Bewertung, indem wir über einen Namen von $\mathfrak{A}$ das Zeichen »$\sim$« setzen.

Definition 2.2.9–3.

Eine $S2$-Formel A ist *S2-bewertungsgültig* gdw für jede $S2$-Grundbewertung $\mathfrak{A}$ gilt: $\tilde{\mathfrak{A}}' A = 1$.

So ist beispielsweise die Formel $\wedge a_1(F_1^1 a_1 \vee \neg F_1^1 a_1)$ $S2$-bewertungsgültig. Denn gäbe es eine $S2$-Grundbewertung $\mathfrak{A}$ mit $\tilde{\mathfrak{A}}' \wedge a_1(F_1^1 a_1 \vee \neg F_1^1 a_1) = 0$, so gäbe es definitionsgemäß ein GZ y mit $\tilde{\mathfrak{A}}' F_1^1 y \vee \neg F_1^1 y = 0$. Also wäre $\tilde{\mathfrak{A}}' F_1^1 y = 0$ und $\tilde{\mathfrak{A}}' \neg F_1^1 y = 0$, d. h., es wäre sowohl $\tilde{\mathfrak{A}}' F_1^1 y = 0$ als auch $\tilde{\mathfrak{A}}' F_1^1 y = 1$ (Widerspruch!).

Definition 2.2.9–4.

A ist eine *S2-Bewertungskonsequenz aus* Γ gdw
(1) $A \in S2$;
(2) $\Gamma \subseteq S2$;
(3) $\Gamma \neq \emptyset$ und es gibt keine $S2$-Grundbewertung $\mathfrak{A}$, so daß gilt: $\tilde{\mathfrak{A}}$ ordnet jedem Element von Γ den Wert 1 und A den Wert 0 zu

oder

$\Gamma = \emptyset$ und A ist $S2$-bewertungsgültig.

Beispielsweise ist $\wedge a_2 \vee a_1 F_1^2 a_1 a_2$ eine $S2$-Bewertungskonsequenz aus $\{\vee a_1 \wedge a_2 F_1^2 a_1 a_2\}$. Denn gäbe es eine $S2$-Grundbewertung $\mathfrak{A}$ mit $\tilde{\mathfrak{A}}' \vee a_1 \wedge a_2 F_1^2 a_1 a_2 = 1$ und $\tilde{\mathfrak{A}}' \wedge a_2 \vee a_1 F_1^2 a_1 a_2 = 0$, so gäbe es GZ y_1 und u mit $\tilde{\mathfrak{A}}' \wedge u F_1^2 y_1 u = 1$ sowie GZ y_2 und v mit $\tilde{\mathfrak{A}}' \vee v F_1^2 v y_2 = 0$. Also würde für jedes GZ z gelten $\tilde{\mathfrak{A}}' F_1^2 y_1 z = 1$, und es wäre somit $\tilde{\mathfrak{A}}' F_1^2 y_1 y_2 = 1$. Andererseits könnte es aber kein GZ z geben mit $\tilde{\mathfrak{A}}' F_1^2 z y_2 = 1$, und es wäre also auch $\tilde{\mathfrak{A}}' F_1^2 y_1 y_2 = 0$ (Widerspruch!).

Um nachzuweisen, daß genau die $S2$-gültigen Formeln $S2$-bewertungsgültig sind, sondern wir aus der Klasse aller $S2$-Interpretationen eine Teilklasse, die Klasse der »normalen« $S2$-Interpretationen, aus.

Definition 2.2.9–5.

I ist eine *normale S2-Interpretation über* γ gdw
(1) I ist ein $S2$-Interpretation über γ;
(2) für alle $S2$-Formeln A und alle GZ x gilt: wenn für jedes GZ y gilt Mod(I, [A, x, y], γ), dann gilt Mod(I, $\wedge x A$, γ).

Wie man leicht zeigen kann, gilt für jede normale $S2$-Interpretation I über γ: wenn $\text{Mod}(I, \bigvee x A, \gamma)$, dann gibt es wenigstens ein GZ y mit $\text{Mod}(I, [A, x, y], \gamma)$.

Daß der Begriff der normalen $S2$-Interpretation *enger* ist als der Begriff der $S2$-Interpretation, kann man so zeigen: Sei I eine $S2$-Interpretation über $\{1, 2\}$, die jedem GZ die Zahl 1 und dem PZ F_1^1 die Klasse $\{1\}$ zuordnet. Dann gilt für jedes GZ y $\text{Mod}(I, F_1^1 y, \{1, 2\})$. Angenommen, es gilt auch $\text{Mod}(I, \bigwedge a_1 F_1^1 a_1, \{1, 2\})$. Ist nun I' diejenige $S2$-Interpretation, für welche gilt: $\text{Diff}(I', I, a_1, \{1, 2\})$ und $I'(a_1) = 2$, so ist $\text{Mod}(I', F_1^1 a_1, \{1, 2\})$, und man erhält folglich $2 = 1$.

Wir werden später (vgl. Satz 2.2.9–5) zu dem überraschenden Resultat gelangen, daß eine Formel A genau dann $S2$-gültig ist, wenn jede *normale* $S2$-Interpretation ein $S2$-Modell von A ist.

Zunächst beweisen wir zwei Hilfssätze, durch welche ein Zusammenhang zwischen normalen $S2$-Interpretationen und $S2$-Grundbewertungen hergestellt wird.

Satz 2.2.9–2.

Sei γ irgendeine nichtleere Klasse und I irgendeine normale $S2$-Interpretation über γ. Dann gibt es eine $S2$-Grundbewertung $\mathfrak{A}$ derart, daß für jede $S2$-Formel A gilt: $\tilde{\mathfrak{A}}' A = 1$ gdw $\text{Mod}(I, A, \gamma)$.

Beweis: Sei γ irgendeine nichtleere Klasse und I irgendeine normale $S2$-Interpretation über γ. Sei ferner $\mathfrak{A}$ diejenige $S2$-Grundbewertung, für welche gilt: Ist B irgendeine $S2$-Atomformel, so ist $\mathfrak{A}' B = 1$ gdw $\text{Mod}(I, B, \gamma)$. Die obige Behauptung ergibt sich dann aus dem folgenden Satz, den wir durch starke unendliche Induktion beweisen:

Für alle n mit $n \geqq 0$ gilt: Ist A irgendeine $S2$-Formel mit $h' A = n$, so ist $\tilde{\mathfrak{A}}' A = 1$ gdw $\text{Mod}(I, A, \gamma)$.

Induktionsbasis: Trivial!

Induktionsschritt

Sei k irgendeine natürliche Zahl mit $k \geqq 0$ und A irgendeine $S2$-Formel mit $h' A = k + 1$.

Fall 1: Es gibt ein C mit $A = \neg C$.

Dann gilt nach I.V. $\tilde{\mathfrak{A}}' C = 1$ gdw $\text{Mod}(I, C, \gamma)$. Hieraus folgt aber: $\tilde{\mathfrak{A}}' \neg C = 1$ gdw $\text{Mod}(I, \neg C, \gamma)$.

Die Fälle 2–5 erledigen sich ebenso einfach.

Fall 6: Es gibt z und C mit $A = \wedge zC$.

Angenommen, $\tilde{\mathfrak{A}}' \wedge zC = 1$. Sei ferner x irgendein GZ. Dann ist definitionsgemäß $\tilde{\mathfrak{A}}'[C, z, x] = 1$. Also gilt aufgrund der I.V. $\mathrm{Mod}(I, [C, z, x], \gamma)$. Da I eine normale Interpretation über γ ist, erhält man folglich $\mathrm{Mod}(I, \wedge zC, \gamma)$. Angenommen umgekehrt, $\mathrm{Mod}(I, \wedge zC, \gamma)$. Sei ferner x irgendein GZ. Dann gilt nach Satz 2.2.3–4.(1) $\mathrm{Mod}(I, [C, z, x], \gamma)$, und man erhält daher aufgrund der I.V. $\tilde{\mathfrak{A}}'[C, z, x] = 1$. Folglich ergibt sich definitionsgemäß $\tilde{\mathfrak{A}}' \wedge zC = 1$.

Fall 7: Es gibt z und C mit $A = \vee zC$.

Dieser Fall sei dem Leser überlassen.

Satz 2.2.9–3.

Sei $\mathfrak{A}$ irgendeine $S2$-Grundbewertung. Dann gibt es eine nichtleere Klasse γ und eine normale $S2$-Interpretation I über γ derart, daß für jede $S2$-Formel A gilt: $\tilde{\mathfrak{A}}' A = 1$ gdw $\mathrm{Mod}(I, A, \gamma)$.

Beweis: Sei $\mathfrak{A}$ irgendeine $S2$-Grundbewertung. Sei ferner I diejenige $S2$-Interpretation über $\mathbb{N}^+$, für welche gilt:

(1) für alle i mit $i \geqq 1$ ist $I(a_i) = i$;
(2) für alle r mit $r \geqq 1$ gilt: ist P irgendein r-stelliges PZ, so ist $I(P)$ die Klasse derjenigen α, zu denen es GZ $x_1, \ldots, x_r$ gibt mit $\mathfrak{A}' Px_1, \ldots, x_r = 1$ und $\alpha = \langle I(x_1), \ldots, I(x_r)\rangle$.

Wir zeigen zunächst, daß I eine normale $S2$-Interpretation über $\mathbb{N}^+$ ist. Sei A irgendeine $S2$-Formel und x irgendein GZ.

Angenommen, für jedes GZ y gilt $\mathrm{Mod}(I, [A, x, y], \mathbb{N}^+)$. Sei nun I' irgendeine $S2$-Interpretation mit $\mathrm{Diff}(I', I, x, \mathbb{N}^+)$ und sei z dasjenige GZ, für welches gilt $I'(x) = I(z)$. Dann ist voraussetzungsgemäß $\mathrm{Mod}(I, [A, x, z], \mathbb{N}^+)$, und man erhält folglich aufgrund des Überführungstheorems $\mathrm{Mod}(I', A, \mathbb{N}^+)$. Damit ist gezeigt, daß $\mathrm{Mod}(I, \wedge xA, \mathbb{N}^+)$. Der restliche Teil von Satz 2.2.9–3 ergibt sich aus folgender Behauptung, die wir durch starke unendliche Induktion beweisen:

Für alle n mit $n \geqq 0$ gilt: Ist A irgendeine $S2$-Formel mit $h' A = n$, so ist $\tilde{\mathfrak{A}}' A = 1$ gdw $\mathrm{Mod}(I, A, \mathbb{N}^+)$.

Induktionsbasis

Sei A irgendeine $S2$-Formel mit $h' A = 0$. Dann ist A eine Atomformel $Px_1 \ldots x_r$.

Angenommen, $\tilde{\mathfrak{A}}^I Px_1 \ldots x_r = 1$. Dann ist $\mathfrak{A}^I Px_1 \ldots x_r = 1$. Also ist $\langle I(x_1), \ldots, I(x_r) \rangle \in I(P)$, und es gilt folglich Mod$(I, Px_1 \ldots x_r, \mathbb{N}^+)$.

Angenommen umgekehrt, Mod$(I, Px_1 \ldots x_r, \mathbb{N}^+)$. Dann ist $\langle I(x_1), \ldots, I(x_r) \rangle \in I(P)$. Also ist $\mathfrak{A}^I Px_1 \ldots x_r = 1$ und daher auch $\tilde{\mathfrak{A}}^I Px_1 \ldots x_r = 1$.

Induktionsschritt

Sei k irgendeine natürliche Zahl mit $k \geqq 0$ und A irgendeine $S2$-Formel mit $h^I A = k+1$. Wir betrachten nur den Fall, daß es z und C gibt mit $A = \bigwedge zC$.

Angenommen, $\tilde{\mathfrak{A}}^I \bigwedge zC = 1$. Sei I' irgendeine $S2$-Interpretation mit Diff$(I', I, z, \mathbb{N}^+)$. Dann gibt es ein GZ y mit $I'(z) = I(y)$. Da voraussetzungsgemäß $\tilde{\mathfrak{A}}^I [C, z, y] = 1$, erhält man aufgrund der I.V. Mod$(I, [C, z, y], \mathbb{N}^+)$. Also ist das Überführungstheorem anwendbar, und man gewinnt Mod$(I', C, \mathbb{N}^+)$. Damit ist gezeigt, daß Mod$(I, \bigwedge zC, \mathbb{N}^+)$.

Angenommen umgekehrt, Mod$(I, \bigwedge z\, C, \mathbb{N}^+)$. Dann gilt nach Satz 2.2.3–4.(1) für jedes GZ y Mod$(I, [C, z, y], \mathbb{N}^+)$. Folglich erhält man aufgrund der I.V. $\tilde{\mathfrak{A}}^I [C, z, y] = 1$. Damit ist aber gezeigt, daß $\tilde{\mathfrak{A}}^I \bigwedge zC = 1$.

Der nächste Satz beinhaltet einen grundlegenden Zusammenhang zwischen $S2$-Interpretationen und normalen $S2$-Interpretationen. Wir werden diesen Satz nicht nur beim Beweis der Äquivalenz von Bewertungs- und Interpretationssemantik verwenden, sondern auch beim Beweis der Sätze von LÖWENHEIM und LÖWENHEIM/SKOLEM.

Satz 2.2.9–4.

Sei γ irgendeine nichtleere Klasse, I irgendeine $S2$-Interpretation über γ und Δ irgendeine Teilklasse von gz, so daß gz$\setminus\Delta$ unendlich ist. Dann gibt es eine normale $S2$-Interpretation I^* über γ derart, daß für jede $S2$-Formel A gilt:

Sind alle in A frei vorkommenden GZ in Δ enthalten, so ist I^* ein $S2$-Modell von A über γ gdw I ein $S2$-Modell von A über γ ist.

Beweis: Angenommen, es gelten die Voraussetzungen des Satzes. Um die Behauptung zu beweisen, treffen wir einige Vorbereitungen.

Sei $\bigwedge x_0 A_0, \bigwedge x_1 A_1, \bigwedge x_2 A_2, \ldots$ eine Abzählung sämtlicher Allformeln von $S2$. In bezug auf diese Abzählung definieren wir induktiv eine Folge $z_0, z_1, z_2, \ldots$ von GZ folgendermaßen:

(1) z_0 sei das GZ aus gz$\setminus\Delta$ mit der kleinsten Strichzahl, welches nicht in $\wedge x_0 A_0$ vorkommt.
(2) Für jedes $i (i \geqq 0)$ sei z_{i+1} das GZ aus gz$\setminus\Delta$ mit der kleinsten Strichzahl, das verschieden von den GZ $z_0, \ldots, z_i$ ist und nicht in den Formeln $\wedge x_0 A_0, \ldots, \wedge x_{i+1} A_{i+1}$ vorkommt.

Sei Σ die Klasse aller Glieder dieser Folge und sei $I_0 = I$. Wir legen nun induktiv eine Folge $I_1, I_2, I_3, \ldots$ von *S2*-Interpretationen fest:

(1) Sei I_1 eine *S2*-Interpretation mit Diff(I_1, I_0, z_0, γ).
Fall 1: Mod$(I_0, \wedge x_0 A_0, \gamma)$. Dann sei $I_1(z_0) = I_0(z_0)$.
Fall 2: $\sim$Mod$(I_0, \wedge x_0 A_0, \gamma)$. Da $\sim$Fr$(z_0, \wedge x_0 A_0)$, gilt nach Satz 2.2.3–7.(1) $\sim$Mod$(I_0, \wedge z_0 [A_0, x_0, z_0], \gamma)$. Also gibt es eine *S2*-Interpretation I^0 mit Diff(I^0, I_0, z_0, γ) und $\sim$Mod$(I^0, [A_0, x_0, z_0], \gamma)$. Dann sei $I_1(z_0) = I^0(z_0)$.

(2) Sei k irgendeine natürliche Zahl mit $k \geqq 1$ und sei I_{k+1} eine *S2*-Interpretation mit Diff$(I_{k+1}, I_k, z_k, \gamma)$.
Fall 1: Mod$(I_k, \wedge x_k A_k, \gamma)$. Dann sei $I_{k+1}(z_k) = I_k(z_k)$.
Fall 2: $\sim$Mod$(I_k, \wedge x_k A_k, \gamma)$. Da $\sim$Fr$(z_k, \wedge x_k A_k)$, gilt nach Satz 2.2.3–7.(1) $\sim$Mod$(I_k, \wedge z_k [A_k, x_k, z_k], \gamma)$. Folglich gibt es eine *S2*-Interpretation I^k mit Diff(I^k, I_k, z_k, γ) und $\sim$Mod$(I^k, [A_k, x_k, z_k], \gamma)$. Dann sei $I_{k+1}(z_k) = I^k(z_k)$.

Nach diesen Vorbereitungen sind wir nun imstande, eine geeignete normale *S2*-Interpretation I^* zu definieren:

I^* sei diejenige *S2*-Interpretation, für welche gilt:

(1) I^* kongruiert mit I in gz$\setminus\Sigma$ bezüglich γ;
(2) für alle $i (i \geqq 0)$ ist $I^*(z_i) = I_{i+1}(z_i)$.

Behauptung 1: Für alle $i (i \geqq 0)$ gilt: Ist y irgendein nicht in Σ enthaltenes GZ, so ist $I(y) = I_i(y)$.

Behauptung 2: Für alle $i (i \geqq 1)$ gilt: Ist j irgendeine natürliche Zahl mit $j \geqq 0$, so ist $I_{j+1}(z_j) = I_{j+i}(z_j)$.

Behauptung 3: Für alle $i (i \geqq 0)$ gilt: Wenn $\sim$Mod$(I^*, \wedge x_i A_i, \gamma)$, dann $\sim$Mod$(I^*, [A_i, x_i, z_i], \gamma)$.

Die Behauptungen 1 und 2 können leicht durch schwache unendliche Induktion bewiesen werden (Übung!).

Beweis für Behauptung 3: Sei i irgendeine natürliche Zahl mit $i \geqq 0$ und gelte $\sim \mathrm{Mod}(I^*, \wedge x_i A_i, \gamma)$. Wir zeigen zunächst, daß $\mathrm{Koinz}(I^*, I_i, \wedge x_i A_i, \gamma)$.

Sei y irgendein GZ mit $\mathrm{Fr}(y, \wedge x_i A_i)$. Dann ist $y \notin \Sigma \setminus \{z_0, \ldots, z_{i-1}\}$.

(a) $y \in \Sigma$. Dann ist $y \in \{z_0, \ldots, z_{i-1}\}$, und es gibt daher ein $j (0 \leqq j \leqq i-1)$ mit $y = z_j$. Also ist definitionsgemäß $I^*(z_j) = I_{j+1}(z_j)$. Da $i - j \geqq 1$, ergibt sich mit Behauptung 2 $I_{j+1}(z_j) = I_{j+(i-j)}(z_j) = I_i(z_j)$.

Damit ist für Fall (a) gezeigt, daß $I^*(y) = I_i(y)$.

(b) $y \notin \Sigma$. Dann ist definitionsgemäß $I^*(y) = I(y)$. Nach Behauptung 1 ist jedoch $I(y) = I_i(y)$.

Damit ist auch für Fall (b) gezeigt, daß $I^*(y) = I_i(y)$.

Also gilt $\mathrm{Koinz}(I^*, I_i, \wedge x_i A_i, \gamma)$, und man erhält daher aufgrund des Koinzidenztheorems $\sim \mathrm{Mod}(I_i, \wedge x_i A_i, \gamma)$. Definitionsgemäß gilt somit $\mathrm{Diff}(I^i, I_i, z_i, \gamma)$, $\sim \mathrm{Mod}(I^i, [A_i, x_i, z_i], \gamma)$ und $I_{i+1}(z_i) = I^i(z_i)$. Wir zeigen nun, daß $\mathrm{Koinz}(I^*, I^i, [A_i, x_i, z_i], \gamma)$.

Sei y irgendein GZ mit $\mathrm{Fr}(y, [A_i, x_i, z_i])$. Dann gilt, wie der Leser sich klarmachen möge, $\mathrm{Fr}(y, A_i)$ oder $y = z_i$.

(c) $\mathrm{Fr}(y, A_i)$. Also ist $y \notin \Sigma \setminus \{z_0, \ldots, z_{i-1}\}$.

(c1) $y \in \Sigma$. Dann ergibt sich genauso wie in Fall (a) $I^*(y) = I_i(y)$. Da $y \in \{z_0, \ldots, z_{i-1}\}$, ist $y \neq z_i$, und es gilt folglich $I_i(y) = I^i(y)$.

(c2) $y \notin \Sigma$. Genauso wie in Fall (b) ergibt sich dann $I^*(y) = I_i(y)$. Da $y \neq z_i$, erhält man also wieder $I_i(y) = I^i(y)$.

Damit ist für Fall (c) gezeigt, daß $I^*(y) = I^i(y)$.

(d) $y = z_i$. Dann ist $I^*(y) = I^*(z_i) = I_{i+1}(z_i) = I^i(z_i) = I^i(y)$.

Auch für Fall (d) ist somit gezeigt, daß $I^*(y) = I^i(y)$.

Es gilt folglich $\mathrm{Koinz}(I^*, I^i, [A_i, x_i, z_i], \gamma)$, und man gewinnt daher aufgrund des Koinzidenztheorems $\sim \mathrm{Mod}(I^*, [A_i, x_i, z_i], \gamma)$. Damit ist Behauptung 3 bewiesen.

Wir zeigen nun, daß I^* eine $S2$-Interpretation ist, deren Existenz in Satz 2.2.9–4 behauptet wird.

a. Angenommen, A ist irgendeine $S2$-Formel, für die gilt: alle in A frei vorkommenden GZ sind in Δ enthalten. Wegen $\Delta \subseteq \mathrm{gz} \setminus \Sigma$ kongruiert also I^* mit I in Δ bezüglich γ. Infolgedessen koinzidiert

I^* mit I in A über γ, und es gilt daher aufgrund des Koinzidenztheorems: Mod(I^*, A, γ) gdw Mod(I, A, γ).

b. Wir zeigen noch, daß I^* eine normale $S2$-Interpretation über γ ist. Sei A irgendeine $S2$-Formel, x irgendein GZ und gelte für jedes GZ y Mod(I^*, $[A, x, y]$, γ). Nun gibt es ein $i (i \geqq 0)$ mit $\wedge x A = \wedge x_i A_i$. Folglich ist Mod($I^*$, $[A_i, x_i, z_i]$, γ). Wäre $\sim$ Mod(I^*, $\wedge x A$, γ), d. h. $\sim$ Mod(I^*, $\wedge x_i A_i$, γ), so müßte wegen Behauptung 3 jedoch gelten $\sim$ Mod(I^*, $[A_i, x_i, z_i]$, γ).

Damit ist der Beweis für Satz 2.2.9–4 abgeschlossen.

Wir können nun zeigen, daß die Klasse der $S2$-gültigen Formeln auch mit Hilfe des Begriffs der normalen $S2$-Interpretation festgelegt werden kann.

Satz 2.2.9–5.

Für jede $S2$-Formel A gilt: A ist $S2$-gültig gdw jede normale $S2$-Interpretation ein $S2$-Modell von A ist.

Beweis: Sei A irgendeine $S2$-Formel. Wir zeigen nur, daß A $S2$-gültig ist, wenn jede normale $S2$-Interpretation ein $S2$-Modell von A ist.

Angenommen, A ist nicht $S2$-gültig. Dann gibt es eine nichtleere Klasse γ und eine $S2$-Interpretation I über γ derart, daß $\sim$ Mod(I, A, γ). Sei nun Δ die Klasse aller in A frei vorkommenden GZ. Da gz$\setminus\Delta$ unendlich ist, gibt es also nach Satz 2.2.9–4 eine normale $S2$-Interpretation I^* über γ mit $\sim$ Mod(I^*, A, γ).

In ähnlicher Weise läßt sich auch der folgende Satz beweisen.

Satz 2.2.9–6.

Sei Γ irgendeine endliche Teilklasse von $S2$ und A irgendeine $S2$-Formel. Dann ist A eine $S2$-Konsequenz aus Γ gdw für jede nichtleere Klasse γ und jede normale $S2$-Interpretation I über γ gilt: Wenn I die Klasse Γ $S2$-simultan über γ erfüllt, dann ist I ein $S2$-Modell von A über γ.

Wir kommen nun zum angekündigten Beweis der Äquivalenz zwischen Bewertungs- und Interpretationssemantik.

Satz 2.2.9–7.

Für jede $S2$-Formel A gilt: A ist $S2$-bewertungsgültig gdw A $S2$-gültig ist.

Beweis: Sei A irgendeine $S2$-Formel.

Angenommen, A ist nicht $S2$-gültig. Dann gibt es eine nichtleere Klasse γ und eine $S2$-Interpretation I über γ derart, daß $\sim\text{Mod}(I, A, \gamma)$. Sei nun Δ die Klasse aller in A frei vorkommenden GZ. Da $\text{gz} \setminus \Delta$ unendlich ist, gibt es also nach Satz 2.2.9–4 eine normale $S2$-Interpretation I^* über γ mit $\sim\text{Mod}(I^*, A, \gamma)$. Folglich existiert nach Satz 2.2.9–2 eine $S2$-Grundbewertung $\mathfrak{A}$ mit $\tilde{\mathfrak{A}}' A \neq 1$. Damit ist gezeigt, daß A nicht $S2$-bewertungsgültig ist.

Angenommen, A ist nicht $S2$-bewertungsgültig. Dann gibt es eine $S2$-Grundbewertung $\mathfrak{A}$ mit $\tilde{\mathfrak{A}}' A \neq 1$. Nach Satz 2.2.9–3 gibt es folglich eine nichtleere Klasse γ und eine normale $S2$-Interpretation I über γ mit $\sim\text{Mod}(I, A, \gamma)$. Also ist A aufgrund von Satz 2.2.9–5 nicht $S2$-gültig.

Eine Verallgemeinerung des soeben bewiesenen Satzes ist

Satz 2.2.9–8.

Sei Γ irgendeine endliche Teilklasse von $S2$ und A irgendeine $S2$-Formel. Dann ist A eine $S2$-Bewertungskonsequenz aus Γ gdw A eine $S2$-Konsequenz aus Γ ist.

Für *unendliche* Formelklassen Γ gilt Satz 2.2.9–8 nicht. Wir werden im Anhang eine unendliche Formelklasse Γ und eine Formel A angeben, so daß gilt: A ist eine $S2$-Bewertungskonsequenz aus Γ, aber keine $S2$-Konsequenz aus Γ. Im Anhang zeigen wir auch, wie man durch Modifikation des Begriffs der $S2$-Bewertungskonsequenz den Geltungsbereich von Satz 2.2.9–8 auf unendliche Formelklassen ausdehnen kann.

2.2.10. Die Sätze von Löwenheim und Löwenheim/Skolem

In 2.2.1 haben wir gezeigt, daß die Formel $F_1^1 a_1 \wedge \neg F_1^1 a_2$ über einer Klasse γ genau dann $S2$-erfüllbar ist, wenn γ wenigstens zwei Elemente enthält. Ein Beispiel für eine Formel, die über γ genau dann $S2$-erfüllbar ist, wenn γ wenigstens drei Elemente enthält, ist die Formel $(((F_1^1 a_1 \wedge \neg F_1^1 a_2) \wedge F_2^1 a_1) \wedge F_2^1 a_2) \wedge \neg F_2^1 a_3$. Man kann allgemein für jede natürliche Zahl n ($n \geqq 1$) eine $S2$-Formel angeben, die über einer Klasse γ genau dann $S2$-erfüllbar ist, wenn γ wenigstens n Elemente enthält. Ferner haben wir in 2.2.1 gesehen, daß es Formeln gibt, die zwar über einer abzählbar unendlichen Klasse $S2$-erfüllbar sind, nicht jedoch auch über einer endlichen Klasse. Man kann nun die Frage aufwerfen, ob es auch Formeln gibt, die nur über überabzählbaren Klassen $S2$-erfüllbar sind. Diese Frage muß aufgrund des Satzes von LÖWENHEIM verneint werden. Denn der Satz von LÖWENHEIM besagt, daß jede $S2$-erfüllbare Formel über wenigstens einer abzählbaren Klasse $S2$-erfüllbar ist. SKOLEM konnte durch eine Verallgemeinerung dieses Satzes nachweisen, daß jede $S2$-simultan erfüllbare Formelklasse auch über wenigstens einer abzählbaren Klasse $S2$-simultan erfüllbar ist (Satz von LÖWENHEIM/SKOLEM). Diese beiden Sätze gehören zu den wichtigsten Ergebnissen der Modelltheorie.

Satz 2.2.10–1. (Satz von LÖWENHEIM)

Jede $S2$-erfüllbare $S2$-Formel ist über wenigstens einer abzählbaren Klasse $S2$-erfüllbar.

Beweis: Sei A irgendeine $S2$-erfüllbare $S2$-Formel. Dann gibt es I und γ mit $\mathrm{Mod}(I, A, \gamma)$. Ist Δ die Klasse der in A frei vorkommenden GZ, so ist $\mathrm{gz} \setminus \Delta$ unendlich, und es gibt folglich aufgrund von Satz 2.2.9–4 eine normale $S2$-Interpretation I' über γ mit $\mathrm{Mod}(I', A, \gamma)$. Sei nun γ^* die Klasse derjenigen Elemente α aus γ, für welche gilt: es gibt ein GZ x mit $\alpha = I'(x)$. Da die Klasse der GZ abzählbar unendlich ist, muß γ^* also abzählbar sein. Sei schließlich I^* diejenige $S2$-Interpretation über γ^*, für welche gilt:

(1) Ist x irgendein GZ, so ist $I^*(x) = I'(x)$.
(2) Ist P irgendein n-stelliges PZ, so ist $I^*(P) = I'(P) \cap (\gamma^*)^n$.

($I^*(P)$ ist also die Klasse derjenigen n-Tupel aus $I'(P)$, die zugleich in der n-ten Cartesischen Potenz von γ^* enthalten sind.) Wir beweisen nun durch starke unendliche Induktion den folgenden Satz, mit dem sich unmittelbar $\mathrm{Mod}(I^*, A, \gamma^*)$ ergibt.

Für alle n mit $n \geqq 0$ gilt: Ist A irgendeine $S2$-Formel mit $h^l A = n$, so ist $\mathrm{Mod}(I^*, A, \gamma^*)$ gdw $\mathrm{Mod}(I', A, \gamma)$.

Induktionsbasis

Sei A irgendeine $S2$-Formel mit $h^l A = 0$. Dann ist A eine Atomformel $Px_1 \dots x_r$.

Angenommen, es gilt $\mathrm{Mod}(I^*, Px_1 \dots x_r, \gamma^*)$. Dann ist $\langle I^*(x_1), \dots, I^*(x_r)\rangle \in I^*(P)$ und also auch $\langle I'(x_1), \dots, I'(x_r)\rangle \in I'(P) \cap (\gamma^*)^r$. Also ist $\langle I'(x_1), \dots, I'(x_r)\rangle \in I'(P)$, und es gilt daher $\mathrm{Mod}(I', Px_1 \dots x_r, \gamma)$.

Angenommen umgekehrt, es gilt $\mathrm{Mod}(I', Px_1 \dots x_r, \gamma)$. Dann ist $\langle I'(x_1), \dots, I'(x_r)\rangle \in I'(P)$. Da für alle $i (1 \leqq i \leqq r)$ gilt $I'(x_i) \in \gamma^*$, ist folglich $\langle I'(x_1), \dots, I'(x_r)\rangle \in I'(P) \cap (\gamma^*)^r$, d. h. $\langle I'(x_1), \dots, I'(x_r)\rangle \in I^*(P)$.

Wegen $I'(x_i) = I^*(x_i)$ ist also $\langle I^*(x_1), \ldots, I^*(x_r)\rangle \in I^*(P)$ und daher auch $\mathrm{Mod}(I^*, Px_1 \ldots x_r, \gamma^*)$.

Induktionsschritt

Sei k irgendeine natürliche Zahl mit $k \geqq 0$ und gelte für alle i mit $0 \leqq i \leqq k$: Ist A irgendeine $S2$-Formel mit $h' A = i$, so ist $\mathrm{Mod}(I^*, A, \gamma^*)$ gdw $\mathrm{Mod}(I', A, \gamma)$.(I.V.)

Sei nun A irgendeine $S2$-Formel mit $h' A = k+1$. Wir betrachten nur drei Fälle.

Fall 1: Es gibt ein C mit $A = \neg C$.

Es gilt $\mathrm{Mod}(I^*, \neg C, \gamma^*)$ gdw $\sim \mathrm{Mod}(I^*, C, \gamma^*)$, und letzteres gilt aufgrund der I.V. gdw $\sim \mathrm{Mod}(I', C, \gamma)$, d. h. gdw $\mathrm{Mod}(I', \neg C, \gamma)$.

Fall 2: Es gibt z und C mit $A = \bigwedge z C$.

Angenommen, es gilt $\sim \mathrm{Mod}(I', \bigwedge z C, \gamma)$. Da I' eine normale $S2$-Interpretation über γ ist, gibt es folglich ein GZ y derart, daß $\sim \mathrm{Mod}(I', [C, z, y], \gamma)$. Also ergibt sich aufgrund der I.V., daß $\sim \mathrm{Mod}(I^*, [C, z, y], \gamma^*)$. Wegen Satz 2.2.3–4.(1) gilt daher auch $\sim \mathrm{Mod}(I^*, \bigwedge z C, \gamma^*)$.

Angenommen umgekehrt, es gilt $\sim \mathrm{Mod}(I^*, \bigwedge z C, \gamma^*)$. Dann gibt es ein I_1^* derart, daß $\mathrm{Diff}(I_1^*, I^*, z, \gamma^*)$ und $\sim \mathrm{Mod}(I_1^*, C, \gamma^*)$. Da $I_1^*(z) \in \gamma^*$, gibt es nach Definition von γ^* ein GZ y mit $I_1^*(z) = I'(y)$. Wegen $I^*(y) = I'(y)$ erhält man folglich $I_1^*(z) = I^*(y)$. Mit Hilfe des Überführungstheorems ergibt sich somit $\sim \mathrm{Mod}(I^*, [C, z, y], \gamma^*)$. Also gilt aufgrund der I.V. $\sim \mathrm{Mod}(I', [C, z, y], \gamma)$. Hieraus folgt aber mit Satz 2.2.3–4.(1) $\sim \mathrm{Mod}(I', \bigwedge z C, \gamma)$.

Fall 3: Es gibt z und C mit $A = \bigvee z C$.

Angenommen, es gilt $\mathrm{Mod}(I^*, \bigvee z C, \gamma^*)$. Dann gibt es ein I_1^* mit $\mathrm{Diff}(I_1^*, I^*, z, \gamma^*)$ und $\mathrm{Mod}(I_1^*, C, \gamma^*)$. Wegen $I_1^*(z) \in \gamma^*$ gibt es ein GZ y mit $I_1^*(z) = I'(y)$. Also erhält man mit Hilfe des Überführungstheorems $\mathrm{Mod}(I^*, [C, z, y], \gamma^*)$, und es gilt daher nach I.V. $\mathrm{Mod}(I', [C, z, y], \gamma)$. Mit Satz 2.2.3–4.(2) ergibt sich somit $\mathrm{Mod}(I', \bigvee z C, \gamma)$.

Angenommen umgekehrt, es gilt $\mathrm{Mod}(I', \bigvee z C, \gamma)$. Da I' eine normale $S2$-Interpretation ist, gibt es ein GZ y mit $\mathrm{Mod}(I', [C, z, y], \gamma)$. Also gilt nach I.V. $\mathrm{Mod}(I^*, [C, z, y], \gamma^*)$, und man erhält mit Hilfe von Satz 2.2.3–4.(2) $\mathrm{Mod}(I^*, \bigvee z C, \gamma^*)$.

Damit ist der Satz von LÖWENHEIM bewiesen. Zum Beweis des Satzes von LÖWENHEIM/SKOLEM benötigen wir zwei Hilfssätze.

Lemma 1

Sei Γ eine $S2$-simultan erfüllbare Teilklasse von $S2$. Sei ferner Δ die Klasse der in den Elementen von Γ frei vorkommenden GZ und sei gz$\setminus\Delta$ unendlich. Dann ist Γ über einer abzählbaren Klasse $S2$-simultan erfüllbar.

Beweis: Angenommen, es gelten die Voraussetzungen. Dann gibt es I und γ derart, daß gilt: I erfüllt Γ $S2$-simultan über γ. Nach Satz 2.2.9–4 gibt es also eine normale $S2$-Interpretation I' über γ derart, daß für jede Formel A aus Γ gilt: Mod(I', A, γ) gdw Mod(I, A, γ). Seien nun γ^* und I^* ebenso definiert wie im Beweis des Satzes von LÖWENHEIM. Dann ergibt sich wie dort für jede $S2$-Formel A, daß Mod(I^*, A, γ^*) gdw Mod(I', A, γ). Sei nun A irgendein Element von Γ. Dann ist voraussetzungsgemäß Mod(I, A, γ). Also ist Mod(I', A, γ) und daher auch Mod(I^*, A, γ^*).

Lemma 2

Sei Γ irgendeine $S2$-simultan erfüllbare Teilklasse von $S2$. Sei ferner Δ die Klasse der in den Elementen von Γ frei vorkommenden GZ und sei gz$\setminus\Delta$ endlich. Dann ist Γ über einer abzählbaren Klasse $S2$-simultan erfüllbar.

Beweis: Angenommen, es gelten die Voraussetzungen. Dann gibt es I und γ derart, daß gilt: I erfüllt Γ $S2$-simultan über γ. Sei Ω eine unendliche Teilklasse von gz, so daß gz$\setminus\Omega$ unendlich ist. Sei ferner ϕ eine eineindeutige Funktion von gz auf Ω und Γ' die Klasse aller derjenigen Formeln B, für welche gilt:

$B \in \Gamma$ und in B kommt kein GZ frei vor

oder

es gibt eine Formel A aus Γ und n GZ $x_1, \ldots, x_n$ derart, daß $x_1, \ldots, x_n$ genau die in A frei vorkommenden GZ sind und B die Formel $[A, x_1/\phi(x_1), \ldots, x_n/\phi(x_n)]$ ist.

Wir zeigen zunächst, daß Γ' $S2$-simultan erfüllbar ist. Sei I' eine $S2$-Interpretation über γ, für welche gilt:

(1) Ist x irgendein GZ, so ist $I'(\phi(x)) = I(x)$;
(2) ist P irgendein PZ, so ist $I'(P) = I(P)$.

Angenommen nun, B ist irgendein Element von Γ'.

Fall 1: $B \in \Gamma$ und in B kommt kein GZ frei vor.

Dann gilt Koinz(I', I, B, γ), und man erhält mit Hilfe des Koinzidenztheorems Mod(I', B, γ).

Fall 2: Es gibt eine Formel A aus Γ und GZ $x_1, \ldots, x_n$ derart, daß $x_1, \ldots, x_n$ genau die in A frei vorkommenden GZ sind und B die Formel $[A, x_1/\phi(x_1), \ldots, x_n/\phi(x_n)]$ ist.

Sei nun I_1 diejenige $S2$-Interpretation, für welche gilt: Diff(I_1, I', $x_1, \ldots, x_n$, γ) und $I_1(x_i) = I'(\phi(x_i))$ $(1 \leqq i \leqq n)$. Dann gilt aufgrund des verallgemeinerten Überführungstheorems (Satz 2.2.3–5): Mod(I_1, A, γ) gdw Mod(I', B, γ). Wegen $I'(\phi(x_i)) = I(x_i)$ ist ferner $I_1(x_i) = I(x_i)$. Also gilt Koinz(I_1, I, A, γ), und man erhält mit Hilfe des Koinzidenztheorems: Mod(I_1, A, γ) gdw Mod(I, A, γ). Da voraussetzungsgemäß gilt Mod(I, A, γ), ist folglich Mod(I_1, A, γ) und daher auch Mod(I', B, γ). Infolgedessen ist Γ' $S2$-simultan erfüllbar.

Sei nun Δ' die Klasse der in den Elementen von Γ' frei vorkommenden GZ. Dann ist $\Delta' \subseteq \Omega$. Da ferner gz$\setminus\Omega$ unendlich ist, ist auch gz$\setminus\Delta'$ unendlich. Folglich gibt es nach Lemma 1 I'' und γ^* derart, daß γ^* abzählbar ist und I'' die Klasse Γ' $S2$-simultan über γ^* erfüllt. Sei schließlich I^* diejenige $S2$-Interpretation über γ^*, für welche gilt:

(1) Ist x irgendein GZ, so ist $I^*(x) = I''(\phi(x))$;
(2) ist P irgendein PZ, so ist $I^*(P) = I''(P)$.

Daß I^* dann Γ $S2$-simultan über γ^* erfüllt, zeigen wir so:

Angenommen, A ist irgendein Element von Γ.

Fall 1: In A kommt kein GZ frei vor.

Dann ist $A \in \Gamma'$, und es gilt daher Mod(I'', A, γ^*). Wegen Koinz(I^*, I'', A, γ^*) gewinnt man folglich aufgrund des Koinzidenztheorems Mod(I^*, A, γ^*).

Fall 2: In A kommen genau die GZ $x_1, \ldots, x_n$ frei vor.

Dann gibt es ein B aus Γ' mit $B = [A, x_1/\phi(x_1), \ldots, x_n/\phi(x_n)]$. Also ist Mod($I''$, B, γ^*). Sei nun I_2 diejenige $S2$-Interpretation, für welche gilt: Diff(I_2, I'', $x_1, \ldots, x_n$, γ^*) und $I_2(x_i) = I''(\phi(x_i))$. Dann gilt aufgrund des verallgemeinerten Überführungstheorems Mod(I_2, A, γ^*). Wegen $I_2(x_i) = I^*(x_i)$ ergibt sich Koinz(I_2, I^*, A, γ^*). Folglich erhält man mit dem Koinzidenztheorem Mod(I^*, A, γ^*).

Damit ist Lemma 2 bewiesen. Aus Lemma 1 und Lemma 2 folgt nun unmittelbar

Satz 2.2.10–2. (Satz von LÖWENHEIM/SKOLEM)
Jede *S2*-simultan erfüllbare Teilklasse von *S2* ist über wenigstens einer abzählbaren Klasse *S2*-simultan erfüllbar.

2.2.11. Das Inflationstheorem

Aus dem Satz von LÖWENHEIM folgt, daß jede Formel, die über einer überabzählbaren Klasse *S2*-erfüllbar ist, auch über wenigstens einer abzählbaren Klasse *S2*-erfüllbar ist. Es ist nun naheliegend, zu fragen, ob auch das Umgekehrte gilt, ob also jede Formel, die über einer abzählbaren Klasse *S2*-erfüllbar ist, auch über wenigstens einer überabzählbaren Klasse *S2*-erfüllbar ist. Die Antwort auf diese Frage lautet: Ja. Es wird sich im folgenden sogar zeigen, daß jede über *irgendeiner* nichtleeren Klasse γ *S2*-erfüllbare Formel über jeder Oberklasse wenigstens einer mit γ gleichmächtigen Klasse *S2*-erfüllbar ist. Dieses (auf TARSKI zurückgehende) Ergebnis wird häufig sehr anschaulich »Inflationstheorem« genannt. Ähnlich wie der Satz von LÖWENHEIM läßt sich auch das Inflationstheorem auf Formelklassen verallgemeinern: Jede über irgendeiner nichtleeren Klasse γ *S2*-simultan erfüllbare Formelklasse ist über jeder Oberklasse wenigstens einer mit γ gleichmächtigen Klasse *S2*-simultan erfüllbar. Diese Verallgemeinerung wird in der neueren Literatur oft auch als »aufsteigendes LÖWENHEIM/SKOLEM-Theorem« (engl. »upward LÖWENHEIM/SKOLEM theorem«) bezeichnet, und dementsprechend wird der Satz von LÖWENHEIM/SKOLEM »absteigendes LÖWENHEIM/SKOLEM-Theorem« (engl. »downward LÖWENHEIM/SKOLEM theorem«) genannt.

Zum Beweis des Inflationstheorems und seiner Verallgemeinerung führen wir zunächst einen Hilfsbegriff ein und beweisen einen damit formulierten Hilfssatz.

Definition 2.2.11–1.

ϕ ist ein *Homomorphismus von* I_1 *über* γ_1 *auf* I_2 *über* γ_2 *bezüglich* A gdw

(1) I_1 ist eine *S2*-Interpretation über γ_1, und I_2 ist eine *S2*-Interpretation über γ_2;

(2) A ist eine *S2*-Formel;

(3) ϕ ist eine Funktion von γ_1 auf γ_2 derart, daß gilt:

(a) ist x irgendein frei in A vorkommendes GZ, so ist $I_2(x) = \phi(I_1(x))$;

(b) ist P irgendein in A vorkommendes n-stelliges PZ, so ist $I_2(P)$ die Klasse derjenigen n-Tupel β, zu denen es $\alpha_1, \ldots, \alpha_n$ aus γ_1 gibt, so daß $\langle\alpha_1, \ldots, \alpha_n\rangle \in I_1(P)$ und $\beta = \langle\phi(\alpha_1), \ldots, \phi(\alpha_n)\rangle$.

Definition 2.2.11–2.

I_1 ist *über* γ_1 mit I_2 *über* γ_2 *homomorph bezüglich* A gdw es einen Homomorphismus von I_1 über γ_1 auf I_2 über γ_2 bezüglich A gibt.

Um kurz auszudrücken, daß I_1 über γ_1 mit I_2 über γ_2 bezüglich A homomorph ist, schreiben wir der Reihe nach – durch Kommata voneinander getrennt – je einen Namen von I_1, γ_1, I_2, γ_2 und A, schließen den so entstandenen Ausdruck in runde Klammern ein und stellen dem Ganzen den Ausdruck »Hom« voran.

Unser Hilfssatz für den Beweis des Inflationstheorems lautet nun:

Satz 2.2.11–1.
Für alle I_1, γ_1, I_2, γ_2 und A gilt: Wenn $\mathrm{Hom}(I_1, \gamma_1, I_2, \gamma_2, A)$, dann ist $\mathrm{Mod}(I_1, A, \gamma_1)$ gdw $\mathrm{Mod}(I_2, A, \gamma_2)$.

Wir beweisen diesen Satz durch starke unendliche Induktion nach dem Grad von A.

Induktionsbasis

Sei $\mathrm{Hom}(I_1, \gamma_1, I_2, \gamma_2, A)$ und $h' A = 0$. Dann ist A eine Atomformel $Px_1 \ldots x_r$, und es gibt einen Homomorphismus ϕ von I_1 über γ_1 auf I_2 über γ_2 bezüglich A. Es gilt also:

$$\begin{aligned}\mathrm{Mod}(I_1, Px_1 \ldots x_r, \gamma_1) \text{ gdw } & \langle I_1(x_1), \ldots, I_1(x_r)\rangle \in I_1(P)\\ \text{gdw } & \langle\phi(I_1(x_1)), \ldots, \phi(I_1(x_r))\rangle \in I_2(P)\\ \text{gdw } & \langle I_2(x_1), \ldots, I_2(x_r)\rangle \in I_2(P)\\ \text{gdw } & \mathrm{Mod}(I_2, A, \gamma_2).\end{aligned}$$

Induktionsschritt

Sei k irgendeine natürliche Zahl mit $k \geqq 0$ und gelte für alle i mit $0 \leqq i \leqq k$ und für alle $I_1, \gamma_1, I_2, \gamma_2$ und A: Wenn $\mathrm{Hom}(I_1, \gamma_1, I_2, \gamma_2, A)$ und $h' A = i$, dann ist $\mathrm{Mod}(I_1, A, \gamma_1)$ gdw $\mathrm{Mod}(I_2, A, \gamma_2)$. (I.V.)

Angenommen nun, es gilt $\mathrm{Hom}(I_1, \gamma_1, I_2, \gamma_2, A)$ und $h^{\prime} A = k+1$. Dann gibt es einen Homomorphismus ϕ von I_1 über γ_1 auf I_2 über γ_2 bezüglich A. Wir betrachten nur den Fall, daß es z und C mit $A = \wedge zC$ gibt. Die Behandlung der übrigen Fälle sei dem Leser überlassen.

Angenommen, es gilt $\sim \mathrm{Mod}(I_1, \wedge zC, \gamma_1)$. Dann gibt es ein I_1' derart, daß $\mathrm{Diff}(I_1', I_1, z, \gamma_1)$ und $\sim \mathrm{Mod}(I_1', C, \gamma_1)$. Sei nun I_2' diejenige $S2$-Interpretation, für welche gilt: $\mathrm{Diff}(I_2', I_2, z, \gamma_2)$ und $I_2'(z) = \phi(I_1'(z))$. Sei ferner x irgendein GZ mit $\mathrm{Fr}(x, C)$. Ist $x = z$, so gilt definitionsgemäß $I_2'(x) = \phi(I_1(x))$. Ist hingegen $x \neq z$, so ist $I_2'(x) = I_2(x)$ und $I_1'(x) = I_1(x)$. Da dann $\mathrm{Fr}(x, \wedge zC)$, ist also nach Voraussetzung $I_2(x) = \phi(I_1(x))$ und daher auch $I_2'(x) = \phi(I_1'(x))$. Man überlegt sich ferner leicht, daß I_2' jedem in C vorkommenden n-stelligen PZ P die Klasse derjenigen β zuordnet, zu denen es $\alpha_1, \ldots, \alpha_n$ aus γ_1 gibt, so daß $\langle \alpha_1, \ldots, \alpha_n \rangle \in I_1'(P)$ und $\beta = \langle \phi(\alpha_1), \ldots, \phi(\alpha_n) \rangle$. Folglich ist $\mathrm{Hom}(\phi, I_1', \gamma_1, I_2', \gamma_2, C)$, und man erhält somit aufgrund der I.V.: $\mathrm{Mod}(I_1', C, \gamma_1)$ gdw $\mathrm{Mod}(I_2', C, \gamma_2)$. Es gilt also $\sim \mathrm{Mod}(I_2', C, \gamma_2)$ und daher auch $\sim \mathrm{Mod}(I_2, \wedge zC, \gamma_2)$.

Angenommen, es gilt $\sim \mathrm{Mod}(I_2, \wedge zC, \gamma_2)$. Dann gibt es ein I_2' derart, daß $\mathrm{Diff}(I_2', I_2, z, \gamma_2)$ und $\sim \mathrm{Mod}(I_2', C, \gamma_2)$. Da ϕ voraussetzungsgemäß eine Funktion von γ_1 auf γ_2 ist, gibt es, wie wir anschließend an diesen Beweis zeigen werden, eine Funktion ϕ^* von γ_2 in γ_1 derart, daß für jedes α aus γ_2 gilt: $\phi(\phi^*(\alpha)) = \alpha$. Sei ferner I_1' diejenige $S2$-Interpretation, für welche gilt: $\mathrm{Diff}(I_1', I_1, z, \gamma_1)$ und $I_1'(z) = \phi^*(I_2'(z))$. Sei nun x irgendein GZ mit $\mathrm{Fr}(x, C)$. Ist $x = z$, so ist $I_1'(x) = \phi^*(I_2'(x))$, und es gilt daher auch $\phi(I_1'(x)) = I_2'(x)$. Ist hingegen $x \neq z$, so ist $I_2'(x) = I_2(x)$ und somit auch $\phi^*(I_2'(x)) = \phi^*(I_2(x))$. Definitionsgemäß ist dann $\phi(\phi^*(I_2'(x))) = I_2(x)$, und man erhält nach Voraussetzung $\phi(\phi^*(I_2'(x))) = \phi(I_1(x))$. Wegen $\phi(\phi^*(I_2'(x))) = I_2'(x)$ und $I_1(x) = I_1'(x)$ ergibt sich also $I_2'(x) = \phi(I_1'(x))$. Also gilt $\mathrm{Hom}(I_1', \gamma_1, I_2', \gamma_2, C)$, und man gewinnt daher mit I.V.: $\mathrm{Mod}(I_1', C, \gamma_1)$ gdw $\mathrm{Mod}(I_2', C, \gamma_2)$. Infolgedessen gilt $\sim \mathrm{Mod}(I_1', C, \gamma_1)$ und mithin auch $\sim \mathrm{Mod}(I_1, \wedge zC, \gamma_1)$.

Wir haben oben von folgendem Theorem der Mengenlehre Gebrauch gemacht:

> Seien γ_1, γ_2 irgendwelche nichtleeren Klassen und sei ϕ irgendeine Funktion von γ_1 auf γ_2. Dann gibt es eine Funktion ϕ^* von γ_2 in γ_1 derart, daß für jedes α aus γ_2 gilt: $\phi(\phi^*(\alpha)) = \alpha$.

Dieses Theorem läßt sich unter Verwendung des sog. *Auswahlaxioms* beweisen, das in einer seiner einfachsten Fassungen so lautet: Sei M

eine nichtleere Klasse, deren sämtliche Elemente nichtleere Klassen sind, und gelte für beliebige, voneinander verschiedene Elemente a_1, a_2 aus M: $a_1 \cap a_2 = \emptyset$. Dann gibt es eine Klasse K, so daß zu jedem a aus M ein b aus K mit $K \cap a = \{b\}$ existiert. (Eine solche Klasse K, die also mit jeder Klasse aus M genau ein Element gemeinsam hat, wird auch *Auswahlmenge* für M genannt.)

Beweis des Theorems: Sei ψ eine Funktion auf γ_2 derart, daß für alle α aus γ_2 gilt: $\psi(\alpha)$ ist die Klasse aller β aus γ_1 mit $\phi(\beta) = \alpha$. Wir zeigen zunächst, daß $\mathrm{wb}(\psi)$ eine Klasse M ist, für welche die Voraussetzungen des Auswahlaxioms gelten.

1. Da $\mathrm{db}(\psi) \neq \emptyset$, ist $\mathrm{wb}(\psi) \neq \emptyset$.
2. Sei a irgendein Element von $\mathrm{wb}(\psi)$. Dann gibt es ein α aus γ_2 mit $\psi(\alpha) = a$. Wäre $a = \emptyset$, so gäbe es kein β aus γ_1 mit $\phi(\beta) = \alpha$. Dies kann jedoch nicht gelten, da ϕ eine Funktion von γ_1 *auf* γ_2 ist.
3. Seien a_1, a_2 beliebige, voneinander verschiedene Elemente von $\mathrm{wb}(\psi)$. Dann gibt es α_1, α_2 aus γ_2 mit $\psi(\alpha_1) = a_1$ und $\psi(\alpha_2) = a_2$. Wäre nun $a_1 \cap a_2 \neq \emptyset$, so gäbe es ein β mit $\beta \in \psi(\alpha_1)$ und $\beta \in \psi(\alpha_2)$. Folglich wäre $\phi(\beta) = \alpha_1$ und $\phi(\beta) = \alpha_2$ und daher auch $\alpha_1 = \alpha_2$. Es müßte also gelten $\psi(\alpha_1) = \psi(\alpha_2)$, d. h. $a_1 = a_2$ (Widerspruch!).

Aufgrund des Auswahlaxioms gibt es also eine Auswahlmenge K für $\mathrm{wb}(\psi)$. Sei nun ϕ^* eine Funktion auf γ_2 derart, daß für jedes α aus γ_2 gilt: $\phi^*(\alpha) \in K \cap \psi(\alpha)$. Angenommen, α ist irgendein Element von γ_2. Dann ist $\phi^*(\alpha) \in \psi(\alpha)$. Folglich gilt definitionsgemäß $\phi(\phi^*(\alpha)) = \alpha$.

Zur Formulierung der nächsten Sätze verwenden wir den folgenden Begriff:

Definition 2.2.11–3.

K_1 ist *kardinalkleinergleich* K_2 gdw
(1) K_1 und K_2 sind Klassen;
(2) es gibt eine mit K_1 gleichmächtige Teilklasse von K_2.

Um auszudrücken, daß K_1 kardinalkleinergleich K_2 ist, schreiben wir einen Namen von K_1, dann das Zeichen »$\preceq$« und hierauf einen Namen von K_2. So gilt beispielsweise $\{1, 3\} \preceq \{1, 3\}$, $\{1, 3\} \preceq \{2, 4, 5\}$ und $\mathbb{N} \preceq \mathbb{R}$.

Satz 2.2.11–2. *(Inflationstheorem)*

Sei γ irgendeine nichtleere Klasse, γ^* irgendeine Klasse mit $\gamma \preceq \gamma^*$ und A irgendeine $S2$-Formel. Dann gilt: Wenn A über γ $S2$-erfüllbar ist, dann ist A auch über γ^* $S2$-erfüllbar.

Beweis: Angenommen, A ist über γ $S2$-erfüllbar. Dann gibt es ein I mit $\mathrm{Mod}(I, A, \gamma)$. Ferner gibt es voraussetzungsgemäß eine eineindeutige Funktion ψ von γ in γ^*. Sei im folgenden ζ ein beliebiges Element von γ und $\breve{\psi}$ die Konversion von ψ. Wir definieren nun eine Funktion ϕ auf γ^*:

(1) Ist α irgendein Element von $\mathrm{wb}(\psi)$, so sei $\phi(\alpha) = \breve{\psi}(\alpha)$;
(2) ist α irgendein Element von $\gamma^* \setminus \mathrm{wb}(\psi)$, so sei $\phi(\alpha) = \zeta$.

Wie man sich leicht überlegt; ist ϕ eine Funktion von γ^* auf γ. Sei schließlich I^* eine $S2$-Interpretation über γ^* derart, daß gilt:

(1) Ist x irgendein in A frei vorkommendes GZ, so sei $I^*(x) = \psi(I(x))$;
(2) ist P irgendein in A vorkommendes n-stelliges PZ, so sei $I^*(P)$ die Klasse derjenigen n-Tupel β, zu denen es $\alpha_1, \ldots, \alpha_n$ aus γ^* gibt, so daß $\langle \phi(\alpha_1), \ldots, \phi(\alpha_n) \rangle \in I(P)$ und $\beta = \langle \alpha_1, \ldots, \alpha_n \rangle$.

Wir zeigen nun, daß ϕ ein Homomorphismus von I^* über γ^* auf I über γ bezüglich A ist.

(1) Sei x irgendein in A frei vorkommendes GZ. Dann ist $I^*(x) = \psi(I(x))$. Da ψ eine eineindeutige Funktion ist, gilt somit $\breve{\psi}(I^*(x)) = I(x)$. Wegen $I^*(x) \in \mathrm{wb}(\psi)$ ist aufgrund der Definition von ϕ also $\phi(I^*(x)) = \breve{\psi}(I^*(x))$. Folglich ergibt sich, daß $I(x) = \phi(I^*(x))$.

(2) Sei P irgendein in A vorkommendes n-stelliges PZ.

(2.1) Angenommen, δ ist irgendein Element von $I(P)$. Dann gibt es $\alpha_1, \ldots, \alpha_n$ aus γ mit $\delta = \langle \alpha_1, \ldots, \alpha_n \rangle$. Da $\gamma = \mathrm{wb}(\phi)$, gibt es $\alpha'_1, \ldots, \alpha'_n$ aus γ^* mit $\phi(\alpha'_i) = \alpha_i$ $(1 \leqq i \leqq n)$. Also ist $\langle \phi(\alpha'_1), \ldots, \phi(\alpha'_n) \rangle \in I(P)$, und es gilt daher definitionsgemäß $\langle \alpha'_1, \ldots, \alpha'_n \rangle \in I^*(P)$.

(2.2) Angenommen, δ ist irgendein Element der Klasse derjenigen n-Tupel β, zu denen es $\alpha_1, \ldots, \alpha_n$ aus γ^* gibt, so daß $\langle \alpha_1, \ldots, \alpha_n \rangle \in I^*(P)$ und $\beta = \langle \phi(\alpha_1), \ldots, \phi(\alpha_n) \rangle$. Folglich gibt es $\alpha_1, \ldots, \alpha_n$ aus γ^* mit $\langle \alpha_1, \ldots, \alpha_n \rangle \in I^*(P)$ und $\delta = \langle \phi(\alpha_1), \ldots, \phi(\alpha_n) \rangle$. Definitionsgemäß gibt es also $\alpha'_1, \ldots, \alpha'_n$ aus γ^* mit $\langle \phi(\alpha'_1), \ldots, \phi(\alpha'_n) \rangle \in I(P)$ und $\langle \alpha_1, \ldots, \alpha_n \rangle = \langle \alpha'_1, \ldots, \alpha'_n \rangle$. Also ist $\alpha_i = \alpha'_i$ $(1 \leqq i \leqq n)$, und es gilt infolgedessen $\langle \phi(\alpha_1), \ldots, \phi(\alpha_n) \rangle \in I(P)$, d. h., $\delta \in I(P)$.

Damit ist gezeigt, daß gilt:

(1) Ist x irgendein in A frei vorkommendes GZ, so ist $I(x) = \phi(I^*(x))$;
(2) ist P irgendein in A vorkommendes n-stelliges PZ, so ist $I(P)$ die Klasse derjenigen n-Tupel β, zu denen es $\alpha_1, \ldots, \alpha_n$ aus γ^* gibt, so daß $\langle \alpha_1, \ldots, \alpha_n \rangle \in I^*(P)$ und $\beta = \langle \phi(\alpha_1), \ldots, \phi(\alpha_n) \rangle$.

Dann ist ϕ ein Homomorphismus von I^* über γ^* auf I über γ bezüglich A. Folglich gilt Hom$(I^*, \gamma^*, I, \gamma, A)$, und man erhält mit Satz 2.2.11–1 Mod(I^*, A, γ^*). Also ist A über γ^* $S2$-erfüllbar.

Der nächste Satz ist ein Folgesatz des Inflationstheorems.

Satz 2.2.11–3.

Sei γ irgendeine nichtleere Klasse, γ^* irgendeine mit γ gleichmächtige Klasse und A irgendeine $S2$-Formel. Dann gilt: Wenn A über γ $S2$-erfüllbar ist, dann ist A auch über γ^* $S2$-erfüllbar.

Satz 2.2.11–4. *(Verallgemeinertes Inflationstheorem)*

Sei γ irgendeine nichtleere Klasse, γ^* irgendeine Klasse mit $\gamma \preceq \gamma^*$ und Δ irgendeine Teilklasse von $S2$. Dann gilt: Wenn Δ über γ $S2$-simultan erfüllbar ist, dann ist Δ auch über γ^* $S2$-simultan erfüllbar.

Dieser Satz läßt sich ganz ähnlich wie das Inflationstheorem beweisen (Übungsaufgabe!).

Der folgende Satz ergibt sich aus dem Inflationstheorem zusammen mit dem Satz von LÖWENHEIM.

Satz 2.2.11–5.

Wenn eine $S2$-Formel $S2$-erfüllbar ist, dann ist sie über jeder unendlichen Klasse $S2$-erfüllbar.

Beweis: Sei A irgendeine $S2$-erfüllbare Formel und γ irgendeine unendliche Klasse. Dann ist A aufgrund des Satzes von LÖWENHEIM über einer abzählbaren Klasse γ^* $S2$-erfüllbar. Da es eine mit γ^* gleichmächtige Teilklasse von γ gibt, gilt $\gamma^* \preceq \gamma$. Also ist A aufgrund des Inflationstheorems auch über γ $S2$-erfüllbar.

Satz 2.2.11–6.

Wenn eine $S2$-Formel $S2$-erfüllbar ist, dann ist sie auch über $\mathbb{N}$ $S2$-erfüllbar.

Satz 2.2.11–7. *(Deflationstheorem)*

Sei γ irgendeine nichtleere Klasse, γ^* irgendeine nichtleere Klasse mit $\gamma^* \preceq \gamma$ und A irgendeine $S2$-Formel. Dann gilt: Wenn A über γ $S2$-gültig ist, dann ist A auch über γ^* $S2$-gültig.

Beweis: Angenommen, A ist über γ $S2$-gültig. Wäre A nicht über γ^* $S2$-gültig, so gäbe es eine $S2$-Interpretation I über γ^* mit $\sim \text{Mod}(I, A, \gamma^*)$. Also müßte gelten $\text{Mod}(I, \neg A, \gamma^*)$, d. h., $\neg A$ wäre $S2$-erfüllbar über γ^*. Aufgrund des Inflationstheorems wäre $\neg A$ dann auch über γ $S2$-erfüllbar (Widerspruch!).

Aus dem Deflationstheorem ergibt sich beispielsweise, daß jede über der Klasse der reellen Zahlen $S2$-gültige Formel auch über der Klasse der natürlichen Zahlen $S2$-gültig ist. Der nächste Satz ist ein Korollar des Deflationstheorems.

Satz 2.2.11–8.

Sei γ irgendeine nichtleere Klasse, γ^* irgendeine mit γ gleichmächtige Klasse und A irgendeine $S2$-Formel. Dann gilt: Wenn A über γ $S2$-gültig ist, dann ist A auch über γ^* $S2$-gültig.

Satz 2.2.11–9.

Jede über einer unendlichen Klasse $S2$-gültige Formel ist $S2$-gültig.

Beweis: Sei A irgendeine über einer unendlichen Klasse $S2$-gültige Formel. Wäre A nicht $S2$-gültig, so wäre $\neg A$ $S2$-erfüllbar. Also wäre $\neg A$ aufgrund von Satz 2.2.11–5 über jeder unendlichen Klasse $S2$-erfüllbar. Infolgedessen wäre A über keiner unendlichen Klasse $S2$-gültig (Widerspruch!).

Aus Satz 2.2.11–9 folgt beispielsweise, daß jede über $\mathbb{N}$ $S2$-gültige Formel $S2$-gültig ist.

2.2.12. Die Entscheidbarkeit der monadischen Prädikatenlogik

Wie bereits erwähnt, wies A. Church 1936 nach, daß – mit unseren Begriffen ausgedrückt – die Klasse der $S2$-gültigen Formeln nicht entscheidbar ist bezüglich der Sprache $S2$. Wohl aber hat man für gewisse Teilklassen von $S2$ Entscheidungsverfahren gefunden. Um diese Ergebnisse mit unseren Begriffen prägnant formulieren zu können, beginnen wir mit zwei Definitionen.

Definition 2.2.12–1.

α ist *S2-effektiv* gdw
(1) $\alpha \subseteq S2$;
(2) α ist entscheidbar bezüglich $S2$;
(3) die Klasse aller derjenigen $S2$-gültigen Formeln, die in α enthalten sind, ist entscheidbar bezüglich α.

Definition 2.2.12–2.

Eine $S2$-Formel A ist eine *monadische* $S2$-Formel gdw in A nur einstellige Prädikatzeichen vorkommen.

Die wichtigsten Resultate des Entscheidungsproblems für die Prädikatenlogik erster Stufe lauten nun:

1. Die Klasse aller $S2$-Formeln, die kein Quantifikationszeichen enthalten, ist $S2$-effektiv.
2. Die Klasse aller monadischen $S2$-Formeln ist $S2$-effektiv (Entscheidbarkeit der monadischen Prädikatenlogik).
3. Gewisse Teilklassen der Klasse der pränexen Normalformen sind $S2$-effektiv.
4. Die Sprache $S2$ ist nicht $S2$-effektiv (CHURCHsches Theorem).

Wir wenden uns nun dem Beweis der zweiten dieser Behauptungen zu.

Satz 2.2.12–1.
Ist A irgendeine monadische $S2$-Formel, in der genau n ($n \geqq 1$) Prädikatzeichen vorkommen, so gilt: Wenn A $S2$-erfüllbar ist, dann ist A über wenigstens einer Klasse mit höchstens 2^n Elementen $S2$-erfüllbar.

Beweis: Sei A irgendeine $S2$-erfüllbare monadische $S2$-Formel und seien $P_1, \ldots, P_n$ die PZ von A. Dann gibt es eine nichtleere Klasse γ und eine $S2$-Interpretation I mit $\mathrm{Mod}(I, A, \gamma)$. Sei τ eine Funktion auf der Klasse aller geordneten Paare $\langle \alpha, P \rangle$ mit $\alpha \in \gamma$ und $P \in \{P_1, \ldots, P_n\}$ derart, daß

$$\tau(\alpha, P) = \begin{cases} 1, \text{ falls } \alpha \in I(P); \\ 0, \text{ falls } \alpha \notin I(P). \end{cases}$$

Sei ferner ϕ eine Funktion auf γ derart, daß für jedes α aus γ gilt:

$$\phi(\alpha) = \langle \tau(\alpha, P_1), \ldots, \tau(\alpha, P_n) \rangle.$$

Sei weiterhin $\gamma^* = \mathrm{wb}(\phi)$. Wie man leicht erkennt, enthält γ^* höchstens 2^n Elemente. Sei schließlich I^* eine $S2$-Interpretation über γ^* derart, daß gilt:

(1) ist x irgendein frei in A vorkommendes GZ, so ist $I^*(x) = \phi(I(x))$;

(2) für jedes $i(1 \leqq i \leqq n)$ ist $I^*(P_i)$ die Klasse aller Elemente aus γ^*, deren i-tes Glied die Zahl 1 ist.

Dann ist ϕ ein Homomorphismus von I über γ auf I^* über γ^* bezüglich A (vgl. Def. 2.2.11–1). Also ist $\mathrm{Hom}(I, \gamma, I^*, \gamma^*, A)$, und man erhält mit Hilfe von Satz 2.2.11–1 $\mathrm{Mod}(I^*, A, \gamma^*)$. Folglich ist A über wenigstens einer Klasse mit höchstens 2^n Elementen $S2$-erfüllbar.

Aus Satz 2.2.12–1 folgt unmittelbar

Satz 2.2.12–2.

Ist A irgendeine monadische $S2$-Formel, in der genau $n(n \geqq 1)$ Prädikatzeichen vorkommen, so gilt: Wenn A über jeder nichtleeren Klasse mit höchstens 2^n Elementen $S2$-gültig ist, dann ist A $S2$-gültig.

Satz 2.2.12–3.

Es gibt einen Algorithmus, mit dessen Hilfe man für jede monadische $S2$-Formel, in der genau $n(n \geqq 1)$ Prädikatzeichen vorkommen, feststellen kann, ob sie über $\{1, \ldots, 2^n\}$ $S2$-gültig ist.

Beweis: Sei A irgendeine monadische $S2$-Formel, in der genau n PZ vorkommen. Seien ferner $I_1, \ldots, I_k$ diejenigen $S2$-Interpretationen über $\{1, \ldots, 2^n\}$, die jedem nicht in A frei vorkommenden GZ die Zahl 1 und jedem nicht in A vorkommenden PZ die Klasse $\emptyset$ zuordnen. Dann gibt es aufgrund von Satz 2.2.4–2 einen Algorithmus, mit dessen Hilfe man für jedes $j(1 \leqq j \leqq k)$ feststellen kann, ob $\mathrm{Mod}(I_j, A, \{1, \ldots, 2^n\})$.

Fall 1: Für jedes j ergibt sich $\mathrm{Mod}(I_j, A, \ldots, 2^n\})$.

Dann ist A $S2$-gültig über $\{1, \ldots, 2^n\}$. Denn angenommen, I ist irgendeine $S2$-Interpretation über $\{1, \ldots, 2^n\}$. Dann gibt es ein $j(1 \leqq j \leqq k)$ mit $\mathrm{Koinz}(I, I_j, A, \{1, \ldots, 2^n\})$, und es gilt somit aufgrund des Koinzidenztheorems $\mathrm{Mod}(I, A, \{1, \ldots, 2^n\})$.

Fall 2: Für wenigstens ein j ergibt sich $\sim \mathrm{Mod}(I_j, A, \{1, \ldots, 2^n\})$.

Dann ist A trivialerweise nicht $S2$-gültig über $\{1, \ldots, 2^n\}$.

Wir sind nun in der Lage zu zeigen, daß die monadische Prädikatenlogik entscheidbar ist.

Satz 2.2.12–4.

Die Klasse der monadischen *S2*-Formeln ist *S2*-effektiv.

Beweis: Aufgrund von Satz 2.2.12–3 gibt es einen Algorithmus α, mit dessen Hilfe man für jede monadische *S2*-Formel, in der genau $n (n \geqq 1)$ PZ vorkommen, feststellen kann, ob sie über $\{1, \ldots, 2^n\}$ *S2*-gültig ist. Sei nun *A* irgendeine monadische *S2*-Formel und *n* die Anzahl der in *A* vorkommenden PZ.

Fall 1: Mit Hilfe von α ergibt sich, daß *A* über $\{1, \ldots, 2^n\}$ *S2*-gültig ist.

Dann ist *A* aufgrund des Deflationstheorems (Satz 2.2.11–7) über jeder nichtleeren Klasse mit höchstens 2^n Elementen *S2*-gültig. Folglich ergibt sich mit Satz 2.2.12–2 $\Vdash_{\overline{S2}} A$.

Fall 2: Mit Hilfe von α ergibt sich, daß *A* nicht über $\{1, \ldots, 2^n\}$ *S2*-gültig ist. Dann ist trivialerweise nicht $\Vdash_{\overline{S2}} A$.

Aus Satz 2.2.12–4 ergibt sich leicht der

Satz 2.2.12–5.

Die Klasse der *S2*-erfüllbaren monadischen *S2*-Formeln ist entscheidbar bezüglich der Klasse der monadischen *S2*-Formeln.

Beweis: Nach Satz 2.2.12–4 existiert ein Algorithmus α, mit dessen Hilfe man für jede monadische *S2*-Formel feststellen kann, ob sie *S2*-gültig ist. Sei nun *A* irgendeine monadische *S2*-Formel. Dann ist auch $\neg A$ eine monadische *S2*-Formel.

Fall 1: Mit Hilfe von α ergibt sich $\Vdash_{\overline{S2}} \neg A$. Dann ist *A* nicht *S2*-erfüllbar.

Fall 2: Mit Hilfe von α ergibt sich, daß nicht $\Vdash_{\overline{S2}} \neg A$. Dann ist *A* *S2*-erfüllbar.

2.3. Das prädikatenlogische axiomatische System *Π2*

In diesem Abschnitt soll nun ein formales axiomatisches System angegeben werden, dessen Sprache die prädikatenlogische Sprache *S2* ist. Wir werden dann zeigen, daß dieses System bezüglich der

Klasse der *S2*-gültigen Formeln adäquat ist. Man nennt ein formales System, das bezüglich der Klasse der gültigen Formeln einer prädikatenlogischen Sprache erster Stufe adäquat ist, einen *Prädikatenkalkül der ersten Stufe*. Dabei muß noch zwischen Prädikatenkalkülen erster Stufe *ohne Identität* und Prädikatenkalkülen erster Stufe *mit Identität* unterschieden werden. Erst letztere stellen Formalisierungen der elementaren Logik dar. Als Prädikatenkalküle erster Stufe mit Identität werden wir später die formalen Systeme *Π3* und *Σ3* aufbauen. Diese werden sich als Erweiterungen der Prädikatenkalküle erster Stufe ohne Identität *Π2* bzw. *Σ2* ergeben.

Die erste Axiomatisierung der Prädikatenlogik findet sich in G. FREGEs ›Begriffsschrift‹. Ausgehend von einem adäquaten axiomatischen System der Aussagenlogik baute er durch Einführung zusätzlicher Axiome und Regeln ein vollständiges und korrektes axiomatisches System der Prädikatenlogik erster Stufe auf. Dabei ging sein Bestreben dahin, die Anzahl der Regeln und Axiome so klein wie möglich zu halten (vgl. dazu das in 1.3 über FREGE und RUSSELL Gesagte).

Weitere Axiomatisierungen der Prädikatenlogik haben in der Folgezeit außer WHITEHEAD/RUSSELL auch D. HILBERT (1923), D. HILBERT/W. ACKERMANN (1928) und D. HILBERT/P. BERNAYS (1934) veröffentlicht.

Wie für die formalen Systeme der Aussagenlogik galt es für die formalen Systeme der Prädikatenlogik Adäquatheitsbeweise zu erbringen. Während für die Aussagenlogik der erste Korrektheits- und Vollständigkeitsbeweis bereits im Jahre 1921 von E. POST vorgelegt wurde, konnte die Korrektheit der Prädikatenlogik erster Stufe erst 1928 von HILBERT/ACKERMANN und die Vollständigkeit derselben erst 1930 von K. GÖDEL bewiesen werden. Einen einfacheren Vollständigkeitsbeweis als den GÖDELschen, der sich auch auf andere Logiksysteme übertragen läßt, hat 1949 L. HENKIN veröffentlicht. (Unser Beweis der Vollständigkeit von *Π2* ist eine Version des HENKINschen Beweises.) GÖDEL erzielte noch ein anderes wichtiges – diesmal aber negatives – Resultat: er konnte 1931 beweisen, daß die Prädikatenlogik der zweiten Stufe sowie aller höheren Stufen nicht vollständig ist.

Das axiomatische System *Π2* kann in einem gewissen Sinne als Erweiterung des axiomatischen Systems *Π1* aufgefaßt werden. Cum grano salis entsteht *Π2* aus *Π1* durch eine Erweiterung der Axiomenklasse von *Π1* um spezifisch prädikatenlogische Axiome, während es beim Modus ponens als der einzigen Schlußregel bleibt. In diesem letzten Punkt weicht unser System *Π2* von den meisten in der

Literatur dargestellten axiomatischen Systemen der Prädikatenlogik erster Stufe ab, da diese neben aussagenlogischen auch noch spezifisch prädikatenlogische Schlußregeln enthalten.

2.3.1. Definition von *Π2*

Es ist zunächst unsere Aufgabe, die Axiomenklasse von *Π2* festzulegen. Dazu bestimmen wir in einem ersten Schritt 19 Teilklassen von *S2* und definieren dann in einem zweiten Schritt induktiv den Begriff des Axioms von *Π2*. Die Definition der ersten 13 dieser Teilklassen nimmt auf die Klassen *α1*–*α13* von 1.3.1, d. h. auf die Axiome von *Π1*, Bezug:

Für jedes i mit $1 \leqq i \leqq 13$ sei αi^* die Klasse aller *S2*-Formeln, die Substitut eines Elements von αi sind.

So ist z. B. die Formel $\wedge a_1 F_1^1 a_1 \rightarrow (\vee a_1 F_1^1 a_1 \rightarrow \wedge a_1 F_1^1 a_1)$ ein Element von *α1**; denn sie ist ein Substitut der in *α1* enthaltenen *S1*-Formel $p \rightarrow (q \rightarrow p)$.

α14 sei die Klasse aller derjenigen *S2*-Formeln *D*, für welche gilt: es gibt eine *S2*-Formel *A* sowie Gegenstandszeichen x, y derart, daß Frf(x, y, A)[1] und

$$D = \wedge x A \rightarrow [A, x, y].$$

α15 sei die Klasse aller derjenigen *S2*-Formeln *D*, für welche gilt: es gibt eine *S2*-Formel *A* sowie Gegenstandszeichen x, y derart, daß Frf(x, y, A)[1] und

$$D = [A, x, y] \rightarrow \vee x A.$$

α16 sei die Klasse aller derjenigen *S2*-Formeln *D*, für welche gilt: es gibt eine *S2*-Formel *A* sowie ein Gegenstandszeichen x derart, daß $\sim$Fr(x, A) und

$$D = A \rightarrow \wedge x A.$$

α17 sei die Klasse aller derjenigen *S2*-Formeln *D*, für welche gilt: es gibt eine *S2*-Formel *A* sowie ein Gegenstandszeichen x derart, daß $\sim$Fr(x, A) und

$$D = \vee x A \rightarrow A.$$

---

[1] Durch die Bedingung Frf(x, y, A) wird erreicht, daß die Axiomenklasse von *Π2* möglichst eng gefaßt wird.

$\alpha 18$ sei die Klasse aller derjenigen $S2$-Formeln D, für welche gilt: es gibt $S2$-Formeln A und B sowie ein Gegenstandszeichen x derart, daß

$$D = \wedge x(A \to B) \to (\wedge x A \to \wedge x B).$$

$\alpha 19$ sei die Klasse aller derjenigen $S2$-Formeln D, für welche gilt: es gibt $S2$-Formeln A und B sowie ein Gegenstandszeichen x derart, daß

$$D = \wedge x(A \to B) \to (\vee x A \to \vee x B).$$

Wir definieren nun:

Eine $S2$-Formel ist ein *$\Pi 2$-Axiom* gdw sich dies aufgrund folgender Bestimmungen ergibt:

(1) Jedes Element von $\alpha 1^* \cup \ldots \cup \alpha 13^* \cup \alpha 14 \cup \ldots \cup \alpha 19$ ist ein $\Pi 2$-Axiom.

(2) Ist A ein $\Pi 2$-Axiom und x ein Gegenstandszeichen mit $\mathrm{Fr}(x, A)$, so ist die Formel $\wedge x A$ ein $\Pi 2$-Axiom.

Die Klasse aller $\Pi 2$-Axiome werde mit »*P2*« bezeichnet. Unter dem *S2-Modus ponens* (kurz: *S2-MP*) sei die dem $S1$-Modus ponens entsprechende Ableitungsregel verstanden. Mit »*R2*« werde ferner diejenige Klasse bezeichnet, deren einziges Element der $S2$-Modus ponens ist. Dann sei $\Pi 2$ das Tripel $\langle S2, P2, R2 \rangle$.

Die Begriffe *Beweis* in $\Pi 2$, *Beweis für* eine $S2$-Formel in $\Pi 2$, *Theorem* von $\Pi 2$ (*beweisbar* in $\Pi 2$), *Ableitung* einer $S2$-Formel aus einer $S2$-Formelklasse in $\Pi 2$ und *ableitbar* aus einer $S2$-Formelklasse in $\Pi 2$ seien genauso definiert wie in 1.3.2 bzw. 1.3.3. Ferner seien wie früher abkürzende Ausdrucksweisen mit Hilfe des Symbols »$\vdash_{\Pi 2}$« (kurz »$\vdash$«) festgelegt.

Die Formulierungen der folgenden Metatheoreme über Ableitbarkeit und Beweisbarkeit in $\Pi 2$ ergeben sich aus den Formulierungen der entsprechenden aussagenlogischen Behauptungen dadurch, daß man dort »$S1$« durch »$S2$« und »$\Pi 1$« durch »$\Pi 2$« ersetzt.

Satz 1.3.3*.
Dieser Satz sei formuliert wie Satz 1.3.3.

Satz 1.3.5–1*. (*Deduktionstheorem* für $\Pi 2$)
Dieser Satz sei formuliert wie Satz 1.3.5–1.

Satz 1.3.5–2*.
Dieser Satz sei formuliert wie Satz 1.3.5–2.

Die Beweise dieser prädikatenlogischen Metatheoreme verlaufen genauso wie die Beweise der entsprechenden aussagenlogischen Sätze.

Die Lehrsätze LS(1*)–LS(105*) seien die den aussagenlogischen Lehrsätzen LS(1)–LS(105) entsprechenden Behauptungen. Die Beweise für LS(1*)–LS(72*) werden einfach aus der Aussagenlogik (1.3.6) übernommen; die Sätze LS(73*)–LS(105*) ergeben sich unmittelbar aus LS(73)–LS(105) mit Satz 2.3.2–1.

2.3.2. Metatheoreme für $\Pi 2$

Satz 2.3.2–1.

Jedes Substitut eines Theorems von $\Pi 1$ ist ein Theorem von $\Pi 2$. Der Beweis dieses Satzes sei dem Leser überlassen (vgl. den Beweis für Satz 2.2.6–1).

Satz 2.3.2–2.

Sei A irgendeine $S2$-Formel, Γ irgendeine Teilklasse von $S2$ und seien x, y irgendwelche GZ mit Frf(x, y, A). Dann gilt:

(1) Wenn $\Gamma \vdash \wedge x A$, dann $\Gamma \vdash [A, x, y]$.
(2) Wenn $\Gamma \vdash [A, x, y]$, dann $\Gamma \vdash \vee x A$.

Satz 2.3.2–3. (*Generalisierungstheorem* für $\Pi 2$, kurz: *GEN*)

Sei A irgendeine $S2$-Formel, Γ irgendeine Teilklasse von $S2$ und x irgendein GZ, das in keinem Element von Γ frei vorkommt. Dann gilt: Wenn $\Gamma \vdash A$, dann $\Gamma \vdash \wedge x A$.

Beweis: Angenommen, es gelten die Voraussetzungen und es gilt $\Gamma \vdash A$. Dann gibt es eine Ableitung $C_1, \ldots, C_n$ von A aus Γ.

Fall 1: $n = 1$.

1.1: $C_1 \in \Gamma$.

Dann ist $\sim$Fr(x, C_1). Also ist die Formel $C_1 \rightarrow \wedge x C_1$ ein Axiom von $\Pi 2$. Folglich ist die Formelfolge

C_1
$C_1 \rightarrow \wedge x C_1$
$\wedge x C_1$

eine Ableitung von $\wedge x C_1$ aus Γ. Also gilt $\Gamma \vdash \wedge x C_1$.

1.2: $C_1 \in P2$.

Dann gibt es zwei Möglichkeiten:

1.2.1: Fr(x, C_1).

Dann ist $\wedge x C_1 \in P2$. Folglich gilt $\vdash \wedge x C_1$ und somit auch $\Gamma \vdash \wedge x C_1$.

1.2.2: $\sim \mathrm{Fr}(x, C_1)$.

Dann ist $C_1 \rightarrow \bigwedge x C_1$ ein Axiom von *Π2*. Also ist die Formelfolge

$$C_1$$
$$C_1 \rightarrow \bigwedge x C_1$$
$$\bigwedge x C_1$$

ein Beweis für $\bigwedge x C_1$. Also gilt wieder $\Gamma \vdash \bigwedge x C_1$.

Fall 2: $n > 1$.

Daß auch in diesem Fall $\Gamma \vdash \bigwedge x C_n$ gilt, ergibt sich aus dem folgenden Satz, den wir durch starke endliche Induktion beweisen.

Für alle j mit $1 \leqq j \leqq n$ gilt: $\Gamma \vdash \bigwedge x C_j$.

Induktionsbasis: s. Fall 1.

Induktionsschritt

Sei k irgendeine natürliche Zahl mit $1 \leqq k < n$ und gelte für alle i mit $1 \leqq i \leqq k$: $\Gamma \vdash \bigwedge x C_i$. (I.V.)

(a) $C_{k+1} \in \Gamma \cup P2$. Dann gilt $\Gamma \vdash \bigwedge x C_{k+1}$ (s. Fall 1).

(b) Es gibt ein $l (1 \leqq l \leqq k)$ derart, daß die Formeln C_l und $C_l \rightarrow C_{k+1}$ Glieder von $C_1, \ldots, C_k$ sind. Nach I.V. gilt $\Gamma \vdash \bigwedge x C_l$ und $\Gamma \vdash \bigwedge x (C_l \rightarrow C_{k+1})$. Ferner gilt $\vdash \bigwedge x (C_l \rightarrow C_{k+1}) \rightarrow (\bigwedge x C_l \rightarrow \bigwedge x C_{k+1})$ (*α18*). Also ergibt sich $\Gamma \vdash \bigwedge x C_{k+1}$.

Ein Folgesatz des Generalisierungstheorems ist der

Satz 2.3.2–4.
Sei A irgendeine *S2*-Formel und x irgendein GZ. Dann gilt: Wenn $\vdash A$, dann $\vdash \bigwedge x A$.

Satz 2.3.2–5. (*Departikularisierungstheorem* für *Π2*, kurz: *DEP*)
Seien A, B irgendwelche *S2*-Formeln, Γ, Δ irgendwelche Teilklassen von *S2* und sei x irgendein GZ, das in keinem Element von $\Delta \cup \{B\}$ frei vorkommt. Dann gilt: Wenn $\Gamma \vdash \bigvee x A$ und $\Delta \cup \{A\} \vdash B$, dann $\Gamma \cup \Delta \vdash B$.

Beweis: Angenommen, es gelten die Voraussetzungen des Satzes. Dann ergibt sich:

1 $\Gamma \vdash \bigvee x A$	
2 $\Delta \cup \{A\} \vdash B$	
3 $\Delta \vdash A \rightarrow B$	Deduktionstheorem
4 $\Delta \vdash \bigwedge x(A \rightarrow B)$	GEN [3]
5 $\vdash \bigwedge x(A \rightarrow B) \rightarrow (\bigvee x A \rightarrow \bigvee x B)$	*α19*
6 $\Delta \vdash \bigvee x A \rightarrow \bigvee x B$	Satz 1.3.3* [4, 5]
7 $\Gamma \cup \Delta \vdash \bigvee x B$	Satz 1.3.3* [1, 6]
8 $\vdash \bigvee x B \rightarrow B$	*α17*
9 $\Gamma \cup \Delta \vdash B$	Satz 1.3.3* [7, 8]

Die folgenden beiden Sätze sind Folgesätze des Departikularisierungstheorems.

Satz 2.3.2–6. (*DEP*$_1$)

Seien A, B irgendwelche *S2*-Formeln, sei Γ irgendeine Teilklasse von *S2* und x irgendein GZ mit $\sim \mathrm{Fr}(x, B)$. Dann gilt: Wenn $\Gamma \vdash \bigvee x A$ und $A \vdash B$, dann $\Gamma \vdash B$.

Satz 2.3.2–7. (*DEP*$_2$)

Seien A, B irgendwelche *S2*-Formeln, sei Γ irgendeine Teilklasse von *S2* und x irgendein GZ, das in keinem Element von $\Gamma \cup \{B\}$ frei vorkommt. Dann gilt: Wenn $\Gamma \cup \{A\} \vdash B$, dann $\Gamma \cup \{\bigvee x A\} \vdash B$.

Beweis: Angenommen, es gelten die Voraussetzungen des Satzes. Dann ergibt sich:

1 $\Gamma \cup \{A\} \vdash B$	
2 $\Gamma \cup \{\bigvee x A\} \vdash \bigvee x A$	Satz 1.3.3*
3 $\Gamma \cup \{\bigvee x A\} \vdash B$	DEP

Satz 2.3.2–8. (*Äquivalenztheorem* für *Π2*)

Seien *A*, *B*, *C*, *D* irgendwelche *S2*-Formeln und $x_1, \ldots, x_r$ irgendwelche GZ. Dann gilt: Wenn

(a) *A* eine *S2*-Teilformel von *C* ist,
(b) *D* aus *C* dadurch entsteht, daß wenigstens ein Vorkommen von *A* in *C* durch *B* ersetzt wird und
(c) die Klasse derjenigen GZ, die frei in $A \leftrightarrow B$ und gebunden in $C \leftrightarrow D$ vorkommen, eine Teilklasse von $\{x_1, \ldots, x_r\}$ ist,

dann gilt $\bigwedge x_1 \ldots \bigwedge x_r(A \leftrightarrow B) \vdash C \leftrightarrow D$.

Der Beweis dieses Satzes verläuft wie der Beweis für Satz 2.2.7–1 (Übung!).

Satz 2.3.2–9. (*Ersetzungstheorem* für $\Pi 2$, kurz: *ET*)

Seien A, B, C, D irgendwelche $S2$-Formeln und sei Γ irgendeine Teilklasse von $S2$. Dann gilt: Wenn

(a) A eine $S2$-Teilformel von C ist und

(b) D aus C dadurch entsteht, daß wenigstens ein Vorkommen von A in C durch B ersetzt wird,

dann gilt:

(1) Wenn $\vdash A \leftrightarrow B$, dann $\vdash C \leftrightarrow D$.

(2) Wenn $\vdash A \leftrightarrow B$ und $\Gamma \vdash C$, dann $\Gamma \vdash D$.

Der Beweis dieses Satzes verläuft wie der Beweis für Satz 2.2.7–2 (Übung!).

Satz 2.3.2–10.

Seien A, B irgendwelche $S2$-Formeln, x, y irgendwelche GZ und gelte Sub(A, x, y, B) sowie Sub(B, y, x, A). Dann gilt:

(1) $\vdash \wedge x A \leftrightarrow \wedge y B$;

(2) $\vdash \vee x A \leftrightarrow \vee y B$.

Beweis: Angenommen, es gelten die Voraussetzungen des Satzes. Dann ist $A = [B, y, x]$ und $B = [A, x, y]$. Ferner gilt nach Satz 2.1.2–4.(7) Frf(x, y, A) und Frf(y, x, B).

Ad (1):

1	$\vdash \wedge x A \rightarrow [A, x, y]$	$\alpha 14$
2	$\wedge x A \vdash [A, x, y]$	Satz 1.3.3*
3	$\wedge x A \vdash B$	
4	$\wedge x A \vdash \wedge y B$	Satz 2.1.2–7.(8), GEN
5	$\vdash \wedge x A \rightarrow \wedge y B$	Deduktionstheorem

Analog ergibt sich $\vdash \wedge y B \rightarrow \wedge x A$.

Ad (2):

1	$\vdash [A, x, y] \rightarrow \vee x A$	$\alpha 15$
2	$[A, x, y] \vdash \vee x A$	
3	$B \vdash \vee x A$	
4	$\vee y B \vdash \vee x A$	Satz 2.1.2–7.(8), DEP_2
5	$\vdash \vee y B \rightarrow \vee x A$	

Analog ergibt sich $\vdash \vee x A \rightarrow \vee y B$.

Als Folgesatz zu Satz 2.3.2–10 ergibt sich

Satz 2.3.2–11.

Seien A, B irgendwelche $S2$-Formeln, x, y irgendwelche GZ und gelte Sub(A, x, y, B) sowie Sub(B, y, x, A). Dann gilt:

(1) $\vdash \bigwedge x A$ gdw $\vdash \bigwedge y B$.
(2) $\vdash \bigvee x A$ gdw $\vdash \bigvee y B$.

Satz 2.3.2–12. (*Umbenennungssatz* für $\Pi 2$)

Für alle $S2$-Formeln A und B gilt: Wenn B aus A durch Umbenennung entsteht, dann ist die Formel $A \leftrightarrow B$ ein Theorem von $\Pi 2$.

Der Beweis dieses Satzes verläuft wie der Beweis für Satz 2.2.8–2.

Satz 2.3.2–13. (*Kongruenzsatz* für $\Pi 2$)

Für alle $S2$-Formeln A und B gilt: Wenn A mit B kongruent ist, dann ist die Formel $A \leftrightarrow B$ ein Theorem von $\Pi 2$.

2.3.3. Freimachen von Gegenstandszeichen

In diesem Abschnitt sollen einige Sätze bewiesen werden, mit deren Hilfe u. a. der Lehrsatz 106 (s. 2.3.4) gewonnen werden kann. Dieser Lehrsatz lautet:

> Ist A eine $S2$-Formel und sind x, y irgendwelche GZ, so ist die Formel $\bigwedge x A \rightarrow [A, x, y]$ ein Theorem von $\Pi 2$.

Er ist im Unterschied zu den Axiomen aus $\alpha 14$ ohne die Einschränkung Frf(x, y, A) formuliert. Zum Beweis der erwähnten Sätze erweist es sich als zweckmäßig, zunächst einen Hilfsbegriff einzuführen. Um die Formulierung der Definition dieses Hilfsbegriffes zu vereinfachen, führen wir eine abkürzende Schreibweise ein:

> Seien A, B irgendwelche $S2$-Formeln und x, y irgendwelche GZ. Um auszudrücken, daß B aus A durch Freimachen von x für y entsteht, schreiben wir der Reihe nach (durch Kommata voneinander getrennt) je einen Namen von A, x, y und B, schließen den so entstandenen Ausdruck in runde Klammern ein und stellen dem Ganzen den Ausdruck »Frmf« voran.

Definition 2.3.3–1.

Aus A entsteht B durch Freimachen von x für y gdw sich dies aufgrund folgender Bestimmungen ergibt:

(1) Ist A eine $S2$-Atomformel und sind x, y irgendwelche GZ, so gilt Frmf(A, x, y, A).

(2) Sind A, B $S2$-Formeln, x, y irgendwelche GZ und gilt Frmf(A, x, y, B), so gilt Frmf($\neg A, x, y, \neg B$).

(3) Sind A, B, C, D $S2$-Formeln, x, y irgendwelche GZ, ist $\otimes$ ein logisches Verknüpfungszeichen und gilt Frmf(A, x, y, B) sowie Frmf(C, x, y, D), so gilt Frmf($A \otimes C, x, y, B \otimes D$).

(4) Ist A eine $S2$-Formel, Q ein Quantifikationszeichen und sind x, y, z irgendwelche GZ mit $\sim$Fr(x, QzA), so gilt Frmf(QzA, x, y, QzA).

(5) Ist A eine $S2$-Formel, Q ein Quantifikationszeichen, sind x, y, z irgendwelche GZ mit Fr(x, QzA) und $y \neq z$ und gilt Frmf(A, x, y, B), so gilt Frmf(QzA, x, y, QzB).

(6) Ist A eine $S2$-Formel, Q ein Quantifikationszeichen, sind x, y, z irgendwelche GZ mit Fr(x, QzA) und $y = z$, ist ferner u das GZ mit der kleinsten Strichzahl, welches nicht in QzA vorkommt, und gilt Frmf([A, z, u], x, y, B), so gilt Frmf(QzA, x, y, QuB).

Der soeben definierte Begriff ist dem Begriff der Substitution (vgl. Def. 2.1.2–4) in formaler Hinsicht ähnlich. Daß es sich um zwei verschiedene Begriffe handelt, kann man sich leicht klarmachen, indem man einige Konsequenzen der beiden Definitionen miteinander vergleicht. So gilt z. B.

Frmf($F_1^1 a_1, a_1, a_2, F_1^1 a_1$), aber nicht
  Sub($F_1^1 a_1, a_1, a_2, F_1^1 a_1$);
Frmf($\wedge a_2 F_1^1 a_1, a_1, a_2, \wedge a_3 F_1^1 a_1$), aber nicht
  Sub($\wedge a_2 F_1^1 a_1, a_1, a_2, \wedge a_3 F_1^1 a_1$).

Satz 2.3.3–1.
Ist A irgendeine $S2$-Formel und sind x, y irgendwelche GZ, so gibt es genau eine $S2$-Formel B mit Frmf(A, x, y, B).

Beweis: Übung!

Satz 2.3.3–2.
Seien A, B irgendwelche $S2$-Formeln und x, y irgendwelche GZ. Dann gilt: Wenn Frmf(A, x, y, B), dann Frf(x, y, B).

Beweis: Übung!

Satz 2.3.3–3.

Seien A, B irgendwelche $S2$-Formeln, x, y irgendwelche GZ und gelte Frmf(A, x, y, B). Dann gilt:

(1) Für jedes GZ v gilt: Fr(v, A) gdw Fr(v, B).
(2) Sub$(B, x, y, [A, x, y])$.
(3) $\vdash A \leftrightarrow B$.

Beweis: Wir beweisen diesen Satz durch starke unendliche Induktion nach dem Grad von A.

Induktionsbasis

Seien A, B irgendwelche $S2$-Formeln, x, y irgendwelche GZ und gelte Frmf(A, x, y, B) sowie $h' A = 0$. Dann ist definitionsgemäß $A = B$.

Ad (1): Trivial!

Ad (2): Nach Satz 2.1.2–5.(1) ist Sub$(A, x, y, [A, x, y])$. Also gilt Sub$(B, x, y, [A, x, y])$.

Ad (3): Mit LS(14*) erhält man $\vdash A \leftrightarrow B$.

Induktionsschritt

Seien A, B irgendwelche $S2$-Formeln, x, y irgendwelche GZ und gelte Frmf(A, x, y, B); sei ferner k irgendeine natürliche Zahl mit $k \geqq 0$ und gelte $h' A = k + 1$.

Fall 1: Es gibt ein C mit $A = \neg C$.

Dann gibt es ein D mit $B = \neg D$, und es gilt definitionsgemäß Frmf(C, x, y, D).

Ad (1): Nach I.V. gilt für jedes GZ v: Fr(v, C) gdw Fr(v, D). Also ist Fr$(v, \neg C)$ gdw Fr$(v, \neg D)$.

Ad (2): Nach I.V. gilt Sub$(D, x, y, [C, x, y])$. Also erhält man Sub$(\neg D, x, y, \neg [C, x, y])$ und somit Sub$(\neg D, x, y, [\neg C, x, y])$.

Ad (3): Nach I.V. gilt $\vdash C \leftrightarrow D$. Also ergibt sich mit Satz 2.3.2–9.(1) $\vdash \neg C \leftrightarrow \neg D$.

Fall 2: Es gibt C und D mit $A = C \otimes D$.

Dann gibt es E und F mit $B = E \otimes F$, Frmf(C, x, y, E) und Frmf(D, x, y, F).

Ad (1): Angenommen, Fr$(v, C \otimes D)$. Dann ist Fr(v, C) oder Fr(v, D). Ist Fr(v, C), dann ist nach I.V. Fr(v, E) und also auch Fr$(v, E \otimes F)$. Ist Fr(v, D), dann ist nach I.V. Fr(v, F) und also auch Fr$(v, E \otimes F)$. Die umgekehrte Richtung ergibt sich analog.

Ad(2): Nach I.V. gilt Sub($E, x, y, [C, x, y]$) und Sub($F, x, y, [D, x, y]$). Also gilt definitionsgemäß Sub($E \otimes F, x, y, [C, x, y] \otimes [D, x, y]$) und somit auch Sub($E \otimes F, x, y, [C \otimes D, x, y]$).

Ad (3): Nach I.V. gilt $\vdash C \leftrightarrow E$ und $\vdash D \leftrightarrow F$. Also erhält man mit Hilfe des Ersetzungstheorems für *Π2* $\vdash C \otimes D \leftrightarrow E \otimes D$ und $\vdash E \otimes D \leftrightarrow E \otimes F$. Folglich ergibt sich $\vdash C \otimes D \leftrightarrow E \otimes F$.

Fall 3: Es gibt ein z und ein C mit $A = \text{Q}zC$.

3.1: $\sim$Fr(x, QzC). Dann gilt Frmf(QzC, x, y, QzC).

Ad (1): Trivial!

Ad (2): Trivial!

Ad (3): Trivial!

3.2: Fr(x, QzC).

3.2.1: $y \neq z$.

Ad (1): Nach I.V. gilt für jedes GZ v: Fr(v, C) gdw Fr(v, D); also auch: Fr(v, QzC) gdw Fr(v, QzD).

Ad (2): Nach I.V. gilt Sub($D, x, y, [C, x, y]$). Wegen Fr(x, QzC) ist auch Fr(x, QzD) (s. (1)). Also gilt wegen $y \neq z$ definitionsgemäß Sub(QzD, x, y, Q$z[C, x, y]$) und somit Sub(QzD, x, y, [QzC, x, y]).

Ad (3): Nach I.V. gilt $\vdash C \leftrightarrow D$. Also ergibt sich:

1	$\vdash C \rightarrow D$	Satz 1.3.3*
2	$\vdash \bigwedge zC \rightarrow C$	*α14*
3	$\vdash \bigwedge zC \rightarrow D$	LS(26*), Satz 1.3.5–2*
4	$\bigwedge zC \vdash D$	Satz 1.3.3*
5	$\bigwedge zC \vdash \bigwedge zD$	GEN
6	$\vdash \bigwedge zC \rightarrow \bigwedge zD$	Deduktionstheorem

Daß auch gilt $\vdash \bigwedge zD \rightarrow \bigwedge zC$, ergibt sich völlig analog. Ferner erhält man:

1	$\vdash C \rightarrow D$	
2	$\vdash D \rightarrow \bigvee zD$	*α15*
3	$\vdash C \rightarrow \bigvee zD$	
4	$C \vdash \bigvee zD$	
5	$\bigvee zC \vdash \bigvee zD$	DEP_2
6	$\vdash \bigvee zC \rightarrow \bigvee zD$	

Daß auch gilt $\vdash \bigvee zD \rightarrow \bigvee zC$, ergibt sich völlig analog. Damit ist gezeigt, daß gilt $\vdash \text{Q}zC \leftrightarrow \text{Q}zD$.

3.2.2: $y = z$.

Sei u das GZ mit der kleinsten Strichzahl, das nicht in $\mathrm{Q}zC$ vorkommt. Dann gibt es ein D mit $B = \mathrm{Q}uD$ und Frmf($[C, z, u]$, x, y, D).

Ad (1): Nach I.V. gilt für jedes GZ v: Fr($v, [C, z, u]$) gdw Fr(v, D).

a. Angenommen, Fr($v, \mathrm{Q}zC$). Dann ist Fr(v, C) und $v \neq z$. Daher gilt nach Satz 2.1.2–7.(1) Fr($v, [C, z, u]$), und man erhält folglich mit I.V. Fr(v, D). Wegen $v \neq u$ gilt also Fr($v, \mathrm{Q}uD$).

b. Angenommen, Fr($v, \mathrm{Q}uD$). Dann ist Fr(v, D) und $v \neq u$. Also gilt nach I.V. Fr($v, [C, z, u]$). Da wegen Satz 2.1.2–7.(6) $\sim$Fr($v, [C, v, u]$), muß also gelten $v \neq z$. Ferner gilt nach Satz 2.1.2–7.(1) Fr($v, [[C, z, u], u, z]$). Da u nicht in C vorkommt, ist Frf(z, u, C) und $\sim$Fr(u, C). Folglich ergibt sich mit Satz 2.1.2–7.(9) Sub($[C, z, u], u, z, C$), und es gilt somit $[[C, z, u], u, z] = C$. Also ist Fr(v, C) und daher auch Fr($v, \mathrm{Q}zC$).

Ad (2): Nach I.V. gilt Sub($D, x, y, [[C, z, u], x, y]$). Wegen Fr($x, \mathrm{Q}zC$) gilt nach (1) Fr($x, \mathrm{Q}uD$). Ferner ist wegen $y = z$ und $z \neq u$ auch $y \neq u$. Also erhält man definitionsgemäß Sub($\mathrm{Q}uD, x, y, \mathrm{Q}u[[C, z, u], x, y]$). Da nach Satz 2.1.2–6.(5) $[\mathrm{Q}zC, x, y] = \mathrm{Q}u[[C, z, u], x, y]$, ergibt sich also Sub($\mathrm{Q}uD$, $x, y, [\mathrm{Q}zC, x, y]$).

Ad (3): Es gilt Sub($C, z, u, [C, z, u]$) und, wie unter (2) bereits gezeigt wurde, Sub($[C, z, u], u, z, C$). Also gilt nach Satz 2.3.2–10 $\vdash \mathrm{Q}zC \leftrightarrow \mathrm{Q}u[C, z, u]$. Folglich erhält man mit I.V. $\vdash [C, z, u] \leftrightarrow D$, und man gewinnt mit dem Ersetzungstheorem für *Π2* $\vdash \mathrm{Q}zC \leftrightarrow \mathrm{Q}uD$.

Der folgende Satz ist ein Hilfssatz für Satz 2.3.3–4:

Lemma

Sei A irgendeine *S2*-Formel, seien x, y irgendwelche GZ und gelte Frf(x, y, A) sowie $\sim$Fr(y, A). Dann gilt:

(1) $\vdash \bigwedge xA \leftrightarrow \bigwedge y[A, x, y]$.
(2) $\vdash \bigvee xA \leftrightarrow \bigvee y[A, x, y]$.

Ad (1):

1	$\mathrm{Frf}(x, y, A)$ und $\sim \mathrm{Fr}(y, A)$	
2	$\vdash \bigwedge x A \rightarrow [A, x, y]$	$\alpha 14$
3	$\bigwedge x A \vdash [A, x, y]$	Satz 1.3.3*
4	$\bigwedge x A \vdash \bigwedge y [A, x, y]$	GEN
5	$\vdash \bigwedge x A \rightarrow \bigwedge y [A, x, y]$	Deduktionstheorem
6	$\mathrm{Frf}(y, x, [A, x, y])$	Satz 2.1.2–7.(10)
7	$\vdash \bigwedge y [A, x, y] \rightarrow [[A, x, y], y, x]$	$\alpha 14$
8	$\mathrm{Sub}([A, x, y], y, x, A)$	Satz 2.1.2–7.(9)
9	$[[A, x, y], y, x] = A$	Satz 2.1.2–5.(2)
10	$\vdash \bigwedge y [A, x, y] \rightarrow A$	
11	$\bigwedge y [A, x, y] \vdash A$	Satz 1.3.3*
12	$\sim \mathrm{Fr}(x, \bigwedge y [A, x, y])$	Satz 2.1.2–7.(8)
13	$\bigwedge y [A, x, y] \vdash \bigwedge x A$	GEN
14	$\vdash \bigwedge y [A, x, y] \rightarrow \bigwedge x A$	Deduktionstheorem
15	$\vdash \bigwedge x A \leftrightarrow \bigwedge y [A, x, y]$	Satz 1.3.3*

Ad (2):

1	$\mathrm{Frf}(x, y, A)$ und $\sim \mathrm{Fr}(y, A)$	
2	$\vdash [A, x, y] \rightarrow \bigvee x A$	$\alpha 15$
3	$[A, x, y] \vdash \bigvee x A$	Satz 1.3.3*
4	$\bigvee y [A, x, y] \vdash \bigvee x A$	DEP_2
5	$\vdash \bigvee y [A, x, y] \rightarrow \bigvee x A$	Deduktionstheorem
6	$\mathrm{Frf}(y, x, [A, x, y])$	Satz 2.1.2–7.(10)
7	$\vdash [[A, x, y], y, x] \rightarrow \bigvee y [A, x, y]$	$\alpha 15$
8	$\mathrm{Sub}([A, x, y], y, x, A)$	Satz 2.1.2–7.(9)
9	$[[A, x, y], y, x] = A$	Satz 2.1.2–5.(2)
10	$\vdash A \rightarrow \bigvee y [A, x, y]$	
11	$A \vdash \bigvee y [A, x, y]$	Satz 1.3.3*
12	$\sim \mathrm{Fr}(x, \bigvee y [A, x, y])$	Satz 2.1.2–7.(8)
13	$\bigvee x A \vdash \bigvee y [A, x, y]$	DEP_2
14	$\vdash \bigvee x A \rightarrow \bigvee y [A, x, y]$	Deduktionstheorem
15	$\vdash \bigvee x A \leftrightarrow \bigvee y [A, x, y]$	Satz 1.3.3*

Satz 2.3.3–4.

Sei A irgendeine *S2*-Formel, Q ein Quantifikationszeichen, seien x, y irgendwelche GZ und gelte $\sim \mathrm{Fr}(y, A)$. Dann gilt:

(1) $\vdash \mathrm{Q} x A \leftrightarrow \mathrm{Q} y [A, x, y]$.

(2) $\vdash \mathrm{Q} x A$ gdw $\vdash \mathrm{Q} y [A, x, y]$.

Ad (1): Angenommen, es gelten die Voraussetzungen. Nun gibt es ein B mit Frmf(A, x, y, B), für das nach Satz 2.3.3–3 $\sim$Fr(y, B), Sub($B, x, y, [A, x, y]$) und $\vdash A \leftrightarrow B$ gilt. Ferner gilt nach Satz 2.3.3–2 Frf(x, y, B). Folglich ergibt sich mit dem obigen Lemma $\vdash \mathrm{Q}xB \leftrightarrow \mathrm{Q}y[B, x, y]$, und man erhält mit dem Ersetzungstheorem $\vdash \mathrm{Q}xA \leftrightarrow \mathrm{Q}y[B, x, y]$. Da nun $[B, x, y] = [A, x, y]$, gewinnt man schließlich $\vdash \mathrm{Q}xA \leftrightarrow \mathrm{Q}y[A, x, y]$.

Satz 2.3.3–5.

Sei A irgendeine $S2$-Formel, Q ein Quantifikationszeichen, seien x, y irgendwelche GZ und gelte $\sim$Fr(y, QxA). Dann gilt:

(1) $\vdash \mathrm{Q}xA \leftrightarrow \mathrm{Q}y[A, x, y]$.
(2) $\vdash \mathrm{Q}xA$ gdw $\vdash \mathrm{Q}y[A, x, y]$.

Der Beweis ergibt sich sofort mit dem vorhergehenden Satz.

2.3.4. Lehrsätze über $\Pi 2$

In diesem Abschnitt beweisen wir die wichtigsten Lehrsätze der Prädikatenlogik erster Stufe ohne Identität.

Seien A, B irgendwelche $S2$-Formeln und x, y irgendwelche GZ. Dann gilt:

LS (106) $\vdash \bigwedge xA \rightarrow [A, x, y]$
(107) $\vdash [A, x, y] \rightarrow \bigvee xA$
(108) $\vdash \bigwedge xA \leftrightarrow A$, falls $\sim$Fr(x, A)
(109) $\vdash \bigvee xA \leftrightarrow A$, falls $\sim$Fr(x, A)
(110) $\vdash \bigwedge xA \rightarrow \bigvee xA$
(111) $\vdash \bigvee x \bigwedge yA \rightarrow \bigwedge y \bigvee xA$
(112) $\vdash \bigwedge x \bigwedge yA \leftrightarrow \bigwedge y \bigwedge xA$
(113) $\vdash \bigvee x \bigvee yA \leftrightarrow \bigvee y \bigvee xA$
(114) $\vdash \bigwedge xA \leftrightarrow \neg \bigvee x \neg A$
(115) $\vdash \neg \bigwedge xA \leftrightarrow \bigvee x \neg A$
(116) $\vdash \bigvee xA \leftrightarrow \neg \bigwedge x \neg A$
(117) $\vdash \neg \bigvee xA \leftrightarrow \bigwedge x \neg A$
(118) $\vdash \bigwedge x(A \wedge B) \leftrightarrow \bigwedge xA \wedge \bigwedge xB$
(119) $\vdash \bigvee x(A \vee B) \leftrightarrow \bigvee xA \vee \bigvee xB$
(120) $\vdash \bigwedge x(A \wedge B) \leftrightarrow A \wedge \bigwedge xB$, falls $\sim$Fr(x, A)
(121) $\vdash \bigwedge x(A \wedge B) \leftrightarrow \bigwedge xA \wedge B$, falls $\sim$Fr(x, B)
(122) $\vdash \bigvee x(A \vee B) \leftrightarrow A \vee \bigvee xB$, falls $\sim$Fr(x, A)
(123) $\vdash \bigvee x(A \vee B) \leftrightarrow \bigvee xA \vee B$, falls $\sim$Fr(x, B)
(124) $\vdash \bigwedge xA \vee \bigwedge xB \rightarrow \bigwedge x(A \vee B)$

(125) $\vdash \bigvee x(A \wedge B) \rightarrow \bigvee xA \wedge \bigvee xB$

(126) $\vdash \bigwedge x(A \vee B) \leftrightarrow A \vee \bigwedge xB$, falls $\sim \mathrm{Fr}(x, A)$

(127) $\vdash \bigwedge x(A \vee B) \leftrightarrow \bigwedge xA \vee B$, falls $\sim \mathrm{Fr}(x, B)$

(128) $\vdash \bigvee x(A \wedge B) \leftrightarrow A \wedge \bigvee xB$, falls $\sim \mathrm{Fr}(x, A)$

(129) $\vdash \bigvee x(A \wedge B) \leftrightarrow \bigvee xA \wedge B$, falls $\sim \mathrm{Fr}(x, B)$

(130) $\vdash \bigwedge x(A \rightarrow B) \leftrightarrow (A \rightarrow \bigwedge xB)$, falls $\sim \mathrm{Fr}(x, A)$

(131) $\vdash \bigwedge x(A \rightarrow B) \leftrightarrow (\bigvee xA \rightarrow B)$, falls $\sim \mathrm{Fr}(x, B)$

(132) $\vdash \bigvee x(A \rightarrow B) \leftrightarrow (A \rightarrow \bigvee xB)$, falls $\sim \mathrm{Fr}(x, A)$

(133) $\vdash \bigvee x(A \rightarrow B) \leftrightarrow (\bigwedge xA \rightarrow B)$, falls $\sim \mathrm{Fr}(x, B)$

(134) $\vdash \bigvee x(A \rightarrow B) \leftrightarrow (\bigwedge xA \rightarrow \bigvee xB)$

(135) $\vdash \bigwedge x(A \leftrightarrow B) \rightarrow (\bigwedge xA \leftrightarrow \bigwedge xB)$

(136) $\vdash \bigwedge x(A \leftrightarrow B) \rightarrow (A \leftrightarrow \bigwedge xB)$, falls $\sim \mathrm{Fr}(x, A)$

(137) $\vdash \bigwedge x(A \leftrightarrow B) \rightarrow (\bigwedge xA \leftrightarrow B)$, falls $\sim \mathrm{Fr}(x, B)$

(138) $\vdash \bigwedge x(A \leftrightarrow B) \rightarrow (\bigvee xA \leftrightarrow \bigvee xB)$

(139) $\vdash \bigwedge x(A \leftrightarrow B) \rightarrow (A \leftrightarrow \bigvee xB)$, falls $\sim \mathrm{Fr}(x, A)$

(140) $\vdash \bigwedge x(A \leftrightarrow B) \rightarrow (\bigvee xA \leftrightarrow B)$, falls $\sim \mathrm{Fr}(x, B)$

(141) $\vdash (\bigwedge xA \rightarrow \bigwedge xB) \rightarrow \bigvee x(A \rightarrow B)$

(142) $\vdash (\bigvee xA \rightarrow \bigvee xB) \rightarrow \bigvee x(A \rightarrow B)$

Ad (106): Es gibt ein C mit $\mathrm{Frmf}(A, x, y, C)$. Also gilt:

1	$\mathrm{Frf}(x, y, C)$	Satz 2.3.3–2
2	$\vdash A \leftrightarrow C$	Satz 2.3.3–3.(3)
3	$\vdash \bigwedge xC \rightarrow [C, x, y]$	$\alpha 14$
4	$\mathrm{Sub}(C, x, y, [A, x, y])$	Satz 2.3.3–3.(2)
5	$[C, x, y] = [A, x, y]$	[4]
6	$\vdash \bigwedge xC \rightarrow [A, x, y]$	[3, 5]
7	$\vdash \bigwedge xA \rightarrow [A, x, y]$	Ersetzungstheorem [2, 6]

Ad (108): Mit $\alpha 14$ und $\alpha 16$.

Ad (109): Mit $\alpha 15$ und $\alpha 17$.

Ad (110): Mit $\alpha 14$ und $\alpha 15$.

Ad (111):

1	$\vdash \bigwedge yA \rightarrow A$	$\alpha 14$
2	$\vdash A \rightarrow \bigvee xA$	$\alpha 15$
3	$\vdash \bigwedge yA \rightarrow \bigvee xA$	[1, 2]
4	$\bigwedge yA \vdash \bigvee xA$	[3]
5	$\bigwedge yA \vdash \bigwedge y \bigvee xA$	GEN
6	$\bigvee x \bigwedge yA \vdash \bigwedge y \bigvee xA$	DEP_2
7	$\vdash \bigvee x \bigwedge yA \rightarrow \bigwedge y \bigvee xA$	[6]

Ad (112):

1	$\vdash \bigwedge x \bigwedge y A \to \bigwedge y A$	$\alpha 14$
2	$\vdash \bigwedge y A \to A$	$\alpha 14$
3	$\vdash \bigwedge x \bigwedge y A \to A$	[1, 2]
4	$\bigwedge x \bigwedge y A \vdash A$	[3]
5	$\bigwedge x \bigwedge y A \vdash \bigwedge x A$	GEN
6	$\bigwedge x \bigwedge y A \vdash \bigwedge y \bigwedge x A$	GEN
7	$\vdash \bigwedge x \bigwedge y A \to \bigwedge y \bigwedge x A$	[6]

Umgekehrt analog!

Ad (113):

1	$\vdash A \to \bigvee x A$	$\alpha 15$
2	$\vdash \bigvee x A \to \bigvee y \bigvee x A$	$\alpha 15$
3	$\vdash A \to \bigvee y \bigvee x A$	[1, 2]
4	$A \vdash \bigvee y \bigvee x A$	[3]
5	$\bigvee y A \vdash \bigvee y \bigvee x A$	DEP_2
6	$\bigvee x \bigvee y A \vdash \bigvee y \bigvee x A$	DEP_2
7	$\vdash \bigvee x \bigvee y A \to \bigvee y \bigvee x A$	[6]

Umgekehrt analog!

Ad (114):

1	$\vdash \bigwedge x A \to A$	$\alpha 14$
2	$\vdash \neg A \to \neg \bigwedge x A$	LS (43*)
3	$\neg A \vdash \neg \bigwedge x A$	[2]
4	$\bigvee x \neg A \vdash \neg \bigwedge x A$	DEP_2
5	$\vdash \bigvee x \neg A \to \neg \bigwedge x A$	[4]
6	$\vdash \bigwedge x A \to \neg \bigvee x \neg A$	LS (45*)
7	$\vdash \neg A \to \bigvee x \neg A$	$\alpha 15$
8	$\vdash \neg \bigvee x \neg A \to A$	LS (46*)
9	$\neg \bigvee x \neg A \vdash A$	[8]
10	$\neg \bigvee x \neg A \vdash \bigwedge x A$	GEN
11	$\vdash \neg \bigvee x \neg A \to \bigwedge x A$	[10]
12	$\vdash \bigwedge x A \leftrightarrow \neg \bigvee x \neg A$	[6, 11]

Ad (115):

1	$\vdash \bigwedge x A \leftrightarrow \neg \bigvee x \neg A$	LS (114)
2	$\vdash \neg \bigwedge x A \leftrightarrow \neg \neg \bigvee x \neg A$	ET
3	$\vdash \neg \bigwedge x A \leftrightarrow \bigvee x \neg A$	LS (81*), ET

Ad (119):

1	$\vdash \bigvee x(A \vee B) \leftrightarrow \bigvee x \neg(\neg A \wedge \neg B)$	LS(83*), ET
2	$\vdash \bigvee x \neg(\neg A \wedge \neg B) \leftrightarrow \neg \bigwedge x(\neg A \wedge \neg B)$	LS(115)
3	$\vdash \neg \bigwedge x(\neg A \wedge \neg B) \leftrightarrow \neg(\bigwedge x \neg A \wedge \bigwedge x \neg B)$	LS(118), ET
4	$\vdash \neg(\bigwedge x \neg A \wedge \bigwedge x \neg B) \leftrightarrow \neg \bigwedge x \neg A \vee \neg \bigwedge x \neg B$	LS(88*)
5	$\vdash \neg \bigwedge x \neg A \vee \neg \bigwedge x \neg B \leftrightarrow \bigvee x A \vee \bigvee x B$	LS(116), ET
6	$\vdash \bigvee x(A \vee B) \leftrightarrow \bigvee x A \vee \bigvee x B$	LS(58*)

Ad (120): Mit LS(118), LS(108) und ET.

Ad (122): Mit LS(119), LS(109) und ET.

Ad (124):

1	$\vdash \bigwedge x A \rightarrow A$	*α14*
2	$\vdash A \rightarrow A \vee B$	*α6**
3	$\vdash \bigwedge x A \rightarrow A \vee B$	LS(26*), Satz 1.3.5–2*
4	$\bigwedge x A \vdash A \vee B$	[3]
5	$\bigwedge x A \vdash \bigwedge x(A \vee B)$	GEN
6	$\vdash \bigwedge x A \rightarrow \bigwedge x(A \vee B)$	[5]
7	$\vdash \bigwedge x B \rightarrow \bigwedge x(A \vee B)$	Analog!
8	$\vdash \bigwedge x A \vee \bigwedge x B \rightarrow \bigwedge x(A \vee B)$	LS(8*), Satz 1.3.5–2*

Ad (125):

1	$\vdash \bigwedge x \neg A \vee \bigwedge x \neg B \rightarrow \bigwedge x(\neg A \vee \neg B)$	LS(124)
2	$\vdash \neg \bigwedge x(\neg A \vee \neg B) \rightarrow \neg(\bigwedge x \neg A \vee \bigwedge x \neg B)$	LS(43*), Satz 1.3.5–2*
3	$\vdash \neg \bigwedge x(\neg A \vee \neg B) \rightarrow \neg \bigwedge x \neg A \wedge \neg \bigwedge x \neg B$	LS(89*), ET
4	$\vdash \bigvee x \neg(\neg A \vee \neg B) \rightarrow \neg \bigwedge x \neg A \wedge \neg \bigwedge x \neg B$	LS(115), ET
5	$\vdash \bigvee x(A \wedge B) \rightarrow \neg \bigwedge x \neg A \wedge \neg \bigwedge x \neg B$	LS(82*), ET
6	$\vdash \bigvee x(A \wedge B) \rightarrow \bigvee x A \wedge \bigvee x B$	LS(116), ET

Ad (126):

1	$\vdash \bigwedge x(A \vee B) \rightarrow A \vee B$	*α14*
2	$\bigwedge x(A \vee B) \vdash A \vee B$	[1]
3	$\bigwedge x(A \vee B), \neg A \wedge \neg \bigwedge x B \vdash A \vee B$	Satz 1.3.3*
4	$\neg A \wedge \neg \bigwedge x B \vdash \neg A$	LS(3*)
5	$\bigwedge x(A \vee B), \neg A \wedge \neg \bigwedge x B \vdash \neg A$	Satz 1.3.3*
6	$A \vee B, \neg A \vdash B$	LS(47*)
7	$\bigwedge x(A \vee B), \neg A \wedge \neg \bigwedge x B \vdash B$	Satz 1.3.5–2*
8	$\bigwedge x(A \vee B), \neg A \wedge \neg \bigwedge x B \vdash \bigwedge x B$	GEN

9	$\neg A \wedge \neg \bigwedge x B \vdash \neg \bigwedge x B$	LS(4*)
10	$\bigwedge x(A \vee B), \neg A \wedge \neg \bigwedge x B \vdash \neg \bigwedge x B$	Satz 1.3.3*
11	$\bigwedge x(A \vee B) \vdash \neg(\neg A \wedge \neg \bigwedge x B)$	Satz 1.3.5–2*
12	$\vdash \bigwedge x(A \vee B) \rightarrow \neg(\neg A \wedge \neg \bigwedge x B)$	[11]
13	$\vdash \bigwedge x(A \vee B) \rightarrow A \vee \bigwedge x B$	LS(83*), ET
14	$\vdash \bigwedge x A \vee \bigwedge x B \rightarrow \bigwedge x(A \vee B)$	LS(124)
15	$\vdash A \vee \bigwedge x B \rightarrow \bigwedge x(A \vee B)$	LS(108), ET
16	$\vdash \bigwedge x(A \vee B) \leftrightarrow A \vee \bigwedge x B$	[13, 15]

Ad (128):

1	$\vdash \bigwedge x(\neg A \vee \neg B) \leftrightarrow \neg A \vee \bigwedge x \neg B$	LS(126)
2	$\vdash \bigwedge x \neg(A \wedge B) \leftrightarrow \neg A \vee \bigwedge x \neg B$	LS(88*), ET
3	$\vdash \neg \bigvee x(A \wedge B) \leftrightarrow \neg A \vee \bigwedge x \neg B$	LS(117), ET
4	$\vdash \neg \bigvee x(A \wedge B) \leftrightarrow \neg A \vee \neg \bigvee x B$	LS(117*), ET
5	$\vdash \neg \bigvee x(A \wedge B) \leftrightarrow \neg(A \wedge \bigvee x B)$	LS(88*), ET
6	$\vdash \neg \neg \bigvee x(A \wedge B) \leftrightarrow \neg \neg(A \wedge \bigvee x B)$	LS(64*), Satz 1.3.5–2*
7	$\vdash \bigvee x(A \wedge B) \leftrightarrow A \wedge \bigvee x B$	LS(81*), ET

Ad (130):

1	$\vdash \bigwedge x(\neg A \vee B) \leftrightarrow \neg A \vee \bigwedge x B$	LS(126)
2	$\vdash \bigwedge x(A \rightarrow B) \leftrightarrow (A \rightarrow \bigwedge x B)$	LS(85*), ET

Ad (134):

1	$\vdash \bigvee x(A \rightarrow B) \leftrightarrow \bigvee x \neg(A \wedge \neg B)$	LS(84*), ET
2	$\vdash \bigvee x \neg(A \wedge \neg B) \leftrightarrow \neg \bigwedge x(A \wedge \neg B)$	LS(115)
3	$\vdash \neg \bigwedge x(A \wedge \neg B) \leftrightarrow \neg(\bigwedge x A \wedge \bigwedge x \neg B)$	LS(118), ET
4	$\vdash \neg(\bigwedge x A \wedge \bigwedge x \neg B) \leftrightarrow \neg(\bigwedge x A \wedge \neg \bigvee x B)$	LS(117), ET
5	$\vdash \neg(\bigwedge x A \wedge \neg \bigvee x B) \leftrightarrow (\bigwedge x A \rightarrow \bigvee x B)$	LS(84*)
6	$\vdash \bigvee x(A \rightarrow B) \leftrightarrow (\bigwedge x A \rightarrow \bigvee x B)$	LS(58*), Satz 1.3.5–2*

Ad (141):

1	$\bigwedge x A \rightarrow \bigwedge x B, \bigwedge x B \rightarrow \bigvee x B \vdash \bigwedge x A \rightarrow \bigvee x B$	LS(26*)
2	$\bigwedge x A \rightarrow \bigwedge x B \vdash \bigwedge x A \rightarrow \bigvee x B$	LS(110), Satz 1.3.5–2*
3	$\vdash \bigvee x(A \rightarrow B) \leftrightarrow (\bigwedge x A \rightarrow \bigvee x B)$	LS(134)
4	$\vdash (\bigwedge x A \rightarrow \bigvee x B) \rightarrow \bigvee x(A \rightarrow B)$	Satz 1.3.3*
5	$\bigwedge x A \rightarrow \bigwedge x B \vdash \bigvee x(A \rightarrow B)$	Satz 1.3.3*
6	$\vdash (\bigwedge x A \rightarrow \bigwedge x B) \rightarrow \bigvee x(A \rightarrow B)$	[5]

Ad (142): Mit LS(110) und LS(134).

Aufgabe: Man zeige, daß gilt:

1. $\vdash \bigwedge xA \wedge \bigvee xB \rightarrow \bigvee x(A \wedge B)$
2. $\vdash \bigwedge x(A \vee B) \rightarrow \bigwedge xA \vee \bigvee xB$
3. $\vdash \bigwedge xA \vee \bigvee xB \rightarrow \bigvee x(A \vee B)$
4. $\vdash (\bigvee xA \rightarrow \bigwedge xB) \rightarrow \bigwedge x(A \rightarrow B)$
5. $\vdash \neg \bigwedge x \bigvee yA \leftrightarrow \bigvee x \bigwedge y \neg A$.

2.3.5. Konsistente und maximalkonsistente Formelklassen

Für den Beweis des Erfüllbarkeitssatzes (vgl. 2.3.7) benötigen wir einige Sätze über konsistente und maximalkonsistente Formelklassen.

Definition 2.3.5–1.

Γ ist *Π2-konsistent* gdw
(1) $\Gamma \subseteq S2$;
(2) es gibt keine $S2$-Formel A derart, daß $\Gamma \vdash_{\Pi 2} A$ und $\Gamma \vdash_{\Pi 2} \neg A$.

Definition 2.3.5–2.

Γ ist *Π2-inkonsistent* gdw
(1) $\Gamma \subseteq S2$;
(2) Γ ist nicht $\Pi 2$-konsistent.

Satz 2.3.5–1.
(1) Jede Teilklasse einer $\Pi 2$-konsistenten Formelklasse ist $\Pi 2$-konsistent.
(2) Jede Oberklasse einer $\Pi 2$-inkonsistenten Formelklasse ist $\Pi 2$-inkonsistent.

Satz 2.3.5–2.
Sei Γ irgendeine $\Pi 2$-konsistente Formelklasse und A irgendeine $S2$-Formel. Dann ist $\Gamma \cup \{A\}$ oder $\Gamma \cup \{\neg A\}$ $\Pi 2$-konsistent.

Beweis: Wäre weder $\Gamma \cup \{A\}$ noch $\Gamma \cup \{\neg A\}$ $\Pi 2$-konsistent, so gäbe es eine Formel B mit $\Gamma \cup \{A\} \vdash B$ und $\Gamma \cup \{A\} \vdash \neg B$ sowie eine Formel C mit $\Gamma \cup \{\neg A\} \vdash C$ und $\Gamma \cup \{\neg A\} \vdash \neg C$. Folglich müßte nach Satz 1.3.5–2* gelten: $\Gamma \vdash \neg A$ und $\Gamma \vdash \neg \neg A$.

Definition 2.3.5–3.

Γ ist *$\Pi 2$-maximalkonsistent* gdw
(1) Γ ist $\Pi 2$-konsistent;
(2) für jede $S2$-Formel A gilt: wenn $A \notin \Gamma$, dann ist $\Gamma \cup \{A\}$ $\Pi 2$-inkonsistent.

Eine maximalkonsistente Formelklasse ist also eine konsistente Formelklasse, die inkonsistent wird, wenn man ihr eine weitere Formel hinzufügt.

Satz 2.3.5–3.
Sei Γ irgendeine $\Pi 2$-maximalkonsistente Formelklasse und A irgendeine $S2$-Formel. Dann gilt: $\Gamma \vdash A$ gdw $A \in \Gamma$.

Beweis: Angenommen, $\Gamma \vdash A$. Wäre $A \notin \Gamma$, so wäre $\Gamma \cup \{A\}$ voraussetzungsgemäß $\Pi 2$-inkonsistent. Also gäbe es ein B mit $\Gamma \cup \{A\} \vdash B$ und $\Gamma \cup \{A\} \vdash \neg B$. Folglich müßte wegen Satz 1.3.5–2* gelten $\Gamma \vdash \neg A$. Also wäre Γ im Widerspruch zur Voraussetzung $\Pi 2$-inkonsistent.

Satz 2.3.5–4.
Sei Γ irgendeine $\Pi 2$-maximalkonsistente Formelklasse und A irgendein Theorem von $\Pi 2$. Dann ist $A \in \Gamma$.

Satz 2.3.5–5.
Sei Γ irgendeine $\Pi 2$-maximalkonsistente Formelklasse und A irgendeine $S2$-Formel. Dann gilt: $\Gamma \vdash A$ oder $\Gamma \vdash \neg A$.

Beweis: Wäre weder $\Gamma \vdash A$ noch $\Gamma \vdash \neg A$, so wäre nach Satz 2.3.5–3 sowohl $A \notin \Gamma$ als auch $\neg A \notin \Gamma$. Folglich wäre definitionsgemäß sowohl $\Gamma \cup \{A\}$ als auch $\Gamma \cup \{\neg A\}$ $\Pi 2$-inkonsistent. Also wäre Γ wegen Satz 2.3.5–2 nicht $\Pi 2$-konsistent.

Satz 2.3.5–6. (LINDENBAUMs *Theorem*)
Jede $\Pi 2$-konsistente Formelklasse ist Teilklasse wenigstens einer $\Pi 2$-maximalkonsistenten Formelklasse.

Beweis: Sei Γ irgendeine $\Pi 2$-konsistente Formelklasse. Sei ferner $A_0, A_1, A_2, \ldots$ eine Abzählung aller $S2$-Formeln. Wir definieren nun induktiv eine Folge $\Delta_0, \Delta_1, \Delta_2, \ldots$ von Formelklassen:

(1) $\Delta_0 = \Gamma$.

(2) Für jedes $k (k \geqq 0)$ sei $\Delta_{k+1} = \begin{cases} \Delta_k \cup \{A_k\}, \text{ falls } \Delta_k \cup \{A_k\} \\ \Pi 2\text{-konsistent ist;} \\ \Delta_k \cup \{\neg A_k\}, \text{ falls } \Delta_k \cup \{A_k\} \text{ nicht} \\ \Pi 2\text{-konsistent ist.} \end{cases}$

Wir beweisen zunächst durch schwache unendliche Induktion, daß für alle $n \geqq 0$ gilt: Δ_n ist $\Pi 2$-konsistent.

Induktionsbasis

Definitionsgemäß ist $\Delta_0 = \Gamma$. Also ist Δ_0 nach Voraussetzung $\Pi 2$-konsistent.

Induktionsschritt

Sei k irgendeine natürliche Zahl mit $k \geqq 0$ und sei Δ_k $\Pi 2$-konsistent. (I.V.)

Fall 1: $\Delta_k \cup \{A_k\}$ ist $\Pi 2$-konsistent.

Dann ist definitionsgemäß $\Delta_{k+1} = \Delta_k \cup \{A_k\}$. Also ist Δ_{k+1} $\Pi 2$-konsistent.

Fall 2: $\Delta_k \cup \{A_k\}$ ist nicht $\Pi 2$-konsistent.

Dann ist definitionsgemäß $\Delta_{k+1} = \Delta_k \cup \{\neg A_k\}$. Da Δ_k nach I.V. $\Pi 2$-konsistent ist, muß wegen Satz 2.3.5–2 $\Delta_k \cup \{A_k\}$ oder $\Delta_k \cup \{\neg A_k\}$ $\Pi 2$-konsistent sein. Folglich ist Δ_{k+1} $\Pi 2$-konsistent.

Sei nun Δ die Klasse aller $S2$-Formeln A, so daß gilt: es gibt ein $i (i \geqq 0)$ derart, daß $A \in \Delta_i$. Wir zeigen, daß Δ eine $\Pi 2$-maximal-konsistente Oberklasse von Γ ist.

a. Δ ist $\Pi 2$-konsistent.

Beweis: Angenommen, Δ ist nicht $\Pi 2$-konsistent. Dann gibt es eine $S2$-Formel A mit $\Delta \vdash A$ und $\Delta \vdash \neg A$. Folglich gilt $\Delta \vdash A \wedge \neg A$. Es existiert somit eine endliche Teilklasse Δ^* von Δ mit $\Delta^* \vdash A \wedge \neg A$. Also gilt auch $\Delta^* \vdash A$ und $\Delta^* \vdash \neg A$.

Fall 1: $\Delta^* = \emptyset$.

Dann gilt $\vdash A$ und $\vdash \neg A$, und es gilt daher $\Gamma \vdash A$ und $\Gamma \vdash \neg A$. Dies widerspricht jedoch der Voraussetzung, daß Γ konsistent ist.

Fall 2: $\Delta^* \neq \emptyset$.

Da für jedes $i (i \geqq 0)$ $\Delta_i \subseteq \Delta_{i+1}$ gilt und ferner voraussetzungsgemäß für jedes Element B von Δ^* ein $j (j \geqq 0)$ mit $B \in \Delta_j$ existiert, gibt es ein $n (n \geqq 0)$ mit $\Delta^* \subseteq \Delta_n$. Es ergibt sich somit $\Delta_n \vdash A$ und $\Delta_n \vdash \neg A$. Δ_n ist aber, wie bereits gezeigt wurde, konsistent.

b. Für jede $S2$-Formel A gilt: wenn $A \notin \Delta$, dann ist $\Delta \cup \{A\}$ $\Pi2$-inkonsistent.

Beweis: Sei A irgendeine $S2$-Formel mit $A \notin \Delta$ und sei $\Delta \cup \{A\}$ $\Pi2$-konsistent. Dann gibt es ein $i (i \geqq 0)$ mit $A = A_i$. Also ist $\Delta \cup \{A_i\}$ $\Pi2$-konsistent. Wegen $\Delta_i \subseteq \Delta$ ist $\Delta_i \cup \{A_i\} \subseteq \Delta \cup \{A_i\}$. Folglich ist nach Satz 2.3.5–1.(1) $\Delta_i \cup \{A_i\}$ $\Pi2$-konsistent, und es gilt daher definitionsgemäß $\Delta_{i+1} = \Delta_i \cup \{A_i\}$. Also ist $A_i \in \Delta_{i+1}$ und somit auch $A_i \in \Delta$, da auch $\Delta_{i+1} \subseteq \Delta$. Also gilt im Widerspruch zur Voraussetzung $A \in \Delta$.

2.3.6. Abbildungsformeln und Abbildungsinterpretationen

Dem Beweis des Erfüllbarkeitssatzes für $\Pi2$, den wir in 2.3.7 führen werden, liegt die Tatsache zugrunde, daß es zu jeder Formelklasse Γ eine Formelklasse Γ^* gibt, so daß gilt:

1. es gibt unendlich viele GZ, die in keinem Element von Γ^* vorkommen.
2. Wenn Γ $\Pi2$-konsistent ist, dann ist Γ^* $\Pi2$-konsistent;
3. wenn Γ^* $S2$-simultan erfüllbar ist, dann ist Γ $S2$-simultan erfüllbar.

Die Existenz einer solchen Formelklasse ergibt sich aus den Sätzen, die wir in diesem Abschnitt beweisen werden. Wir folgen dabei im wesentlichen der Darstellung von H. HERMES (1972).

Definition 2.3.6–1.

ϕ ist eine GZ-*Abbildung* gdw ϕ eine eineindeutige Funktion von gz in gz ist.

Eine GZ-Abbildung ist beispielsweise diejenige Funktion auf gz, die jedem GZ a_i das GZ a_{2i} $(i \geqq 1)$ zuordnet. Wie man leicht einsieht, gilt für jede GZ-Abbildung ϕ und für alle GZ x, y: $\phi(x) = \phi(y)$ gdw $x = y$. Mit Hilfe einer GZ-Abbildung ϕ kann man nun jeder $S2$-Formel B eine »Abbildungsformel« zuordnen, die – intuitiv gesprochen – aus B dadurch entsteht, daß jedes in B vorkommende GZ x durch $\phi(x)$ ersetzt wird.

Definition 2.3.6–2.

Eine $S2$-Formel A ist eine *Abbildungsformel von* einer $S2$-Formel *B bezüglich* einer GZ-Abbildung ϕ gdw sich dies aufgrund folgender Bestimmungen ergibt:

(1) Ist ϕ eine GZ-Abbildung, P ein n-stelliges PZ und sind $x_1, \ldots, x_n$ irgendwelche GZ, so ist die Formel $P\phi(x_1)\ldots\phi(x_n)$ eine Abbildungsformel von $Px_1\ldots x_n$ bezüglich ϕ.
(2) Ist ϕ eine GZ-Abbildung, sind A, B $S2$-Formeln und ist A eine Abbildungsformel von B bezüglich ϕ, so ist $\neg A$ eine Abbildungsformel von $\neg B$ bezüglich ϕ.
(3) Ist ϕ eine GZ-Abbildung und $\otimes$ ein logisches Verknüpfungszeichen, sind A, B, C, D $S2$-Formeln und ist A eine Abbildungsformel von B bezüglich ϕ sowie C eine Abbildungsformel von D bezüglich ϕ, so ist $A \otimes C$ eine Abbildungsformel von $B \otimes D$ bezüglich ϕ.
(4) Ist ϕ eine GZ-Abbildung, Q ein Quantifikationszeichen und x ein GZ, sind A, B $S2$-Formeln und ist A eine Abbildungsformel von B bezüglich ϕ, so ist $Q\phi(x)A$ eine Abbildungsformel von QxB bezüglich ϕ.

Durch vollständige Induktion beweist man leicht den folgenden

Satz 2.3.6–1.
Sei A irgendeine $S2$-Formel und ϕ irgendeine GZ-Abbildung. Dann gibt es genau eine Abbildungsformel von A bezüglich ϕ.

Diese Abbildungsformel bezeichnen wir auch, indem wir einen Namen von A in eckige Klammern einschließen und rechts oben einen Namen von ϕ anfügen.

Satz 2.3.6–2.
Sei ϕ irgendeine GZ-Abbildung, $\otimes$ ein logisches Verknüpfungszeichen, Q ein Quantifikationszeichen, P ein n-stelliges PZ, seien $x, x_1, \ldots, x_n$ irgendwelche GZ und A, B irgendwelche $S2$-Formeln. Dann gilt:

(1) $[Px_1\ldots x_n]^\phi = P\phi(x_1)\ldots\phi(x_n)$.
(2) $[\neg A]^\phi = \neg [A]^\phi$.
(3) $[A \otimes B]^\phi = [A]^\phi \otimes [B]^\phi$.
(4) $[QxA]^\phi = Q\phi(x)\,[A]^\phi$.

Der Beweis dieses Satzes ergibt sich unmittelbar aus Def. 2.3.6–2 und Satz 2.3.6–1.

Unter Verwendung unserer obigen Konvention können wir noch eine weitere Konvention einführen:

Sei Γ irgendeine Teilklasse von $S2$ und ϕ irgendeine GZ-Abbildung. Dann bezeichne jeder Ausdruck, der entsteht, wenn man an einen in eckige Klammern eingeschlossenen Namen von Γ rechts oben einen Namen von ϕ anfügt, die Klasse aller *S2*-Formeln *A*, für welche gilt: es gibt eine *S2*-Formel *B* aus Γ mit $A=[B]^{\phi}$.

Satz 2.3.6–3.

Sei ϕ irgendeine GZ-Abbildung, *A* irgendeine *S2*-Formel und *x* irgendein GZ. Dann gilt: $\mathrm{Fr}(x, A)$ gdw $\mathrm{Fr}(\phi(x), [A]^{\phi})$.

Wir beweisen diesen Satz durch starke unendliche Induktion nach dem Grad von *A*.

Induktionsbasis: Trivial!

Induktionsschritt

Sei *k* irgendeine natürliche Zahl mit $k \geqq 0$, *A* eine *S2*-Formel vom Grad $k+1$, ϕ eine GZ-Abbildung und *x* ein GZ.

Fall 1: $A = \neg C$.

Angenommen, $\mathrm{Fr}(x, \neg C)$. Dann ist $\mathrm{Fr}(x, C)$, und es gilt daher nach I.V. $\mathrm{Fr}(\phi(x), [C]^{\phi})$. Also ist $\mathrm{Fr}(\phi(x), \neg [C]^{\phi})$ und somit nach Satz 2.3.6–2.(2) auch $\mathrm{Fr}(\phi(x), [\neg C]^{\phi})$. Das Umgekehrte ergibt sich analog.

Fall 2: $A = C \otimes D$.

Angenommen, $\mathrm{Fr}(x, C \otimes D)$. Dann gilt: $\mathrm{Fr}(x, C)$ oder $\mathrm{Fr}(x, D)$. Ist $\mathrm{Fr}(x, C)$, so gilt nach I.V. $\mathrm{Fr}(\phi(x), [C]^{\phi})$, und man erhält daher $\mathrm{Fr}(\phi(x), [C]^{\phi} \otimes [D]^{\phi})$. Nach Satz 2.3.6–2.(3) gilt folglich $\mathrm{Fr}(\phi(x), [C \otimes D]^{\phi})$. Zu demselben Ergebnis gelangt man unter derAnnahme, daß $\mathrm{Fr}(x, D)$. Die umgekehrte Richtung des Satzes ergibt sich analog.

Fall 3: $A = \mathrm{Q}zC$.

Angenommen, $\mathrm{Fr}(x, \mathrm{Q}zC)$. Dann ist $\mathrm{Fr}(x, C)$, und es gilt nach I.V. $\mathrm{Fr}(\phi(x), [C]^{\phi})$. Da $x \neq z$, ist auch $\phi(x) \neq \phi(z)$. Es gilt folglich $\mathrm{Fr}(\phi(x), \mathrm{Q}\phi(z)\,[C]^{\phi})$. Mit Satz 2.3.6–2.(4) erhält man somit $\mathrm{Fr}(\phi(x), [\mathrm{Q}zC]^{\phi})$. Die umgekehrte Richtung des Satzes ergibt sich analog.

Satz 2.3.6–4.

Sei ϕ irgendeine GZ-Abbildung, seien *A*, *B* irgendwelche *S2*-Formeln, *x*, *y* irgendwelche GZ und gelte $\mathrm{Frf}(x, y, A)$ sowie $\mathrm{Sub}(A, x, y, B)$. Dann gilt $\mathrm{Sub}([A]^{\phi}, \phi(x), \phi(y), [B]^{\phi})$.

Wir beweisen diesen Satz durch starke unendliche Induktion nach dem Grad von *A*.

Induktionsbasis

Sei ϕ irgendeine GZ-Abbildung, seien A, B irgendwelche $S2$-Formeln, x, y irgendwelche GZ und gelte Sub(A, x, y, B), Frf(x, y, A) sowie $h^l A = 0$. Dann ist A eine Atomformel $Px_1 \ldots x_n$ und B die Formel $P[x_1]^x_y \ldots [x_n]^x_y$. Nach Satz 2.3.6–2.(1) ist dann $[A]^\phi = P\phi(x_1)\ldots\phi(x_n)$ und $[B]^\phi = P\phi([x_1]^x_y)\ldots\phi([x_n]^x_y)$. Wir müssen zeigen, daß gilt: $[B]^\phi = P[\phi(x_1)]^{\phi(x)}_{\phi(y)} \ldots [\phi(x_n)]^{\phi(x)}_{\phi(y)}$. Dazu genügt es, zu zeigen, daß für jedes $i (1 \leqq i \leqq n)$ gilt: $\phi([x_i]^x_y) = [\phi(x_i)]^{\phi(x)}_{\phi(y)}$.

Fall 1: $x_i = x$.

Dann ist definitionsgemäß $[x_i]^x_y = y$, und es gilt daher $\phi([x_i]^x_y) = \phi(y)$. Ferner ist $[\phi(x_i)]^{\phi(x)}_{\phi(y)} = [\phi(x)]^{\phi(x)}_{\phi(y)} = \phi(y)$.

Fall 2: $x_i \neq x$.

Dann ist definitionsgemäß $[x_i]^x_y = x_i$, und es gilt daher $\phi([x_i]^x_y) = \phi(x_i)$. Da ϕ eine eineindeutige Funktion ist, gilt ferner $\phi(x_i) \neq \phi(x)$. Folglich ist $[\phi(x_i)]^{\phi(x)}_{\phi(y)} = \phi(x_i)$.

Induktionsschritt

Sei k irgendeine natürliche Zahl mit $k \geqq 0$, ϕ irgendeine GZ-Abbildung, seien A, B irgendwelche $S2$-Formeln, x, y irgendwelche GZ und gelte Frf(x, y, A), Sub(A, x, y, B) sowie $h^l A = k + 1$.

Fall 1: $A = \neg C$.

Dann gibt es ein D mit $B = \neg D$ und Sub(C, x, y, D). Nach I.V. gilt folglich Sub($[C]^\phi, \phi(x), \phi(y), [D]^\phi$), und man erhält daher Sub($\neg [C]^\phi$, $\phi(x)$, $\phi(y)$, $\neg [D]^\phi$). Wegen Satz 2.3.6–2.(2) gilt somit Sub($[\neg C]^\phi$, $\phi(x), \phi(y), [\neg D]^\phi$).

Fall 2: $A = C \otimes D$.

Dann gibt es E und F mit Sub(C, x, y, E) und Sub(D, x, y, F). Nach I.V. gilt also Sub($[C]^\phi$, $\phi(x)$, $\phi(y)$, $[E]^\phi$) und Sub($[D]^\phi$, $\phi(x)$, $\phi(y)$, $[F]^\phi$). Hieraus ergibt sich Sub($[C]^\phi \otimes [D]^\phi$, $\phi(x)$, $\phi(y)$, $[E]^\phi \otimes [F]^\phi$), und man erhält mit Satz 2.3.6–2.(3) Sub($[C \otimes D]^\phi, \phi(x), \phi(y), [E \otimes F]^\phi$).

Fall 3: $A = \mathrm{Q}z\,C$.

3.1: $\sim$ Fr($x, \mathrm{Q}z\,C$).

Dann ist $B = \mathrm{Q}z\,C$. Wegen Satz 2.3.6–3 gilt ferner $\sim$ Fr($\phi(x)$, $[\mathrm{Q}z\,C]^\phi$). Also gilt Sub($\mathrm{Q}\phi(z)\,[C]^\phi$, $\phi(x)$, $\phi(y)$, $\mathrm{Q}\phi(z)\,[C]^\phi$), und man erhält mit Satz 2.3.6–2.(4) Sub($[\mathrm{Q}z\,C]^\phi$, $\phi(x)$, $\phi(y)$, $[\mathrm{Q}z\,C]^\phi$).

3.2: $\mathrm{Fr}(x, \mathrm{Q}z\,C)$.

Da voraussetzungsgemäß $\mathrm{Frf}(x, y, \mathrm{Q}z\,C)$ gilt, ist $y \neq z$. Also gibt es ein D mit $B = \mathrm{Q}zD$ und $\mathrm{Sub}(C, x, y, D)$. Nach I.V. gilt somit $\mathrm{Sub}([C]^{\phi}, \phi(x), \phi(y), [D]^{\phi})$. Da $\mathrm{Fr}(x, C)$, ist aufgrund von Satz 2.3.6–3 auch $\mathrm{Fr}(\phi(x), [C]^{\phi})$. Wegen $x \neq z$ ist ferner $\phi(x) \neq \phi(z)$. Es gilt also $\mathrm{Fr}(\phi(x), \mathrm{Q}\phi(z)\,[C]^{\phi})$. Da $y \neq z$, ist auch $\phi(y) \neq \phi(z)$, und es gilt daher $\mathrm{Sub}(\mathrm{Q}\phi(z)\,[C]^{\phi}, \phi(x), \phi(y), \mathrm{Q}\phi(z)\,[D]^{\phi})$. Unter Verwendung von Satz 2.3.6–2.(4) ergibt sich folglich $\mathrm{Sub}([\mathrm{Q}z\,C]^{\phi}, \phi(x), \phi(y), [\mathrm{Q}zD]^{\phi})$.

Satz 2.3.6–5.

Sei ϕ irgendeine GZ-Abbildung, A irgendeine $S2$-Formel und seien x, y irgendwelche GZ. Dann gilt: Wenn $\mathrm{Frf}(x, y, A)$, dann $\mathrm{Frf}(\phi(x), \phi(y), [A]^{\phi})$.

Der Beweis dieses Satzes ergibt sich unschwer durch vollständige Induktion nach dem Grad von A. Zum Beweis des nächsten Satzes verwenden wir folgendes Lemma.

Lemma

Sei ϕ irgendeine GZ-Abbildung und α eine nichtleere, endliche Klasse von GZ. Dann gibt es eine GZ-Abbildung ψ derart, daß gilt:

(1) für jedes GZ x aus α ist $\psi(\phi(x)) = x$;
(2) für jede $S2$-Formel A, deren sämtliche GZ aus α sind, ist $[[A]^{\phi}]^{\psi} = A$.

Beweis: Sei ϕ irgendeine GZ-Abbildung und α eine nichtleere, endliche Klasse von GZ. Dann gibt es GZ $x_1, \ldots, x_n$ mit $\alpha = \{x_1, \ldots, x_n\}$. Sei β die Klasse $\{\phi(x_1), \ldots, \phi(x_n)\}$. Sei ferner $y_1, y_2, y_3, \ldots$ eine Folge ohne Wiederholung aller Elemente von $\mathrm{gz} \setminus \alpha$ und $z_1, z_2, z_3, \ldots$ eine Folge ohne Wiederholung aller Elemente von $\mathrm{gz} \setminus \beta$. Sei schließlich ψ diejenige Funktion von gz in gz, für welche gilt:

(1) für jedes $i (1 \leqq i \leqq n)$ ist $\psi(\phi(x_i)) = x_i$;
(2) für jedes $i (i \geqq 1)$ ist $\psi(z_i) = y_i$.

Wir zeigen zunächst, daß ψ eine GZ-Abbildung ist. Es genügt zu zeigen, daß die Konversion $\breve{\psi}$ von ψ eine Funktion ist. (Zum Begriff der Konversion einer Relation vgl. 0.1.5.)

Seien u, v_1, v_2 irgendwelche GZ und gelte $\langle u, v_1 \rangle \in \breve{\psi}$ sowie $\langle u, v_2 \rangle \in \breve{\psi}$. Dann ist $\langle v_1, u \rangle \in \psi$ und $\langle v_2, u \rangle \in \psi$, und es gilt daher

$\psi(v_1)=\psi(v_2)$. Also kann nicht sowohl $v_1 \in \beta$ als auch $v_2 \in \text{gz}\setminus\beta$ gelten. Denn andernfalls gäbe es ein $r(1 \leqq r \leqq n)$ und ein $s(s \geqq 1)$ mit $v_1=\phi(x_r)$ und $v_2=z_s$. Es müßte folglich gelten: $\psi(\phi(x_r))=\psi(z_s)$. Da aber definitionsgemäß $\psi(\phi(x_r))=x_r$ und $\psi(z_s)=y_s$ gilt, wäre somit $x_r=z_s$. Dies aber ist unmöglich. Es sind also nur zwei Fälle zu betrachten.

Fall 1: $v_1, v_2 \in \beta$.

Dann gibt es r und $s(1 \leqq r, s \leqq n)$ mit $v_1=\phi(x_r)$ und $v_2=\phi(x_s)$. Also ist $\psi(\phi(x_r))=\psi(\phi(x_s))$. Definitionsgemäß ist dann jedoch $x_r=x_s$, und es ergibt sich somit $\phi(x_r)=\phi(x_s)$, d. h. $v_1=v_2$.

Fall 2: $v_1, v_2 \in \text{gz}\setminus\beta$.

Dann gibt es r und $s(r, s \geqq 1)$ mit $v_1=z_r$ und $v_2=z_s$. Also ist $\psi(z_r)=\psi(z_s)$, und es gilt definitionsgemäß $y_r=y_s$. Da wir vorausgesetzt haben, daß $y_1, y_2, y_3, \ldots$ eine Folge ohne Wiederholung ist, gilt folglich $r=s$. Also ist auch $z_r=z_s$, d. h. $v_1=v_2$.

Wir zeigen nun noch durch starke unendliche Induktion, daß für alle n mit $n \geqq 0$ gilt: Ist A irgendeine $S2$-Formel vom Grad n, deren sämtliche GZ aus α sind, so ist $[[A]^{\phi}]^{\psi}=A$.

Induktionsbasis

Sei A irgendeine $S2$-Formel vom Grad 0, deren sämtliche GZ aus α sind. Dann ist A eine Atomformel $Pw_1 \ldots w_m$. Also gilt $[[Pw_1 \ldots w_m]^{\phi}]^{\psi} = [P\phi(w_1) \ldots \phi(w_m)]^{\psi} = P\psi(\phi(w_1)) \ldots \psi(\phi(w_m)) = Pw_1 \ldots w_m$.

Induktionsschritt

Sei k irgendeine natürliche Zahl mit $k \geqq 0$ und A irgendeine $S2$-Formel vom Grad $k+1$, deren sämtliche GZ aus α sind.

Fall 1: $A=\neg C$.

Dann sind alle GZ von C aus α, und es gilt also nach I.V. $[[C]^{\phi}]^{\psi}=C$. Wegen Satz 2.3.6–2.(2) ist aber $\neg[[C]^{\phi}]^{\psi}=[\neg[C]^{\phi}]^{\psi}=[[\neg C]^{\phi}]^{\psi}$. Also ist $[[\neg C]^{\phi}]^{\psi}=\neg C$.

Fall 2: $A=C \otimes D$. Übung!

Fall 3: $A=\text{Q}zC$.

Dann ist $z \in \alpha$, und es gilt daher $\psi(\phi(z))=z$. Ferner sind dann alle GZ von C aus α. Nach I.V. gilt folglich $[[C]^{\phi}]^{\psi}=C$. Unter Verwendung von Satz 2.3.6–2.(4) erhält man somit $Qz[[C]^{\phi}]^{\psi} = Q\psi(\phi(z))\,[[C]^{\phi}]^{\psi} = [Q\phi(z)\,[C]^{\phi}]^{\psi} = [[QzC]^{\phi}]^{\psi}$. Also ist $[[QzC]^{\phi}]^{\psi} = QzC$.

Damit ist das Lemma bewiesen. Aus ihm ergibt sich nun sofort der folgende

Satz 2.3.6–6.

Sei ϕ irgendeine GZ-Abbildung und A irgendeine *S2*-Formel. Dann gibt es eine GZ-Abbildung ψ derart, daß $[[A]^{\phi}]^{\psi} = A$.

Auch zum Beweis des nächsten Satzes benötigen wir wieder ein Lemma.

Lemma

Sei ϕ eine GZ-Abbildung und A ein *Π2*-Axiom. Dann gilt $\vdash [A]^{\phi}$.

Beweis: Wir definieren zunächst induktiv eine Funktion σ von *P2* in $\mathbb{N}$ derart, daß gilt:

(1) ist A ein Element von $\alpha 1^* \cup \ldots \cup \alpha 13^* \cup \alpha 14 \cup \ldots \cup \alpha 19$, so ist $\sigma' A = 0$;
(2) ist A ein *Π2*-Axiom mit $\sigma' A = n$ und x ein GZ mit $\mathrm{Fr}(x, A)$, so ist $\sigma' \wedge x A = n + 1$.

Das Lemma ergibt sich nun aus folgender Behauptung, die wir durch schwache unendliche Induktion beweisen:

Für alle n mit $n \geqq 0$ gilt: Ist ϕ irgendeine GZ-Abbildung und A irgendein *Π2*-Axiom mit $\sigma' A = n$, so ist $\vdash [A]^{\phi}$.

Induktionsbasis

Sei ϕ irgendeine GZ-Abbildung und A irgendein *Π2*-Axiom mit $\phi' A = 0$. Dann ist $A \in \alpha 1^* \cup \ldots \cup \alpha 13^* \cup \alpha 14 \cup \ldots \cup \alpha 19$. Wir greifen nur drei Fälle heraus.

1. $A \in \alpha 1^*$.

   Dann ist A eine Formel der Gestalt $B \rightarrow (C \rightarrow B)$. Also ist $[A]^{\phi} = [B]^{\phi} \rightarrow ([C]^{\phi} \rightarrow [B]^{\phi})$. Folglich ist $[A]^{\phi} \in \alpha 1^*$, und es gilt daher $\vdash [A]^{\phi}$.

2. $A \in \alpha 14$.

   Dann ist A eine Formel der Gestalt $\wedge x B \rightarrow [B, x, y]$, wobei $\mathrm{Frf}(x, y, B)$. Nach Satz 2.3.6–2 ist folglich $[A]^{\phi} = \wedge \phi(x)\,[B]^{\phi} \rightarrow$

$[[B, x, y]]^\phi$. Wegen Sub$(B, x, y, [B, x, y])$ erhält man ferner unter Verwendung von Satz 2.3.6–4 Sub$([B]^\phi, \phi(x), \phi(y), [[B, x, y]]^\phi)$. Also ist $[[B]^\phi, \phi(x), \phi(y)] = [[B, x, y]]^\phi$. Es ergibt sich somit $[A]^\phi = \wedge\phi(x)\,[B]^\phi \rightarrow [[B]^\phi, \phi(x), \phi(y)]$. Nach Satz 2.3.6–5 gilt nun aber Frf$(\phi(x), \phi(y), [B]^\phi)$. Also ist $[A]^\phi \in \alpha 14$ und folglich auch $\vdash [A]^\phi$.

3. $A \in \alpha 16$.

Dann ist A eine Formel der Gestalt $B \rightarrow \wedge x B$, wobei $\sim$Fr(x, B). Also ist $[A]^\phi = [B]^\phi \rightarrow \wedge\phi(x)\,[B]^\phi$. Nun gilt wegen Satz 2.3.6–3 $\sim$Fr$(\phi(x), [B]^\phi)$. Folglich ist $[A]^\phi \in \alpha 16$ und daher auch $\vdash [A]^\phi$.

Induktionsschritt

Sei k irgendeine natürliche Zahl mit $k \geqq 0$, ϕ irgendeine GZ-Abbildung und A irgendein $\Pi 2$-Axiom mit $\sigma' A = k+1$. Dann gibt es x und B mit $A = \wedge x B$, wobei B ein $\Pi 2$-Axiom ist. Da $\sigma' B = k$, gilt nach I.V. $\vdash [B]^\phi$. Mit Satz 2.3.2–4 ergibt sich also $\vdash \wedge\phi(x)\,[B]^\phi$, und es gilt daher $\vdash [\wedge x B]^\phi$, d. h. $\vdash [A]^\phi$.

Satz 2.3.6–7.

Sei ϕ irgendeine GZ-Abbildung und A irgendeine $S2$-Formel. Dann gilt: Wenn $\vdash A$, dann $\vdash [A]^\phi$.

Beweis: Angenommen, es gilt $\vdash A$. Dann gibt es einen Beweis $C_1, \ldots, C_n$ für A in $\Pi 2$.

Fall 1: $n = 1$.

Dann ist A ein $\Pi 2$-Axiom, und es gilt nach dem soeben bewiesenen Lemma $\vdash [A]^\phi$.

Fall 2: $n > 1$.

Um zu zeigen, daß auch in diesem Fall $\vdash [A]^\phi$ gilt, beweisen wir durch starke endliche Induktion, daß für alle j mit $1 \leqq j \leqq n$ gilt: $\vdash [C_j]^\phi$.

Induktionsbasis: s. Fall 1.

Induktionsschritt

Sei k irgendeine natürliche Zahl mit $1 \leqq k < n$ und gelte für alle i mit $1 \leqq i \leqq k$: $\vdash [C_i]^\phi$. (I.V.)

Ist C_{k+1} ein $\Pi 2$-Axiom, so erhält man $\vdash [C_{k+1}]^\phi$ unter Verwendung des Lemmas. Angenommen nun, es gibt ein $l (1 \leq l \leq k)$ derart, daß C_l und $C_l \to C_{k+1}$ Glieder von $C_1, \ldots, C_k$ sind. Dann gilt nach I.V. $\vdash [C_l]^\phi$ und $\vdash [C_l \to C_{k+1}]^\phi$. Also gilt auch $\vdash [C_l]^\phi \to [C_{k+1}]^\phi$. Es ergibt sich folglich $\vdash [C_{k+1}]^\phi$.

Satz 2.3.6–8.

Sei ϕ irgendeine GZ-Abbildung und A irgendeine $S2$-Formel. Dann gilt: Wenn $\vdash [A]^\phi$, dann $\vdash A$.

Beweis: Angenommen, es gilt $\vdash [A]^\phi$. Nach Satz 2.3.6–6 gibt es dann eine GZ-Abbildung ψ derart, daß $[[A]^\phi]^\psi = A$. Da aufgrund von Satz 2.3.6–7 andererseits $\vdash [[A]^\phi]^\psi$ gilt, ergibt sich somit $\vdash A$.

Satz 2.3.6–9.

Sei ϕ irgendeine GZ-Abbildung und Γ irgendeine $\Pi 2$-konsistente Formelklasse. Dann ist auch $[\Gamma]^\phi$ $\Pi 2$-konsistent.

Beweis: Angenommen, $[\Gamma]^\phi$ ist $\Pi 2$-inkonsistent. Dann gibt es eine Formel A mit $[\Gamma]^\phi \vdash A$ und $[\Gamma]^\phi \vdash \neg A$. Also ist $[\Gamma]^\phi \vdash A \wedge \neg A$, und es gibt infolgedessen eine endliche Teilklasse Δ von $[\Gamma]^\phi$ mit $\Delta \vdash A \wedge \neg A$.

Fall 1: $\Delta = \emptyset$.

Dann gilt $\vdash A \wedge \neg A$ und also auch $\Gamma \vdash A \wedge \neg A$. Dies ist aber unmöglich, da Γ voraussetzungsgemäß $\Pi 2$-konsistent ist.

Fall 2: $\Delta \neq \emptyset$.

Dann gibt es Formeln $B_1, \ldots, B_n$ aus Γ derart, daß $\Delta = \{[B_1]^\phi, \ldots, [B_n]^\phi\}$. Mit LS(38*) erhält man dann $[B_1]^\phi, \ldots, [B_n]^\phi \vdash [A \wedge \neg A]^\phi$. Es gilt folglich $\vdash [B_1]^\phi \to ([B_2]^\phi \to \ldots ([B_n]^\phi \to [A \wedge \neg A]^\phi) \ldots)$ und daher auch $\vdash [B_1 \to (B_2 \to \ldots (B_n \to A \wedge \neg A) \ldots)]^\phi$. Aufgrund von Satz 2.3.6–8 gilt somit $\vdash B_1 \to (B_2 \to \ldots (B_n \to A \wedge \neg A) \ldots)$. Hieraus folgt $B_1, \ldots, B_n \vdash A \wedge \neg A$ und also auch $\Gamma \vdash A \wedge \neg A$ (Widerspruch!).

Mit Hilfe einer GZ-Abbildung ϕ kann man zu jeder $S2$-Interpretation I eine »Abbildungsinterpretation« I' bilden, die jedem GZ x dasselbe Objekt zuordnet wie I dem GZ $\phi(x)$, sich ansonsten aber von I nicht unterscheidet. Wir definieren:

Definition 2.3.6–3.

I' ist eine *Abbildungsinterpretation von I bezüglich* ϕ gdw es eine nichtleere Klasse γ gibt, so daß gilt:

(1) I' und I sind $S2$-Interpretationen über γ;
(2) ϕ ist eine GZ-Abbildung;
(3) für jedes GZ x gilt: $I'(x) = I(\phi(x))$;
(4) für jedes PZ P gilt: $I'(P) = I(P)$.

Ist I irgendeine $S2$-Interpretation und ϕ irgendeine GZ-Abbildung, so gibt es, wie man sofort erkennt, genau eine Abbildungsinterpretation von I bezüglich ϕ. Diese Abbildungsinterpretation bezeichnen wir auch, indem wir an einen in eckige Klammern eingeschlossenen Namen von I rechts oben einen Namen von ϕ anfügen.

Um zeigen zu können, daß eine beliebige Formelklasse Γ $S2$-erfüllbar ist, falls $[\Gamma]^{\phi}$ $S2$-erfüllbar ist, beweisen wir zunächst den folgenden Hilfssatz.

Lemma

Sei ϕ irgendeine GZ-Abbildung, A irgendeine $S2$-Formel, γ irgendeine nichtleere Klasse und I irgendeine $S2$-Interpretation über γ. Dann gilt: $\mathrm{Mod}(I, [A]^{\phi}, \gamma)$ gdw $\mathrm{Mod}([I]^{\phi}, A, \gamma)$.

Wir beweisen dieses Lemma durch starke unendliche Induktion nach dem Grad von A.

Induktionsbasis

Sei ϕ irgendeine GZ-Abbildung, A irgendeine $S2$-Formel vom Grad 0, γ irgendeine nichtleere Klasse und I irgendeine $S2$-Interpretation über γ. Dann ist A eine Atomformel $Px_1 \ldots x_r$, und es gilt:

$$\begin{aligned} \mathrm{Mod}(I, P\phi(x_1)\ldots\phi(x_r), \gamma) \text{ gdw } & \langle I(\phi(x_1)), \ldots, I(\phi(x_r))\rangle \in I(P) \\ \text{gdw } & \langle [I]^{\phi}(x_1), \ldots, [I]^{\phi}(x_r)\rangle \in [I]^{\phi}(P) \\ \text{gdw } & \mathrm{Mod}([I]^{\phi}, Px_1 \ldots x_r, \gamma). \end{aligned}$$

Induktionsschritt

Sei k irgendeine natürliche Zahl mit $k \geqq 0$, ϕ irgendeine GZ-Abbildung, A irgendeine $S2$-Formel vom Grad $k+1$, γ irgendeine nichtleere Klasse und I irgendeine $S2$-Interpretation über γ.

Fall 1: $A = \neg C$.

Dann gilt:

$$\begin{aligned} \mathrm{Mod}(I, [\neg C]^{\phi}, \gamma) \text{ gdw } & \mathrm{Mod}(I, \neg [C]^{\phi}, \gamma) \\ \text{gdw } & \sim \mathrm{Mod}(I, [C]^{\phi}, \gamma) \\ \text{gdw } & \sim \mathrm{Mod}([I]^{\phi}, C, \gamma) \text{ (I.V.)} \\ \text{gdw } & \mathrm{Mod}([I]^{\phi}, \neg C, \gamma). \end{aligned}$$

Fall 2: $A = C \otimes D$. Analog!

Fall 3: $A = \bigwedge z C$.

a. Angenommen, es gilt Mod($I, [\bigwedge z C]^\phi, \gamma$). Dann gilt Mod($I$, $\bigwedge \phi(z) [C]^\phi, \gamma$). Sei nun I_1 irgendeine $S2$-Interpretation mit Diff($I_1, [I]^\phi, z, \gamma$). Um zeigen zu können, daß Mod(I_1, C, γ), setzen wir fest: Sei I_2 diejenige $S2$-Interpretation über γ, für die sowohl Diff($I_2, I, \phi(z), \gamma$) als auch $I_2(\phi(z)) = I_1(z)$ gilt. Voraussetzungsgemäß ist dann Mod($I_2, [C]^\phi, \gamma$). Also erhält man nach I.V. Mod($[I_2]^\phi, C, \gamma$). Wir zeigen nun, daß $[I_2]^\phi = I_1$.

1. $[I_2]^\phi (z) = I_2(\phi(z)) = I_1(z)$.
2. Sei y irgendein GZ mit $y \neq z$. Dann ist $\phi(y) \neq \phi(z)$, und es gilt folglich $[I_2]^\phi (y) = I_2(\phi(y)) = I(\phi(y)) = [I]^\phi (y) = I_1(y)$.
3. Sei P irgendein PZ. Dann ist $[I_2]^\phi (P) = I_2(P) = I(P) = [I]^\phi (P) = I_1(P)$.

Aus 1.–3. folgt, daß $[I_2]^\phi = I_1$. Es gilt also Mod(I_1, C, γ). Damit ist gezeigt, daß Mod($[I]^\phi, \bigwedge z C, \gamma$).

b. Angenommen umgekehrt, es gilt Mod($[I]^\phi, \bigwedge z C, \gamma$). Sei I_1 irgendeine $S2$-Interpretation mit Diff($I_1, I, \phi(z), \gamma$). Um zeigen zu können, daß Mod($I_1, [C]^\phi, \gamma$), setzen wir fest: Sei I_2 diejenige $S2$-Interpretation über γ, für die sowohl Diff($I_2, [I]^\phi, z, \gamma$) als auch $I_2(z) = I_1(\phi(z))$ gilt. Voraussetzungsgemäß ist dann Mod(I_2, C, γ). Wir zeigen nun, daß $I_2 = [I_1]^\phi$.

1. $I_2(z) = I_1(\phi(z)) = [I_1]^\phi (z)$.
2. Sei y irgendein GZ mit $y \neq z$. Dann ist $\phi(y) \neq \phi(z)$, und es gilt folglich $I_2(y) = [I]^\phi (y) = I(\phi(y)) = I_1(\phi(y)) = [I_1]^\phi (y)$.
3. Sei P irgendein PZ. Dann ist $I_2(P) = [I]^\phi (P) = I(P) = I_1(P) = [I_1]^\phi (P)$.

Aus 1.–3. folgt, daß $I_2 = [I_1]^\phi$. Es gilt also Mod($[I_1]^\phi, C, \gamma$), und man erhält nach I.V. Mod($I_1, [C]^\phi, \gamma$). Damit ist gezeigt, daß Mod($I, \bigwedge \phi(z) [C]^\phi, \gamma$), d. h., Mod($I, [\bigwedge z C]^\phi, \gamma$).

Fall 4: $A = \bigvee z C$. Übung!

Satz 2.3.6–10.

Sei ϕ irgendeine GZ-Abbildung, γ irgendeine nichtleere Klasse und Γ irgendeine Teilklasse von $S2$. Dann gilt: Wenn $[\Gamma]^\phi$ $S2$-simultan erfüllbar über γ ist, dann ist auch Γ $S2$-simultan erfüllbar über γ.

Beweis: Nach Voraussetzung gibt es eine $S2$-Interpretation I über γ, die $[\Gamma]^{\phi}$ über γ $S2$-simultan erfüllt.

Fall 1: $\Gamma = \emptyset$.

Dann erfüllt I trivialerweise Γ $S2$-simultan über γ.

Fall 2: $\Gamma \neq \emptyset$.

Sei A ein beliebiges Element von Γ. Dann ist $[A]^{\phi} \in [\Gamma]^{\phi}$, und es gilt daher voraussetzungsgemäß $\mathrm{Mod}(I, [A]^{\phi}, \gamma)$. Infolgedessen ergibt sich aufgrund des oben bewiesenen Lemmas $\mathrm{Mod}([I]^{\phi}, A, \gamma)$. Also erfüllt $[I]^{\phi}$ die Klasse Γ $S2$-simultan über γ.

2.3.7. Der Erfüllbarkeitssatz für $\Pi 2$

Der Erfüllbarkeitssatz für die Prädikatenlogik erster Stufe ist eines der wichtigsten Resultate der mathematischen Logik. Seine grundlegende Bedeutung liegt darin, daß sich aus ihm die Vollständigkeit der Prädikatenlogik ergibt. Mit seiner Hilfe läßt sich die mathematische Logik auch fruchtbar auf die Algebra und Topologie anwenden und umgekehrt. Der Erfüllbarkeitssatz wurde erstmals von K. GÖDEL im Jahre 1930 bewiesen. Eine andere als die von GÖDEL verwendete Beweismethode für diesen Satz geht auf L. HENKIN (1949) zurück. Man kann die HENKINsche Methode auch dazu verwenden, die Vollständigkeit der Aussagenlogik zu beweisen.

Satz 2.3.7–1. (*Erfüllbarkeitssatz* für $\Pi 2$)
Jede $\Pi 2$-konsistente Teilklasse von $S2$ ist über wenigstens einer abzählbar unendlichen Klasse $S2$-simultan erfüllbar.

Man kann zeigen, daß aus diesem Satz der stark verallgemeinerte Vollständigkeitssatz für $\Pi 2$ folgt (und umgekehrt). Ferner kann man aus ihm (unter Verwendung des verallgemeinerten Korrektheitssatzes für $\Pi 2$) den Satz von LÖWENHEIM/SKOLEM folgern.

Der nun folgende Beweis des Erfüllbarkeitssatzes basiert auf einer Vereinfachung des HENKINschen Beweises, welche von G. HASENJAEGER (1953) stammt.

Beweis des Erfüllbarkeitssatzes für $\Pi 2$:

Sei Γ irgendeine $\Pi 2$-konsistente Teilklasse von $S2$. Ferner sei λ diejenige Funktion von gz in gz, für die gilt: $\lambda(a_i) = a_{2i} (i \geqq 1)$. Die Funktion λ ist eine GZ-Abbildung. Unter Verwendung von Satz

2.3.6–9 kann man also darauf schließen, daß $[\Gamma]^\lambda$ $\Pi 2$-konsistent ist. Es gilt weiterhin für jede $S2$-Formel A: Wenn $A \in [\Gamma]^\lambda$, dann hat jedes in A vorkommende GZ eine gerade Strichzahl. (Diese Behauptung läßt sich leicht durch starke unendliche Induktion nach dem Grad von A beweisen.)

Sei nun $\wedge x_0 A_0, \wedge x_1 A_1, \wedge x_2 A_2, \ldots$ irgendeine Abzählung sämtlicher Allformeln von $S2$. In bezug auf diese Abzählung definieren wir induktiv eine Folge $b_0, b_1, b_2, \ldots$ von GZ folgendermaßen:

(1) $b_0 = a_1$.
(2) Für jedes k mit $k \geqq 0$ sei b_{k+1} das GZ mit der kleinsten ungeraden Strichzahl, das verschieden von den GZ $b_0, \ldots, b_k$ ist und weder in den Formeln $[A_0, x_0, b_0] \rightarrow \wedge x_0 A_0, \ldots, [A_k, x_k, b_k] \rightarrow \wedge x_k A_k$ noch in der Formel $\wedge x_{k+1} A_{k+1}$ vorkommt.

Weiterhin definieren wir induktiv eine Folge $\Delta_0, \Delta_1, \Delta_2, \ldots$ von Formelklassen:

(1) $\Delta_0 = [\Gamma]^\lambda$.
(2) $\Delta_{k+1} = \Delta_k \cup \{[A_k, x_k, b_k] \rightarrow \wedge x_k A_k\}$ für alle k mit $k \geqq 0$.

Wir zeigen zunächst, daß für jedes n mit $n \geqq 0$ gilt: b_n kommt in keinem Element von Δ_n vor. Dies ergibt sich aus folgender Behauptung, die wir durch schwache unendliche Induktion beweisen:

Für alle n mit $n \geqq 0$ gilt: Ist m eine beliebige natürliche Zahl mit $m \geqq n$, so kommt b_m in keinem Element von Δ_n vor.

Induktionsbasis

Sei m irgendeine natürliche Zahl mit $m \geqq 0$. Definitionsgemäß hat b_m eine ungerade Strichzahl. Jedes in einem Element von Δ_0 (d. h. von $[\Gamma]^\lambda$) vorkommende GZ hat aber eine gerade Strichzahl. Also kommt b_m in keinem Element von Δ_0 vor.

Induktionsschritt

Sei k irgendeine natürliche Zahl mit $k \geqq 0$ und gelte für alle m mit $m \geqq k$: b_m kommt in keinem Element von Δ_k vor. (I.V.)

Sei nun m irgendeine natürliche Zahl mit $m \geqq k+1$. Dann ist $m \geqq k$, und b_m kommt daher nach I.V. in keinem Element von Δ_k vor. Definitionsgemäß kommt b_m aber auch nicht in der Formel $[A_k, x_k, b_k] \rightarrow \wedge x_k A_k$ vor. Also kommt b_m in keinem Element von Δ_{k+1} vor.

Als nächstes beweisen wir durch schwache unendliche Induktion, daß für jedes n mit $n \geqq 0$ gilt: Δ_n ist $\Pi 2$-konsistent.

Induktionsbasis

Daß Δ_0, d. h. $[\Gamma]^\lambda$, $\Pi 2$-konsistent ist, wurde schon oben gezeigt.

Induktionsschritt

Sei k irgendeine natürliche Zahl mit $k \geqq 0$ und sei Δ_k $\Pi 2$-konsistent. (I.V.)

Angenommen, Δ_{k+1} ist $\Pi 2$-inkonsistent. Dann gibt es eine Formel B mit $\Delta_{k+1} \vdash B$ und $\Delta_{k+1} \vdash \neg B$. Sei nun C eine Formel, in der b_k nicht frei vorkommt. Nach LS(38*) gilt dann $\Delta_{k+1} \vdash C \wedge \neg C$, d. h.

$$\Delta_k \cup \{[A_k, x_k, b_k] \rightarrow \bigwedge x_k A_k\} \vdash C \wedge \neg C.$$

Da b_k weder in $C \wedge \neg C$ noch, wie oben gezeigt wurde, in irgendeinem Element von Δ_k frei vorkommt, gilt nach Satz 2.3.2–7

$$\Delta_k \cup \{\bigvee b_k([A_k, x_k, b_k] \rightarrow \bigwedge x_k A_k)\} \vdash C \wedge \neg C.$$

Unter Verwendung des Deduktionstheorems ergibt sich hieraus

$$\Delta_k \vdash \bigvee b_k([A_k, x_k, b_k] \rightarrow \bigwedge x_k A_k) \rightarrow C \wedge \neg C.$$

Da definitionsgemäß $\sim \mathrm{Fr}(b_k, \bigwedge x_k A_k)$, erhält man folglich mit LS(133)

$$\Delta_k \vdash (\bigwedge b_k[A_k, x_k, b_k] \rightarrow \bigwedge x_k A_k) \rightarrow C \wedge \neg C.$$

Da ferner $\sim \mathrm{Fr}(b_k, A_k)$, gilt nach Satz 2.3.3–4.(1)

$$\Delta_k \vdash (\bigwedge b_k[A_k, x_k, b_k] \rightarrow \bigwedge b_k[A_k, x_k, b_k]) \rightarrow C \wedge \neg C.$$

Aufgrund von LS(14*) ergibt sich folglich

$$\Delta_k \vdash C \wedge \neg C.$$

Also ist Δ_k $\Pi 2$-inkonsistent. Dies widerspricht aber der I.V. Damit ist gezeigt, daß Δ_{k+1} $\Pi 2$-konsistent ist.

Sei nun Δ_ω die Klasse aller $S2$-Formeln A, für die gilt: es gibt ein $i (i \geqq 0)$ mit $A \in \Delta_i$.

Daß Δ_ω $\Pi 2$-konsistent ist, ergibt sich unter Berücksichtigung der $\Pi 2$-Konsistenz von Δ_0 genauso wie im Beweis von Lindenbaums Theorem. Aufgrund dieses Theorems gibt es nun eine $\Pi 2$-maximalkonsistente Formelklasse Δ^*_ω mit $\Delta_\omega \subseteq \Delta^*_\omega$. Wir wollen zeigen, daß Δ^*_ω

$S2$-simultan erfüllbar ist. Dazu beweisen wir zunächst, daß für alle C, D und z gilt:

($*_1$) $\neg C \in \Delta_\omega^*$ gdw $C \notin \Delta_\omega^*$.
($*_2$) $C \wedge D \in \Delta_\omega^*$ gdw $C \in \Delta_\omega^*$ und $D \in \Delta_\omega^*$.
($*_3$) $C \vee D \in \Delta_\omega^*$ gdw $C \in \Delta_\omega^*$ oder $D \in \Delta_\omega^*$.
($*_4$) $C \rightarrow D \in \Delta_\omega^*$ gdw $C \notin \Delta_\omega^*$ oder $D \in \Delta_\omega^*$.
($*_5$) $C \leftrightarrow D \in \Delta_\omega^*$ gdw $C, D \in \Delta_\omega^*$ oder $C, D \notin \Delta_\omega^*$.
($*_6$) $\bigwedge z C \in \Delta_\omega^*$ gdw für jedes GZ x gilt: $[C, z, x] \in \Delta_\omega^*$.
($*_7$) $\bigvee z C \in \Delta_\omega^*$ gdw für wenigstens ein GZ x gilt: $[C, z, x] \in \Delta_\omega^*$.

Die Behauptungen ($*_1$)–($*_5$) beweist man leicht unter Verwendung der Sätze 2.3.5–3 und 2.3.5–5.

Ad ($*_6$): Angenommen, es gilt $\bigwedge z C \in \Delta_\omega^*$. Wegen Satz 2.3.5–3 ist dann $\Delta_\omega^* \vdash \bigwedge z C$. Sei nun x irgendein GZ. Dann erhält man mit LS(106) $\Delta_\omega^* \vdash [C, z, x]$, und es gilt daher, wieder wegen Satz 2.3.5–3, $[C, z, x] \in \Delta_\omega^*$.

Angenommen umgekehrt, für jedes GZ x gilt: $[C, z, x] \in \Delta_\omega^*$. Ferner sei angenommen, daß $\bigwedge z C \notin \Delta_\omega^*$. Dann erhält man mit Satz 2.3.5–3 und Satz 2.3.5–5 $\Delta_\omega^* \vdash \neg \bigwedge z C$. Voraussetzungsgemäß gibt es nun ein $k (k \geqq 0)$ mit $\bigwedge z C = \bigwedge x_k A_k$. Es gilt also $\Delta_\omega^* \vdash \neg \bigwedge x_k A_k$. Gemäß der Definition von Δ_{k+1} ist aber $[A_k, x_k, b_k] \rightarrow \bigwedge x_k A_k \in \Delta_\omega^*$. Folglich gilt aufgrund von Satz 2.3.5–3 $\Delta_\omega^* \vdash [A_k, x_k, b_k] \rightarrow \bigwedge x_k A_k$, und man erhält daher unter Verwendung von LS(42*) $\Delta_\omega^* \vdash \neg [A_k, x_k, b_k]$. Annahmegemäß gilt nun aber $[C, z, b_k] \in \Delta_\omega^*$, d. h. $[A_k, x_k, b_k] \in \Delta_\omega^*$. Also ist $\Delta_\omega^* \vdash [A_k, x_k, b_k]$. Nach Voraussetzung ist Δ_ω^* jedoch $\Pi 2$-konsistent (Widerspruch!).

Ad ($*_7$): Angenommen, es gilt $\bigvee z C \in \Delta_\omega^*$. Dann ist $\Delta_\omega^* \vdash \bigvee z C$ und also wegen LS(116) auch $\Delta_\omega^* \vdash \neg \bigwedge z \neg C$. Voraussetzungsgemäß gibt es nun ein $k (k \geqq 0)$ mit $\bigwedge z \neg C = \bigwedge x_k A_k$. Es gilt also $\Delta_\omega^* \vdash \neg \bigwedge x_k A_k$. Nach Definition von Δ_{k+1} ist aber $[A_k, x_k, b_k] \rightarrow \bigwedge x_k A_k \in \Delta_\omega^*$. Folglich gilt $\Delta_\omega^* \vdash [A_k, x_k, b_k] \rightarrow \bigwedge x_k A_k$, und man erhält daher unter Verwendung von LS(42*) $\Delta_\omega^* \vdash \neg [A_k, x_k, b_k]$. Gäbe es nun kein GZ x mit $[C, z, x] \in \Delta_\omega^*$, so wäre $[C, z, b_k] \notin \Delta_\omega^*$, und es ergäbe sich wegen $\neg [C, z, b_k] = [\neg C, z, b_k]$ somit $\Delta_\omega^* \vdash [\neg C, z, b_k]$, d. h. $\Delta_\omega^* \vdash [A_k, x_k, b_k]$ (Widerspruch!).

Angenommen umgekehrt, für wenigstens ein GZ x gilt: $[C, z, x] \in \Delta_\omega^*$. Dann ist $\Delta_\omega^* \vdash [C, z, x]$, und man erhält daher mit Hilfe von LS(107) $\Delta_\omega^* \vdash \bigvee z C$. Also gilt auch $\bigvee z C \in \Delta_\omega^*$.

Wir definieren nun eine $S2$-Interpretation, die Δ_ω^* $S2$-simultan erfüllt: Sei I diejenige $S2$-Interpretation über gz, welche die folgenden beiden Eigenschaften hat:

(1) Für jedes GZ x ist $I(x)=x$;
(2) für jedes r-stellige ($r \geqq 1$) PZ P ist $I(P)$ die Klasse derjenigen α, für die gilt: es gibt GZ $x_1, \ldots, x_r$ derart, daß $Px_1 \ldots x_r \in \Delta_\omega^*$ und $\alpha = \langle x_1, \ldots, x_r \rangle$.

Um zu zeigen, daß I die Klasse Δ_ω^* $S2$-simultan über gz erfüllt, genügt es nachzuweisen, daß für alle A aus Δ_ω^* Mod(I, A, gz) gilt. Dies ergibt sich aus der folgenden Induktionsbehauptung:

Für alle n mit $n \geqq 0$ gilt: Ist A eine $S2$-Formel vom Grad n, so ist $A \in \Delta_\omega^*$ gdw Mod(I, A, gz)[1].

Induktionsbasis

Sei A irgendeine $S2$-Formel vom Grad 0. Dann ist A eine Atomformel $Px_1 \ldots x_r$, und es gilt:

$$\begin{aligned} Px_1 \ldots x_r \in \Delta_\omega^* \text{ gdw } & \langle x_1, \ldots, x_r \rangle \in I(P) \\ \text{gdw } & \langle I(x_1), \ldots, I(x_r) \rangle \in I(P) \\ \text{gdw } & \text{Mod}(I, Px_1 \ldots x_r, \text{gz}) \end{aligned}$$

Induktionsschritt

Sei k irgendeine natürliche Zahl mit $k \geqq 0$ und A irgendeine $S2$-Formel vom Grad $k+1$.

Fall 1: $A = \neg C$.

Dann gilt:

$$\begin{aligned} \neg C \in \Delta_\omega^* \text{ gdw } & C \notin \Delta_\omega^* && (*_1) \\ \text{gdw } & \sim \text{Mod}(I, C, \text{gz}) && \text{I.V.} \\ \text{gdw } & \text{Mod}(I, \neg C, \text{gz}). \end{aligned}$$

Die Fälle 2–5 erledigen sich in ähnlicher Weise unter Verwendung von $(*_2)$–$(*_5)$.

Fall 6: $A = \wedge z C$.

a. Angenommen, es gilt $\wedge z C \in \Delta_\omega^*$. Sei I' irgendeine $S2$-Interpretation mit Diff(I', I, z, gz). Dann gibt es nach Definition von I ein GZ

[1] Daß wir die Induktionsbehauptung mit »gdw« und nicht mit »wenn–dann« formulieren, hat lediglich beweistechnische Gründe: der Induktionsschritt wäre sonst nicht durchführbar.

x mit $I(x) = I'(z)$. Wegen ($*_6$) gilt nun $[C, z, x] \in \Delta_\omega^*$, und man erhält daher nach I.V. Mod(I, $[C, z, x]$, gz). Also erhält man aufgrund des Überführungstheorems für *S2* Mod(I', C, gz). Damit ist gezeigt, daß Mod(I, $\bigwedge z\, C$, gz).

b. Angenommen, es gilt Mod(I, $\bigwedge z\, C$, gz). Wäre $\bigwedge z\, C \notin \Delta_\omega^*$, so gäbe es wegen ($*_6$) ein GZ x mit $[C, z, x] \notin \Delta_\omega^*$. Da man andererseits jedoch unter Verwendung von Satz 2.2.3–4.(1) auch Mod(I, $[C, z, x]$, gz) erhält, gilt nach I.V. $[C, z, x] \in \Delta_\omega^*$ (Widerspruch!).

Fall 7: $A = \bigvee z\, C$. Übung!

Damit ist gezeigt, daß I die Klasse Δ_ω^* *S2*-simultan über gz erfüllt. Wegen $[\Gamma]^\lambda = \Delta_0$ und $\Delta_0 \subseteq \Delta_\omega^*$ erfüllt I gemäß Satz 2.2.1–4.(2) auch die Klasse $[\Gamma]^\lambda$ *S2*-simultan über gz. Also ist $[\Gamma]^\lambda$ *S2*-simultan erfüllbar über gz. Aufgrund von Satz 2.3.6–10 ist folglich auch Γ *S2*-erfüllbar über gz; und da gz abzählbar unendlich ist, haben wir also gezeigt, daß Γ über einer abzählbar unendlichen Klasse *S2*-simultan erfüllbar ist. Damit ist der Erfüllbarkeitssatz für *Π2* bewiesen. Trivialerweise gilt folglich der

Satz 2.3.7–2.
Jede *Π2*-konsistente Teilklasse von *S2* ist *S2*-simultan erfüllbar.

2.3.8. Die Adäquatheit von *Π2*

Wir wollen nun beweisen, daß *Π2* adäquat ist bezüglich der Klasse der *S2*-gültigen Formeln. Hierzu müssen wir beweisen, daß die Klasse der Theoreme von *Π2* identisch ist mit der Klasse der *S2*-gültigen Formeln. Dies ergibt sich aus dem nachfolgenden Satz:

Satz 2.3.8–1. (*Adäquatheitssatz* für *Π2*)
Für jede *S2*-Formel A gilt: A ist ein Theorem von *Π2* gdw A *S2*-gültig ist.

Wir beweisen diesen Satz, indem wir zeigen, daß *Π2* sowohl korrekt als auch vollständig ist bezüglich der Klasse der *S2*-gültigen Formeln.

(I) Die Korrektheit von *Π2*

Satz 2.3.8–2. (*Korrektheitssatz* für *Π2*)
Jedes Theorem von *Π2* ist *S2*-gültig.

Wir beschränken uns darauf, das folgende Lemma zu beweisen. Der Beweis des Korrektheitssatzes für *Π2* verläuft dann ganz ähnlich wie der Beweis des Korrektheitssatzes für *Π1* (Satz 1.3.9–2).

Lemma
Jedes Axiom von *Π2* ist *S2*-gültig.

Beweis: Bezeichne »σ« die im Beweis des Lemmas für Satz 2.3.6–7 definierte Funktion. Das Lemma ergibt sich dann aus folgender Behauptung, die wir durch schwache unendliche Induktion beweisen:

Für alle n mit $n \geqq 0$ gilt: Ist A irgendein *Π2*-Axiom mit $\sigma' A = n$, so ist A *S2*-gültig.

Induktionsbasis

Sei A irgendein *Π2*-Axiom mit $\sigma' A = 0$.

Fall 1: $A \in \alpha 1^* \cup \ldots \cup \alpha 13^*$.

Dann ist A Substitut eines Axioms von *Π1* und daher *S2*-gültig.

Fall 2: $A \in \alpha 14 \cup \ldots \cup \alpha 19$.

Dann ist A aufgrund von Satz 2.2.5–3.(1)–(6) *S2*-gültig.

Induktionsschritt

Sei k irgendeine natürliche Zahl mit $k \geqq 0$ und A irgendein *Π2*-Axiom mit $\sigma' A = k+1$. Dann gibt es ein GZ x und ein *Π2*-Axiom B derart, daß $A = \wedge xB$. Wegen $\sigma' B = k$ ergibt sich aufgrund der I.V. $\Vdash B$. Also erhält man unter Verwendung von Satz 2.2.5–3.(7) $\Vdash \wedge xB$.

Satz 2.3.8–3. (*Verallgemeinerter Korrektheitssatz* für *Π2*)
Für jede *S2*-Formel A und jede Teilklasse Γ von *S2* gilt: Wenn A in *Π2* aus Γ ableitbar ist, dann ist A eine *S2*-Konsequenz aus Γ.

Dieser Satz kann in der gleichen Weise wie der verallgemeinerte Korrektheitssatz für *Π1* (Satz 1.3.9–3) bewiesen werden.

Satz 2.3.8–4. (*Widerspruchsfreiheit* von *Π2*)
Es gibt keine *S2*-Formel A derart, daß sowohl A als auch $\neg A$ Theoreme von *Π2* sind.

Dieser Satz ergibt sich indirekt aus dem Korrektheitssatz für *Π2*. Die Widerspruchsfreiheit von *Π2* läßt sich indessen auch beweisen, ohne daß dabei der Korrektheitssatz für *Π2* vorausgesetzt wird. Diese Möglichkeit ist vor allem deswegen von besonderer Bedeutung, weil man für den Beweis des Korrektheitssatzes für *Π2* u. a. die *S2*-Gültigkeit der Axiome *α14–α19* beweisen muß. Das aber erfordert ziemlich komplizierte semantische Hilfsmittel, wie z. B. das Koinzidenz- und das Überführungstheorem. Unabhängig davon kann man die Widerspruchsfreiheit von *Π2* aber auch unter Verwendung der Widerspruchsfreiheit von *Π1* beweisen. Der Schilderung dieser interessanten Beweismethode wollen wir uns nun zuwenden.

Wir definieren zunächst eine Funktion τ von *S2* in *S1* derart, daß gilt:

(1) ist A irgendeine *S2*-Atomformel, deren Prädikatzeichen k Vorkommen des Zeichens | enthält, so ist $\tau' A$ der Satzbuchstabe p_k;
(2) sind A, B irgendwelche *S2*-Formeln, ist x irgendein GZ, $\otimes$ ein logisches Verknüpfungszeichen und Q ein Quantifikationszeichen, so gilt:

(a) $\tau' \neg A = \neg \tau' A$;
(b) $\tau'(A \otimes B) = (\tau' A \otimes \tau' B)$;
(c) $\tau' \mathrm{Q} x A = \tau' A$.

Beispielsweise gilt $\tau' F_2^1 a_3 = p_2$, $\tau'(F_2^1 a_3 \vee \neg F_1^2 a_5 a_4) = (p_2 \vee \neg p_1)$ und $\tau' \wedge a_3 F_2^1 a_3 = p_2$.

Die Widerspruchsfreiheit von *Π2* läßt sich nun mit Hilfe der folgenden drei Lemmata beweisen.

Lemma 1
Ist A irgendeine *S2*-Formel und sind x, y irgendwelche GZ, so ist $\tau' A = \tau'[A, x, y]$.

Wir beweisen diesen Satz (unter Verwendung von Satz 2.1.2–6) durch starke unendliche Induktion nach dem Grad von A.

Induktionsbasis: Trivial!

Induktionsschritt

Sei k irgendeine natürliche Zahl mit $k \geqq 0$ und A irgendeine *S2*-Formel vom Grad $k+1$.

Fall 1: $A = \neg C$.

Dann gilt:

$$\begin{aligned} \tau^{\prime} \neg C &= \neg \tau^{\prime} C \\ &= \neg \tau^{\prime} [C, x, y] \qquad \text{I.V.} \\ &= \tau^{\prime} \neg [C, x, y] \\ &= \tau^{\prime} [\neg C, x, y] \end{aligned}$$

Fall 2: $A = C \otimes D$.

Dann gilt:

$$\begin{aligned} \tau^{\prime} C \otimes D &= \tau^{\prime} C \otimes \tau^{\prime} D \\ &= \tau^{\prime} [C, x, y] \otimes \tau^{\prime} [D, x, y] \qquad \text{I.V.} \\ &= \tau^{\prime} [C, x, y] \otimes [D, x, y] \\ &= \tau^{\prime} [C \otimes D, x, y] \end{aligned}$$

Fall 3: $A = \mathrm{Q} z C$.

3.1: $\sim \mathrm{Fr}(x, \mathrm{Q} z C)$.

Dann gilt $\tau^{\prime} \mathrm{Q} z C = \tau^{\prime} [\mathrm{Q} z C, x, y]$.

3.2: $\mathrm{Fr}(x, \mathrm{Q} z C)$.

3.2.1: $y \neq z$.

Dann gilt:

$$\begin{aligned} \tau^{\prime} \mathrm{Q} z C &= \tau^{\prime} C \\ &= \tau^{\prime} [C, x, y] \qquad \text{I.V.} \\ &= \tau^{\prime} \mathrm{Q} z [C, x, y] \\ &= \tau^{\prime} [\mathrm{Q} z C, x, y] \end{aligned}$$

3.2.2: $y = z$.

Sei u das GZ mit der kleinsten Strichzahl, das nicht in $\mathrm{Q} z C$ vorkommt. Dann gilt:

$$\begin{aligned} \tau^{\prime} \mathrm{Q} z C &= \tau^{\prime} C \\ &= \tau^{\prime} [C, y, u] \qquad \text{I.V.} \\ &= \tau^{\prime} [[C, y, u], x, y] \qquad \text{I.V.} \\ &= \tau^{\prime} \mathrm{Q} u [[C, y, u], x, y] \\ &= \tau^{\prime} [\mathrm{Q} z C, x, y] \end{aligned}$$

Lemma 2

Ist A irgendein *Π2*-Axiom, so ist $\tau^{\prime} A$ ein Theorem von *Π1*.

Beweis: Bezeichne »σ« die im Beweis des Lemmas für Satz 2.3.6–7 definierte Funktion. Lemma 2 ergibt sich dann aus folgender Behauptung, die wir durch schwache unendliche Induktion beweisen:

Für alle n mit $n \geqq 0$ gilt: Ist A irgendein *Π2*-Axiom mit $\sigma^{\prime} A = n$, so ist $\vdash_{\Pi 1} \tau^{\prime} A$.

Induktionsbasis

Sei A irgendein $\Pi 2$-Axiom mit $\sigma' A = 0$. Dann ist $A \in \alpha 1^* \cup \ldots \cup \alpha 13^* \cup \alpha 14 \cup \ldots \cup \alpha 19$. Wir greifen nur drei Fälle heraus.

1. $A \in \alpha 1$.

Dann ist A eine Formel der Gestalt $B \to (C \to B)$. Also ist $\tau' A = \tau' B \to (\tau' C \to \tau' B)$. Es gilt folglich $\tau' A \in \alpha 1$ und daher auch $\vdash_{\Pi 1} \tau' A$.

2. $A \in \alpha 14$.

Dann ist A eine Formel der Gestalt $\wedge x B \to [B, x, y]$, und es gilt:

$$\begin{aligned} \tau' A &= \tau' \wedge x B \to \tau' [B, x, y] \\ &= \tau' B \to \tau' [B, x, y] \\ &= \tau' B \to \tau' B \qquad \text{Lemma 1} \end{aligned}$$

Wegen LS(14) gilt folglich $\vdash_{\Pi 1} \tau' A$.

3. $A \in \alpha 19$.

Dann ist A eine Formel der Gestalt $\wedge x (B \to C) \to (\vee x B \to \vee x C)$. Es gilt somit:

$$\begin{aligned} \tau' A &= \tau' \wedge x (B \to C) \to \tau' (\vee x B \to \vee x C) \\ &= \tau' (B \to C) \to (\tau' \vee x B \to \tau' \vee x C) \\ &= (\tau' B \to \tau' C) \to (\tau' B \to \tau' C) \end{aligned}$$

Wegen LS(14) gilt folglich wieder $\vdash_{\Pi 1} \tau' A$.

Induktionsschritt

Sei k irgendeine natürliche Zahl mit $k \geqq 0$ und A irgendein $\Pi 2$-Axiom mit $\sigma' A = k + 1$. Dann hat A die Gestalt $\wedge x B$, wobei B ein $\Pi 2$-Axiom ist. Wegen $\tau' A = \tau' B$ und $\sigma' B = k$ erhält man folglich nach I.V. $\vdash_{\Pi 1} \tau' B$, d. h. $\vdash_{\Pi 1} \tau' A$.

Lemma 3

Ist A irgendein Theorem von $\Pi 2$, so ist $\tau' A$ ein Theorem von $\Pi 1$.

Der Beweis dieses Satzes (mit Lemma 2) sei dem Leser überlassen. Die Widerspruchsfreiheit von $\Pi 2$ ergibt sich nun so: Gäbe es eine $S2$-Formel A mit $\vdash_{\Pi 2} A$ und $\vdash_{\Pi 2} \neg A$, so müßte nach Lemma 3 $\vdash_{\Pi 1} \tau' A$ und $\vdash_{\Pi 1} \tau' \neg A$, d. h. $\vdash_{\Pi 1} \neg \tau' A$ gelten. Dies ist aber wegen der Widerspruchsfreiheit von $\Pi 1$ (Satz 1.3.9–4) unmöglich.

(II) Die Vollständigkeit von $\Pi 2$

Satz 2.3.8–5. (*Vollständigkeitssatz* für $\Pi 2$)

Jede $S2$-gültige Formel ist ein Theorem von $\Pi 2$.

Dieser Satz ergibt sich aus dem folgenden

Satz 2.3.8–6. (*Stark verallgemeinerter Vollständigkeitssatz* für $\Pi 2$)
Für jede $S2$-Formel A und jede Teilklasse Γ von $S2$ gilt: Wenn A eine $S2$-Konsequenz aus Γ ist, dann ist A in $\Pi 2$ aus Γ ableitbar.

Beweis: Sei A irgendeine $S2$-Formel, Γ irgendeine Teilklasse von $S2$ und gelte $\Gamma \Vdash A$. Dann ist die Klasse $\Gamma \cup \{\neg A\}$ nicht $S2$-simultan erfüllbar und daher aufgrund von Satz 2.3.7–2 $\Pi 2$-inkonsistent. Also gibt es ein B mit $\Gamma \cup \{\neg A\} \vdash B$ und $\Gamma \cup \{\neg A\} \vdash \neg B$. Hieraus erhält man mit LS(38*) $\Gamma \cup \{\neg A\} \vdash A$. Aufgrund des Deduktionstheorems gilt folglich $\Gamma \vdash \neg A \rightarrow A$, woraus man mit LS(37*) schließlich $\Gamma \vdash A$ erhält.

Unter Verwendung des stark verallgemeinerten Vollständigkeitssatzes für $\Pi 2$ wollen wir nun den noch ausstehenden Beweis des stark verallgemeinerten Vollständigkeitssatzes für $\Pi 1$ (Satz 1.3.9–9) erbringen. Dazu definieren wir zunächst eine Hilfsfunktion und beweisen dann vier Lemmata:

Sei ϱ diejenige Funktion auf $S1$, für welche gilt:

(1) für jeden Satzbuchstaben $p_i (i \geqq 1)$ ist $\varrho^{\prime} p_i = F_i^1 a_1$;
(2) sind A, B irgendwelche $S1$-Formeln und ist $\otimes$ ein logisches Verknüpfungszeichen, so ist $\varrho^{\prime} \neg A = \neg \varrho^{\prime} A$ und $\varrho^{\prime}(A \otimes B) = (\varrho^{\prime} A \otimes \varrho^{\prime} B)$.

Zur Abkürzung treffen wir folgende Konvention:

Ist A irgendeine $S2$-Formel, so bezeichnen wir $\varrho^{\prime} A$ auch, indem wir an einen in eckige Klammern eingeschlossenen Namen von A rechts oben das Zeichen »∘« anfügen. Ist ferner Γ irgendeine Teilklasse von $S2$, so bezeichne jeder Ausdruck, der entsteht, wenn man an einen in eckige Klammern eingeschlossenen Namen von Γ rechts oben das Zeichen »∘« anfügt, die Klasse aller $S2$-Formeln A, für welche gilt: es gibt eine $S2$-Formel B aus Γ mit $A = [B]^{\circ}$.

Lemma 1
Sei γ irgendeine nichtleere Klasse und I irgendeine $S2$-Interpretation über γ. Dann gibt es eine $S1$-Grundbewertung $\mathfrak{A}$ derart, daß für jede $S1$-Formel A gilt: $\tilde{\mathfrak{A}}^{\prime} A = 1$ gdw $\mathrm{Mod}(I, [A]^{\circ}, \gamma)$.

Beweis: Sei γ irgendeine nichtleere Klasse und I irgendeine $S2$-Interpretation über γ. Ferner sei $\mathfrak{C}$ diejenige $S1$-Grundbewertung, für welche gilt: Ist A irgendein Satzbuchstabe, so ist $\mathfrak{C}^I A = 1$ gdw $\text{Mod}(I, [A]^\circ, \gamma)$. Der Dann-Satz von Lemma 1 ergibt sich dann aus folgendem Satz, den wir durch starke unendliche Induktion beweisen.

Für alle n mit $n \geqq 0$ gilt: Ist A irgendeine *S1*-Formel vom Grad n, so ist $\tilde{\mathfrak{C}}^I A = 1$ gdw $\text{Mod}(I, [A]^\circ, \gamma)$.

Induktionsbasis: Trivial!

Induktionsschritt

Sei k irgendeine natürliche Zahl mit $k \geqq 0$ und A irgendeine *S1*-Formel vom Grad $k+1$.

Fall 1: $A = \neg C$.

Dann gilt nach I.V.: $\tilde{\mathfrak{C}}^I C = 1$ gdw $\text{Mod}(I, [C]^\circ, \gamma)$. Folglich gilt:

$$\begin{aligned} \tilde{\mathfrak{C}}^I \neg C = 1 \;\; &\text{gdw} \;\; \tilde{\mathfrak{C}}^I C = 0 \\ &\text{gdw} \;\; \sim \text{Mod}(I, [C]^\circ, \gamma) \\ &\text{gdw} \;\; \text{Mod}(I, \neg [C]^\circ, \gamma) \\ &\text{gdw} \;\; \text{Mod}(I, [\neg C]^\circ, \gamma). \end{aligned}$$

Fall 2: $A = C \wedge D$.

Dann gilt nach I.V.: $\tilde{\mathfrak{C}}^I C = 1$ gdw $\text{Mod}(I, [C]^\circ, \gamma)$, und ebenso: $\tilde{\mathfrak{C}}^I D = 1$ gdw $\text{Mod}(I, [D]^\circ, \gamma)$. Folglich gilt:

$$\begin{aligned} \tilde{\mathfrak{C}}^I C \wedge D = 1 \;\; &\text{gdw} \;\; \tilde{\mathfrak{C}}^I C = 1 \text{ und } \tilde{\mathfrak{C}}^I D = 1 \\ &\text{gdw} \;\; \text{Mod}(I, [C]^\circ, \gamma) \text{ und } \text{Mod}(I, [D]^\circ, \gamma) \\ &\text{gdw} \;\; \text{Mod}(I, [C]^\circ \wedge [D]^\circ, \gamma) \\ &\text{gdw} \;\; \text{Mod}(I, [C \wedge D]^\circ, \gamma). \end{aligned}$$

Die Betrachtung der übrigen Fälle sei dem Leser überlassen.

Lemma 2

Sei A irgendeine *S1*-Formel und Γ irgendeine Teilklasse von *S1*. Dann gilt: Wenn $\Gamma \Vdash_{S1} A$, dann $[\Gamma]^\circ \Vdash_{S2} [A]^\circ$.

Beweis: Angenommen, es gilt $\Gamma \Vdash_{S1} A$.

Fall 1: $\Gamma = \emptyset$.

Dann ist $\Vdash_{S1} A$ und $[\Gamma]^\circ = \emptyset$. Da $[A]^\circ$ ein Substitut von A ist, gilt aufgrund des Übertragungssatzes (Satz 2.2.6–2) $\Vdash_{S2} [A]^\circ$.

Fall 2: $\Gamma \neq \emptyset$.

Sei γ irgendeine nichtleere Klasse und I irgendeine *S2*-Interpretation über γ, die $[\Gamma]^\circ$ *S2*-simultan über γ erfüllt. Dann gilt für jede *S1*-Formel B aus Γ $\text{Mod}(I, [B]^\circ, \gamma)$. Nach Lemma 1 gibt es nun eine

$S1$-Grundbewertung $\mathfrak{A}$ derart, daß für jede $S1$-Formel B gilt: $\tilde{\mathfrak{A}}^{\prime} B=1$ gdw Mod(I, $[B]^{\circ}$, γ). Also gilt für jede $S1$-Formel B aus Γ $\tilde{\mathfrak{A}}^{\prime} B=1$. Wegen $\Gamma \Vdash_{\overline{S1}} A$ muß daher $\tilde{\mathfrak{A}}^{\prime} A=1$ gelten. Durch abermalige Anwendung von Lemma 1 erhält man somit Mod(I, $[A]^{\circ}$, γ). Damit ist gezeigt, daß $[\Gamma]^{\circ} \Vdash_{\overline{S2}} [A]^{\circ}$.

Im folgenden bezeichne »τ« die auf S. 396 definierte Funktion von $S2$ in $S1$.

Lemma 3

Ist A irgendeine $S2$-Formel, so ist $\tau^{\prime}[A]^{\circ}=A$.

Wir beweisen diesen Satz durch starke unendliche Induktion nach dem Grad von A.

Induktionsbasis

Sei A irgendeine $S1$-Formel vom Grad 0. Dann gibt es ein $i (i \geqq 1)$ mit $A=p_i$, und es gilt daher $[A]^{\circ}=F_i^1 a_1$. Folglich ist $\tau^{\prime}[A]^{\circ}=A$.

Induktionsschritt

Sei k irgendeine natürliche Zahl mit $k \geqq 0$ und A irgendeine $S1$-Formel vom Grad $k+1$.

Fall 1: $A=\neg C$.

Dann gilt:

$$\begin{aligned} \tau^{\prime}[\neg C]^{\circ} &= \tau^{\prime} \neg [C]^{\circ} \\ &= \neg \tau^{\prime}[C]^{\circ} \\ &= \neg C && \text{I.V.} \end{aligned}$$

Fall 2: $A=C \otimes D$.

Dann gilt:

$$\begin{aligned} \tau^{\prime}[C \otimes D]^{\circ} &= \tau^{\prime}([C]^{\circ} \otimes [D]^{\circ}) \\ &= \tau^{\prime}[C]^{\circ} \otimes \tau^{\prime}[D]^{\circ} \\ &= \mathrm{C} \otimes D && \text{I.V.} \end{aligned}$$

Lemma 4

Sei A irgendeine $S1$-Formel und Γ irgendeine Teilklasse von $S1$. Dann gilt: Wenn $[\Gamma]^{\circ} \vdash_{\overline{\Pi 2}} [A]^{\circ}$, dann $\Gamma \vdash_{\overline{\Pi 1}} A$.

Beweis: Angenommen, es gilt $[\Gamma]^{\circ} \vdash_{\overline{\Pi 2}} [A]^{\circ}$. Dann gibt es eine endliche Teilklasse Δ von $[\Gamma]^{\circ}$ mit $\Delta \vdash_{\overline{\Pi 2}} [A]^{\circ}$.

Fall 1: $\Delta = \emptyset$.

Dann ist $\vdash_{\overline{\Pi 2}} [A]^\circ$, und es gilt folglich nach Lemma 3 auf S. 398 $\vdash_{\overline{\Pi 1}} \tau' [A]^\circ$. Aufgrund des vorangehenden Lemmas erhält man somit $\vdash_{\overline{\Pi 1}} A$.

Fall 2: $\Delta \neq \emptyset$.

Dann gibt es *S1*-Formeln $B_1, \ldots, B_n$ aus Γ mit $\Delta = \{[B_1]^\circ, \ldots, [B_n]^\circ\}$. Es gilt also

$$[B_1]^\circ, \ldots, [B_n]^\circ \vdash_{\overline{\Pi 2}} [A]^\circ.$$

Hieraus folgt

$$\vdash_{\overline{\Pi 2}} [B_1]^\circ \to ([B_2]^\circ \to \ldots ([B_n]^\circ \to [A]^\circ) \ldots).$$

Also gilt auch

$$\vdash_{\overline{\Pi 2}} [B_1 \to (B_2 \to \ldots (B_n \to A) \ldots)]^\circ.$$

Nach Lemma 3 auf S. 398 ist also

$$\vdash_{\overline{\Pi 1}} \tau' [B_1 \to (B_2 \to \ldots (B_n \to A) \ldots)]^\circ.$$

Unter Verwendung des vorangehenden Lemmas erhält man somit

$$\vdash_{\overline{\Pi 1}} B_1 \to (B_2 \to \ldots (B_n \to A) \ldots).$$

Hieraus folgt

$$B_1, \ldots, B_n \vdash_{\overline{\Pi 1}} A,$$

und man erhält daher

$$\Gamma \vdash_{\overline{\Pi 1}} A.$$

Der stark verallgemeinerte Vollständigkeitssatz für *Π1* ergibt sich nun so:

> Sei *A* irgendeine *S1*-Formel, Γ irgendeine Teilklasse von *S1* und gelte $\Gamma \Vdash_{\overline{S1}} A$. Nach dem oben bewiesenen Lemma 2 gilt dann $[\Gamma]^\circ \Vdash_{\overline{S2}} [A]^\circ$. Daraus folgt aber aufgrund des stark verallgemeinerten Vollständigkeitssatzes für *Π2* (Satz 2.3.8–6) $[\Gamma]^\circ \vdash_{\overline{\Pi 2}} [A]^\circ$. Durch Anwendung von Lemma 4 ergibt sich schließlich $\Gamma \vdash_{\overline{\Pi 1}} A$.

2.3.9. Einige Folgerungen aus der Adäquatheit von *Π2*

In 2.3.7 haben wir gezeigt, daß jede *Π2*-konsistente Teilklasse von *S2* auch *S2*-simultan erfüllbar ist. Daß auch das Umgekehrte gilt, zeigt der folgende

Satz 2.3.9–1.

Jede *S2*-simultan erfüllbare Teilklasse von *S2* ist *Π2*-konsistent.

Beweis: Sei Γ irgendeine $S2$-simultan erfüllbare Teilklasse von $S2$. Dann gibt es eine nichtleere Klasse γ und eine $S2$-Interpretation I über γ, die Γ $S2$-simultan über γ erfüllt. Wäre nun Γ $S2$-inkonsistent, so gäbe es eine $S2$-Formel A mit $\Gamma \vdash_{\Pi 2} A$ und $\Gamma \vdash_{\Pi 2} \neg A$. Aufgrund des verallgemeinerten Korrektheitssatzes für $\Pi 2$ (Satz 2.3.8–3) müßte also sowohl $\Gamma \Vdash_{S2} A$ als auch $\Gamma \Vdash_{S2} \neg A$ gelten. Folglich erhielte man Mod(I, A, γ) und Mod($I, \neg A, \gamma$) (Widerspruch!).

Wir gehen nun noch kurz auf einen wichtigen Zusammenhang ein, der zwischen $\Pi 2$-Konsistenz und $S2$-Erfüllbarkeit einerseits sowie zwischen $\Pi 2$-Ableitbarkeit und $S2$-Konsequenz andererseits besteht. Betrachten wir zunächst das erste Begriffspaar! Ebenso, wie man daraus, daß jede endliche Teilklasse einer Formelklasse Γ $\Pi 2$-konsistent ist, rein syntaktisch darauf schließen kann, daß Γ selbst $\Pi 2$-konsistent ist (der Leser überzeuge sich davon und auch von der Umkehrung dieser Behauptung), gilt in semantischer Hinsicht der folgende

Satz 2.3.9–2. (*Endlichkeitssatz für die S2-Erfüllbarkeit*)
Sei Γ irgendeine Teilklasse von $S2$. Dann gilt: Wenn jede endliche Teilklasse von Γ $S2$-simultan erfüllbar ist, dann ist auch Γ $S2$-simultan erfüllbar.

Beweis: Angenommen, jede endliche Teilklasse von Γ ist $S2$-simultan erfüllbar. Dann ist nach Satz 2.3.9–1 jede endliche Teilklasse von Γ auch $\Pi 2$-konsistent. Wäre Γ nicht $S2$-simultan erfüllbar, so wäre Γ nach Satz 2.3.7–2 nicht $\Pi 2$-konsistent. Es gäbe folglich eine $S2$-Formel A mit $\Gamma \vdash_{\Pi 2} A \wedge \neg A$ und somit auch eine endliche Teilklasse Δ von Γ mit $\Delta \vdash_{\Pi 2} A \wedge \neg A$. Dies widerspricht aber der Voraussetzung. – Der Leser überzeuge sich davon, daß auch die Umkehrung von Satz 2.3.9–2 gilt.

Betrachten wir nun das zweite der beiden oben genannten Begriffspaare! Ebenso, wie man daraus, daß eine $S2$-Formel A in $\Pi 2$ aus der Formelklasse Γ ableitbar ist, rein syntaktisch darauf schließen kann, daß A in $\Pi 2$ auch aus einer endlichen Teilklasse von Γ ableitbar ist (der Leser überzeuge sich davon und auch vom Umgekehrten), gilt in semantischer Hinsicht der folgende

Satz 2.3.9–3. (*Endlichkeitssatz für die S2-Konsequenz*)
Sei A irgendeine $S2$-Formel und Γ irgendeine Teilklasse von $S2$. Dann gilt: Wenn $\Gamma \Vdash_{S2} A$, dann gibt es eine endliche Teilklasse Δ von Γ mit $\Delta \Vdash_{S2} A$.

Beweis: Angenommen, es gilt $\Gamma \Vdash_{S2} A$. Dann gilt aufgrund des stark verallgemeinerten Vollständigkeitssatzes für *Π2* auch $\Gamma \vdash_{\Pi 2} A$. Es gibt also eine endliche Teilklasse Δ von Γ mit $\Delta \vdash_{\Pi 2} A$. Hieraus folgt aber aufgrund des verallgemeinerten Korrektheitssatzes für *Π2* $\Delta \Vdash_{S2} A$.

Der Leser überzeuge sich davon, daß auch die Umkehrung von Satz 2.3.9–3 gilt. Es sei hier noch darauf hingewiesen, daß die obigen beiden Endlichkeitssätze in der Literatur manchmal auch »Kompaktheitssätze« genannt werden.

Wir wollen nun abschließend noch einen Beweis für den Satz von LÖWENHEIM/SKOLEM geben, der nicht, wie unser früherer Beweis in 2.2.10, rein semantischer Natur ist, sondern von den syntaktischen Eigenschaften des Systems *Π2* Gebrauch macht. Dieser Beweis sieht so aus:

> Angenommen, Γ ist irgendeine *S2*-simultan erfüllbare Teilklasse von *S2*. Dann ist Γ wegen Satz 2.3.9–1 *Π2*-konsistent. Aufgrund des Erfüllbarkeitssatzes für *Π2* ist Γ infolgedessen über wenigstens einer abzählbaren Klasse *S2*-simultan erfüllbar.

2.4. Pränexe Normalformen

In 1.1.3 haben wir aussagenlogische Normalformen betrachtet. Wir haben dort Algorithmen angegeben, mit deren Hilfe man zu jeder *S1*-Formel *A* eine konjunktive Normalform $C_\wedge$ bzw. eine adjunktive Normalform $C_\vee$ effektiv konstruieren kann, so daß die Formeln $A \leftrightarrow C_\wedge$ und $A \leftrightarrow C_\vee$ *S1*-gültig sind. Entsprechend kann man nun auch zu jeder *S2*-Formel *A* eine sog. pränexe Normalform C_p effektiv konstruieren, für die gilt $\Vdash_{S2} A \leftrightarrow C_p$. Wir werden uns hier jedoch mit dem Beweis dafür begnügen, daß es zu jeder *S2*-Formel eine derartige pränexe Normalform gibt. Aufgrund dieses Beweises kann man dann leicht einen Algorithmus zur effektiven Konstruktion einer pränexen Normalform formulieren.

2.4.1. Präfixe

Zunächst betrachten wir Reihen von Quantoren, sog. Präfixe.

Definition 2.4.1–1.

> Ein Ausdruck über *A2* ist ein *Präfix vom Rang n* gdw sich dies aufgrund folgender Bestimmungen ergibt:

(1) Jeder Quantor ist ein Präfix vom Rang 1.
(2) Ist P ein Präfix vom Rang n und X ein Quantor, so ist PX ein Präfix vom Rang $n+1$.

Ferner ist P ein *Präfix* gdw es ein n gibt, so daß P ein Präfix vom Rang n ist. Beispiele für Präfixe sind die Zeichenreihen $\bigwedge a_1$, $\bigwedge a_1 \bigvee a_1$, $\bigvee a_1 \bigwedge a_2 \bigvee a_1 \bigvee a_3$.

Sei nun σ eine Funktion auf der Klasse aller Präfixe derart, daß für alle GZ x, Quantifikationszeichen Q und Präfixe P gilt:

(1) $\sigma(\bigwedge x) = \bigvee x$;
(2) $\sigma(\bigvee x) = \bigwedge x$;
(3) $\sigma(\mathrm{PQ}x) = \sigma(\mathrm{P})\,\sigma(\mathrm{Q}x)$.

Ist P irgendein Präfix, so heißt σ(P) das *inverse Präfix* von P. Dieses bezeichnen wir auch, indem wir über einen Namen von P einen Strich ziehen. Beispielsweise ist $\overline{\bigwedge a_1 \bigvee a_2} = \bigvee a_1 \bigwedge a_2$.

Satz 2.4.1–1.
Sei P irgendein Präfix und A irgendeine $S2$-Formel. Dann gilt: $\vdash_{\Pi 2} \neg \mathrm{P}A \leftrightarrow \overline{\mathrm{P}} \neg A$.

Wir beweisen diesen Satz durch schwache unendliche Induktion nach dem Rang von P.

Induktionsbasis

Sei P irgendein Präfix vom Rang 1 und A irgendeine $S2$-Formel. Dann ist P ein Quantor Qx, und es gilt nach LS(115) und LS(117) $\vdash \neg \mathrm{Q}xA \leftrightarrow \overline{\mathrm{Q}x} \neg A$.

Induktionsschritt

Sei k irgendeine natürliche Zahl mit $k \geqq 1$, P ein Präfix vom Rang $k+1$ und A irgendeine $S2$-Formel. Dann gibt es ein Präfix P_0 vom Rang k und einen Quantor Qx, so daß $\mathrm{P} = \mathrm{Q}x\mathrm{P}_0$. Es gilt nach LS(115) und LS(117) $\vdash \neg \mathrm{Q}x\mathrm{P}_0 A \leftrightarrow \overline{\mathrm{Q}x} \neg \mathrm{P}_0 A$. Da nach I.V. gilt $\vdash \neg \mathrm{P}_0 A \leftrightarrow \overline{\mathrm{P}_0} \neg A$, ergibt sich folglich unter Verwendung des Ersetzungstheorems für $\Pi 2$ $\vdash \neg \mathrm{Q}x\mathrm{P}_0 A \leftrightarrow \overline{\mathrm{Q}x}\,\overline{\mathrm{P}_0} \neg A$. Da aber $\overline{\mathrm{P}} = \overline{\mathrm{Q}x}\,\overline{\mathrm{P}_0}$, erhält man schließlich $\vdash \neg \mathrm{P}A \leftrightarrow \overline{\mathrm{P}} \neg A$.

Satz 2.4.1–2.
Sei P irgendein Präfix, seien A, B irgendwelche $S2$-Formeln und komme kein GZ aus P frei in B vor. Dann gilt: $\vdash_{\Pi 2} \mathrm{P}(A \wedge B) \leftrightarrow \mathrm{P}A \wedge B$.

Beweis: Durch schwache unendliche Induktion nach dem Rang von P unter Verwendung von LS(121) und LS(129). Übung!

Satz 2.4.1–3.

Seien P_1, P_2 irgendwelche Präfixe, A, B irgendwelche $S2$-Formeln und komme kein GZ aus P_1 frei in B sowie kein GZ aus P_2 frei in A vor. Dann gilt: $\vdash_{\Pi 2} P_1 P_2(A \wedge B) \leftrightarrow P_1 A \wedge P_2 B$.

Beweis: Angenommen, es gelten die Voraussetzungen des Satzes. Dann kommt kein GZ aus P_1 frei in $P_2 B$ vor. Also ergibt sich mit Satz 2.4.1–2 $\vdash P_1(A \wedge P_2 B) \leftrightarrow P_1 A \wedge P_2 B$. Ferner gilt $\vdash P_2(B \wedge A) \leftrightarrow P_2 B \wedge A$. Also gilt $\vdash A \wedge P_2 B \leftrightarrow P_2(A \wedge B)$. Zusammenfassend erhält man folglich $\vdash P_1 P_2(A \wedge B) \leftrightarrow P_1 A \wedge P_2 B$.

Die drei soeben angegebenen Sätze können als Verallgemeinerungen der entsprechenden Lehrsätze von $\Pi 2$ aufgefaßt werden.

2.4.2. Pränexe Normalformen

Definition 2.4.2–1.

A ist eine *pränexe Normalform vom Rang n bezüglich* P *und B* gdw
(1) P ist ein Präfix vom Rang n;
(2) B ist eine $S2$-Formel, in der kein Quantifikationszeichen vorkommt;
(3) $A = \mathrm{P}B$.

Ferner definieren wir:

A ist eine *pränexe Normalform bezüglich* P *und B* gdw es ein n gibt, so daß A eine pränexe Normalform vom Rang n bezüglich P und B ist.

Ist A eine pränexe Normalform bezüglich P und B, so heißt P das *Präfix von A* und B der *Kern von A*.

A ist eine *pränexe Normalform vom Rang n* gdw es P und B gibt, so daß A eine pränexe Normalform vom Rang n bezüglich P und B ist.

A ist schließlich eine *pränexe Normalform* gdw es n gibt, so daß A eine pränexe Normalform vom Rang n ist.

Die pränexen Normalformen sind also genau alle $S2$-Formeln von der Form PA, wobei P ein Präfix und A eine quantorenfreie $S2$-Formel ist. Beispiele für pränexe Normalformen sind die Formeln $\bigwedge a_1 F_1^1 a_1$, $\bigwedge a_1 \bigvee a_2 F_1^2 a_1 a_2$, $\bigwedge a_1 \bigvee a_1 \bigwedge a_2(F_1^2 a_1 a_2 \rightarrow F_1^1 a_2)$.

Satz 2.4.2–1.

Sei A irgendeine pränexe Normalform, seien x, y irgendwelche GZ und komme y nicht in A vor. Dann ist das Präfix von A identisch mit dem Präfix von $[A, x, y]$.

Beweis: Durch schwache unendliche Induktion nach dem Rang von A.

Induktionsbasis

Sei A irgendeine pränexe Normalform vom Rang 1, seien x, y irgendwelche GZ und komme y nicht in A vor. Dann gibt es einen Quantor Qz und eine quantorenfreie Formel B derart, daß $A = \mathrm{Q}zB$. Ist $\sim \mathrm{Fr}(x, \mathrm{Q}zB)$, so ist nach Satz 2.1.2–6.(3) $[A, x, y] = A$. Ist hingegen $\mathrm{Fr}(x, \mathrm{Q}zB)$, so ist wegen $y \neq z$ nach Satz 2.1.2–6.(4) $[A, x, y] = \mathrm{Q}z[B, x, y]$. Da B quantorenfrei ist, ist auch $[B, x, y]$ quantorenfrei. Also ist das Präfix von A identisch mit dem Präfix von $[A, x, y]$.

Induktionsschritt

Sei k irgendeine natürliche Zahl mit $k \geqq 1$, A irgendeine pränexe Normalform vom Rang $k+1$, seien x, y irgendwelche GZ und komme y nicht in A vor. Dann gibt es einen Quantor Qz, ein Präfix P vom Rang k und eine quantorenfreie Formel B derart, daß $A = \mathrm{Q}z\mathrm{P}B$. Ist $\sim \mathrm{Fr}(x, \mathrm{Q}z\mathrm{P}B)$, so ist $[A, x, y] = A$. Ist hingegen $\mathrm{Fr}(x, \mathrm{Q}z\mathrm{P}B)$, so ist wegen $y \neq z$ $[A, x, y] = \mathrm{Q}z[\mathrm{P}B, x, y]$. Da P$B$ eine pränexe Normalform vom Rang k ist, in der y nicht vorkommt, ist nach I.V. das Präfix von PB identisch mit dem Präfix von $[\mathrm{P}B, x, y]$. Also ist das Präfix von A identisch mit dem Präfix von $[A, x, y]$.

Satz 2.4.2–2.

Sei A irgendeine pränexe Normalform und α irgendeine endliche Teilklasse von gz. Dann gibt es eine pränexe Normalform A' derart, daß gilt:

(1) $\vdash_{\Pi 2} A \leftrightarrow A'$;
(2) die Klasse der in A frei vorkommenden GZ ist identisch mit der Klasse der in A' frei vorkommenden GZ;
(3) im Präfix von A' kommt kein GZ aus α vor.

Beweis: Durch schwache unendliche Induktion nach dem Rang von A.

Induktionsbasis

Sei A irgendeine pränexe Normalform vom Rang 1 und α irgendeine endliche Teilklasse von gz. Dann gibt es einen Quantor Qx und eine quantorenfreie Formel B mit $A = \mathrm{Q}xB$. Sei y das GZ mit der kleinsten Strichzahl, das weder in α noch in QxB vorkommt. Sei ferner A' die Formel Q$y[B, x, y]$.

Ad (1): Da $\sim \mathrm{Fr}(y, B)$, gilt nach Satz 2.3.3–4.(1) $\vdash A \leftrightarrow A'$.

Ad (2): Angenommen, z ist irgendein frei in A vorkommendes GZ. Dann gilt $\mathrm{Fr}(z, B)$ und $z \neq x$. Nach Satz 2.1.2–7.(1) erhält man $\mathrm{Fr}(z, [B, x, y])$. Wegen $z \neq y$ gilt folglich $\mathrm{Fr}(z, A')$.

Angenommen umgekehrt, z ist irgendein frei in A' vorkommendes GZ. Dann gilt $\mathrm{Fr}(z, [B, x, y])$ und $z \neq y$. Also ist nach Satz 2.1.2–7.(1) $\mathrm{Fr}(z, [[B, x, y], y, x])$. Da y nicht in B vorkommt, gilt nach Satz 2.1.2–7.(3) $B = [[B, x, y], y, x]$. Also ist $\mathrm{Fr}(z, B)$. Wäre nun $z = x$, so wäre $\mathrm{Fr}(x, [B, x, y])$, und es ergäbe sich mit Satz 2.1.2–7.(6) $x = y$ (Widerspruch!). Also ist $z \neq x$, und es gilt daher $\mathrm{Fr}(z, A)$.

Ad (3): Da $[B, x, y]$ quantorenfrei ist, kommt im Präfix von A' kein GZ aus α vor.

Induktionsschritt

Sei k irgendeine natürliche Zahl mit $k \geqq 1$, A irgendeine pränexe Normalform vom Rang $k+1$ und α irgendeine endliche Teilklasse von gz. Dann gibt es einen Quantor Qx und eine pränexe Normalform B vom Rang k mit $A = \mathrm{Q}xB$. Nach I.V. gibt es nun eine pränexe Normalform B' derart, daß gilt:

($*_1$) $\vdash B \leftrightarrow B'$;
($*_2$) die Klasse der in B frei vorkommenden GZ ist identisch mit der Klasse der in B' frei vorkommenden GZ;
($*_3$) im Präfix von B' kommt kein GZ aus α vor.

Sei y das GZ mit der kleinsten Strichzahl, das weder in α noch in B' vorkommt und verschieden ist von x. Sei ferner A' die Formel Q$y[B', x, y]$.

Ad (1): Da $\sim \mathrm{Fr}(y, B')$, gilt wegen ($*_1$) $\vdash \mathrm{Q}xB' \leftrightarrow \mathrm{Q}y[B', x, y]$. Also erhält man unter Verwendung des Ersetzungstheorems für $\Pi 2$ $\vdash A \leftrightarrow A'$.

Ad (2): Angenommen, z ist irgendein frei in A vorkommendes GZ. Dann gilt $\mathrm{Fr}(z, B)$ und $z \neq x$. Folglich erhält man wegen $(*_2)$ $\mathrm{Fr}(z, B')$. Also ist $\mathrm{Fr}(z, [B', x, y])$ und also wegen $z \neq y$ auch $\mathrm{Fr}(z, A')$.

Angenommen umgekehrt, z ist irgendein frei in A' vorkommendes GZ. Dann gilt $\mathrm{Fr}(z, [B', x, y])$ und $z \neq y$. Also gewinnt man wie in der Basis $\mathrm{Fr}(z, B')$ und $z \neq x$. Infolgedessen ergibt sich mit $(*_2)$ $\mathrm{Fr}(z, A)$.

Ad (3): Da y voraussetzungsgemäß nicht in B' vorkommt, ist nach Satz 2.4.2–1 das Präfix von B' identisch mit dem Präfix von $[B', x, y]$. Also kommt wegen $(*_3)$ kein GZ aus α im Präfix von $[B', x, y]$ vor. Wegen $y \notin \alpha$ kommt folglich auch im Präfix von A' kein GZ aus α vor.

Wir definieren nun einen Hilfsbegriff:

Definition 2.4.2–2.

A ist eine *reduzierte S2-Formel* gdw
(1) A ist eine $S2$-Formel;
(2) in A kommt keines der Zeichen $\vee$, $\rightarrow$ und $\leftrightarrow$ vor.

Es gilt zunächst der

Satz 2.4.2–3.

Zu jeder $S2$-Formel A gibt es eine reduzierte $S2$-Formel B derart, daß $\vdash_{\Pi 2} A \leftrightarrow B$.

Beweis: Übung!

Satz 2.4.2–4.

Zu jeder reduzierten $S2$-Formel A gibt es eine pränexe Normalform B derart, daß $\vdash A \leftrightarrow B$.

Beweis: Durch vollständige Induktion nach dem Grad von A.

Induktionsbasis

Sei A irgendeine reduzierte $S2$-Formel vom Grade 0. Sei ferner x irgendein nicht in A vorkommendes GZ. Dann ist $\bigwedge x A$ eine pränexe Normalform, und es gilt nach LS(108) $\vdash A \leftrightarrow \bigwedge x A$.

Induktionsschritt

Sei k irgendeine natürliche Zahl mit $k \geqq 0$ und sei A irgendeine reduzierte $S2$-Formel vom Grad $k+1$.

Fall 1: $A = \neg C$.

Dann ist C eine reduzierte $S2$-Formel, und es gibt nach I.V. eine pränexe Normalform C' mit $\vdash C \leftrightarrow C'$. Da es ein Präfix P und eine quantorenfreie Formel C'' mit $C' = \mathrm{P}C''$ gibt, folgt $\vdash \neg C \leftrightarrow \neg \mathrm{P}C''$. Sei nun $\overline{\mathrm{P}}$ das inverse Präfix von P. Dann erhält man mit Satz 2.4.1–1 $\vdash \neg C \leftrightarrow \overline{\mathrm{P}} \neg C''$. $\overline{\mathrm{P}} \neg C''$ ist aber eine pränexe Normalform.

Fall 2: $A = C \wedge D$.

Dann sind C und D reduzierte $S2$-Formeln, und es gibt daher nach I.V. Präfixe $\mathrm{P}_1, \mathrm{P}_2$ sowie quantorenfreie Formeln C', D' derart, daß $\vdash C \leftrightarrow \mathrm{P}_1 C'$ und $\vdash D \leftrightarrow \mathrm{P}_2 D'$. Es gilt somit auch $\vdash C \wedge D \leftrightarrow \mathrm{P}_1 C' \wedge \mathrm{P}_2 D'$. Sei nun α die Klasse der in D' vorkommenden GZ. Dann gibt es nach Satz 2.4.2–2 ein Präfix P'_1 und eine quantorenfreie Formel C'' derart, daß $\vdash \mathrm{P}_1 C' \leftrightarrow \mathrm{P}'_1 C''$ und in P'_1 kein GZ aus α vorkommt. Sei ferner β die Klasse der in $\mathrm{P}'_1 C''$ vorkommenden GZ. Dann gibt es nach Satz 2.4.2–2 ein Präfix P'_2 und eine quantorenfreie Formel D'' derart, daß erstens $\vdash \mathrm{P}_2 D' \leftrightarrow \mathrm{P}'_2 D''$, zweitens die Klasse der in $\mathrm{P}_2 D'$ frei vorkommenden GZ identisch ist mit der Klasse der in $\mathrm{P}'_2 D''$ frei vorkommenden GZ und drittens in P'_2 kein GZ aus β vorkommt. Es gilt somit weiterhin $\vdash C \wedge D \leftrightarrow P'_1 C'' \wedge P'_2 D''$. Wir zeigen nun, daß kein GZ aus P'_1 frei in D'' und kein GZ aus P'_2 frei in C'' vorkommt.

a. Sei x irgendein in P'_1 vorkommendes GZ.

Dann ist $x \notin \alpha$, und es gilt daher $\sim \mathrm{Fr}(x, \mathrm{P}_2 D')$. Folglich gilt auch $\sim \mathrm{Fr}(x, \mathrm{P}'_2 D'')$. Wegen $x \in \beta$ kommt x nicht in P'_2 vor. Also gilt $\sim \mathrm{Fr}(x, D'')$.

b. Sei x irgendein in P'_2 vorkommendes GZ.

Dann ist $x \notin \beta$, und x kommt daher nicht in $\mathrm{P}'_1 C''$ vor. Folglich gilt $\sim \mathrm{Fr}(x, C'')$.

Also gilt aufgrund von Satz 2.4.1–3

$$\vdash \mathrm{P}'_1 C'' \wedge \mathrm{P}'_2 D'' \leftrightarrow \mathrm{P}'_1 \mathrm{P}'_2 (C'' \wedge D'').$$

Es gilt also auch $\vdash C \wedge D \leftrightarrow \mathrm{P}'_1 \mathrm{P}'_2 (C'' \wedge D'')$. Da C'' und D'' quantorenfreie Formeln sind, ist aber $\mathrm{P}'_1 \mathrm{P}'_2 (C'' \wedge D'')$ eine pränexe Normalform.

Fall 3: $A = \mathrm{Q}zC$.

Da C eine reduzierte $S2$-Formel ist, gibt es nach I.V. eine pränexe Normalform C' mit $\vdash C \leftrightarrow C'$. Also gilt $\vdash \mathrm{Q}zC \leftrightarrow \mathrm{Q}zC'$. $\mathrm{Q}zC'$ ist aber eine pränexe Normalform.

Satz 2.4.2–5.

Zu jeder *S2*-Formel *A* gibt es eine pränexe Normalform *B* derart, daß $\vdash_{\Pi 2} A \leftrightarrow B$.

Beweis: Mit Satz 2.4.2–3 und Satz 2.4.2–4.

Wie schon erwähnt wurde, läßt sich aus dem gesamten Beweis dieses Satzes ein Algorithmus zur effektiven Konstruktion einer pränexen Normalform *B* für eine gegebene *S2*-Formel *A* mit $\vdash_{\Pi 2} A \leftrightarrow B$ gewinnen. Liegt ein solcher Algorithmus vor, so kann man sich bei der Lösung mancher prädikatenlogischer Probleme auf die Untersuchung pränexer Normalformen beschränken.

So kennt man z. B. eine Reihe *S2*-effektiver Teilklassen der Klasse aller pränexen Normalformen (zum Begriff der *S2*-effektiven Klasse s. 2.2.12). Für jede derartige Teilklasse *K* existiert also ein Algorithmus, mit dessen Hilfe man für jedes Element von *K* feststellen kann, ob es *S2*-gültig ist. Sei nun *B* eine pränexe Normalform, die mit Hilfe eines dem Satz 2.4.2–5 entsprechenden Algorithmus' zu einer gegebenen *S2*-Formel *A* effektiv konstruiert worden ist. Da man entscheiden kann, ob *B* einer dieser *S2*-effektiven Teilklassen angehört, kann man wegen der Adäquatheit von *Π2* folglich auch entscheiden, ob *A* *S2*-gültig ist (bzw., ob *A* ein Theorem von *Π2* ist), *falls* B einer dieser Klassen angehört.

Ein Beispiel für eine *S2*-effektive Klasse pränexer Normalformen ist die Klasse aller derjenigen pränexen Normalformen *A* mit der folgenden Eigenschaft:

> es ist nicht der Fall, daß es eine *S2*-Teilformel *B* von *A* und eine *S2*-Teilformel *C* von *B* gibt derart, daß *B* eine Existenzformel und *C* eine Allformel ist.

Dieser Klasse gehören also alle pränexen Normalformen an, deren Präfix

(a) nicht das Zeichen $\wedge$ enthält, oder
(b) nicht das Zeichen $\vee$ enthält, oder
(c) die Gestalt $\wedge x_1 \ldots \wedge x_n \vee y_1 \ldots \vee y_m$ hat.

Daß diese Klasse *S2*-effektiv ist, ist ein Ergebnis von Bernays und Schönfinkel (1928).

Aufgabe: Man gebe einen Algorithmus an, mit dessen Hilfe man für jede vorgegebene *S2*-Formel *A* eine pränexe Normalform *B* mit $\vdash_{\Pi 2} A \leftrightarrow B$ gewinnen kann.

2.5. Das prädikatenlogische Regelsystem $\Sigma 2$

Es soll nun ein prädikatenlogisches Regelsystem $\Sigma 2$ behandelt werden, das – ebenso wie $\Pi 2$ – bezüglich der Klasse der $S2$-gültigen Formeln adäquat ist. Dieses Regelsystem ist wie $\Sigma 1$ ein Kalkül des natürlichen Schließens (vgl. die Erläuterungen in 1.4). Es enthält wie $\Sigma 1$ Einführungs- und Beseitigungsregeln. Den 13 Regeln von $\Sigma 1$ entsprechen in $\Sigma 2$ nur drei Regeln, die aber in beweistechnischer Hinsicht dasselbe leisten wie jene zusammengenommen. Außer diesen drei »aussagenlogischen« Regeln enthält $\Sigma 2$ noch vier spezifisch prädikatenlogische Regeln.

Man wird sich vielleicht fragen, welchen Sinn es hat, neben $\Pi 2$ noch einen weiteren äquivalenten Prädikatenkalkül aufzubauen. Darauf ist zu antworten, daß sich in einem Kalkül des natürlichen Schließens die Beweise relativ einfach und rasch ergeben, da die Regeln des Kalküls den Schlußregeln entsprechen, die im gewöhnlichen und wissenschaftlichen Schließen (dem intuitiven »natürlichen Schließen«) angewendet werden.

Die Adäquatheit von $\Sigma 2$ werden wir wieder auf rein syntaktischem Wege zeigen, indem wir beweisen, daß $\Sigma 2$ und $\Pi 2$ äquivalent sind.

2.5.1. Definition von $\Sigma 2$

Das Regelsystem $\Sigma 2$ umfaßt sieben Regeln. Wie früher bei $\Sigma 1$ unterscheiden wir auch hier zwischen Einführungs- und Beseitigungsregeln. Bei der Formulierung der Regeln setzen wir voraus, daß $A, B, C_1, \ldots, C_n, C_{n+1}$ irgendwelche $S2$-Formeln, x, y irgendwelche GZ und $\alpha_1, \ldots, \alpha_n, \alpha_{n+1}$ irgendwelche Zahlenklassen sind.

1. *S2-Einführung* ($S2$-E):

Man darf von der Folge

$$\langle \alpha_1, C_1 \rangle, \ldots, \langle \alpha_n, C_n \rangle$$

zu der Folge

$$\langle \alpha_1, C_1 \rangle, \ldots, \langle \alpha_n, C_n \rangle, \langle \{n+1\}, A \rangle$$

übergehen.

2. *S2-Implikationseinführung* ($S2$-$\rightarrow$E)

Man darf von der Folge

$$\langle \alpha_1, C_1 \rangle, \ldots, \langle \alpha_n, C_n \rangle$$

zu der Folge

$$\langle\alpha_1, C_1\rangle, \ldots, \langle\alpha_n, C_n\rangle, \langle\alpha_{n+1}, A \to B\rangle$$

übergehen, falls es i und $j (1 \leqq i, j \leqq n)$ gibt, so daß gilt:

(a) $C_i = A$;
(b) $C_j = B$;
(c) $\alpha_i = \{i\}$;
(d) $i \in \alpha_j$;
(e) $\alpha_{n+1} = \alpha_j \setminus \{i\}$.

Diese beiden Regeln entsprechen völlig der *S1*-Einführung und der *S1*-Implikationseinführung. Prädikatenlogische Regeln, die den übrigen Regeln von *Σ1* entsprechen, werden durch die nächste Regel entbehrlich gemacht, da diese dasselbe leistet wie jene zusammen. Sie ist die einzige Regel von *Σ2*, die nicht rein syntaktischer Natur ist. Ihre semantische Komponente besteht darin, daß sie unter Bezugnahme auf den Begriff der *S1*-Gültigkeit formuliert ist. Durch diesen Trick ist es möglich, bei der Konstruktion von Ableitungen in *Σ2* auf die Ergebnisse der Aussagenlogik zurückzugreifen. Es empfiehlt sich, zunächst den folgenden Begriff einzuführen:

Eine *S2*-Formel *A* ist eine *S2-Tautologie* gdw es eine *S1*-gültige *S1*-Formel *B* gibt, so daß *A* ein Substitut von *B* ist.

3. *S2-Tautologieregel* (*S2*-TAUT):

Man darf von der Folge

$$\langle\alpha_1, C_1\rangle, \ldots, \langle\alpha_n, C_n\rangle$$

zu der Folge

$$\langle\alpha_1, C_1\rangle, \ldots, \langle\alpha_n, C_n\rangle, \langle\alpha_{n+1}, A\rangle$$

übergehen, falls es $j_1, \ldots, j_r (1 \leqq j_1, \ldots, j_r \leqq n)$ gibt, so daß gilt:

(a) die Formel $(\ldots(C_{j_1} \wedge C_{j_2}) \wedge \ldots \wedge C_{j_r}) \to A$ ist eine *S2*-Tautologie;
(b) $\alpha_{n+1} = \alpha_{j_1} \cup \ldots \cup \alpha_{j_r}$.

Die *S2*-Tautologieregel entspricht dem semantischen Sachverhalt, daß jede *S2*-Tautologie *S2*-gültig ist (vgl. Satz 2.2.6–2).

4. *S2-Allbeseitigung* (*S2*-⋀B):

Man darf von der Folge

$$\langle\alpha_1, C_1\rangle, \ldots, \langle\alpha_n, C_n\rangle$$

zu der Folge

$$\langle \alpha_1, C_1 \rangle, \ldots, \langle \alpha_n, C_n \rangle, \langle \alpha_{n+1}, [A, x, y] \rangle$$

übergehen, falls es ein $i (1 \leqq i \leqq n)$ gibt, so daß gilt:

(a) $C_i = \bigwedge x A$;
(b) $\mathrm{Frf}(x, y, A)$;
(c) $\alpha_{n+1} = \alpha_i$.

Die *S2*-Allbeseitigung entspricht dem folgenden semantischen Sachverhalt: Wenn $\Gamma \Vdash \bigwedge x A$, dann $\Gamma \Vdash [A, x, y]$ (vgl. Satz 2.2.5–3.(1)).

5. *S2-Existenzeinführung* (*S2*-$\bigvee$ E):

Man darf von der Folge

$$\langle \alpha_1, C_1 \rangle, \ldots, \langle \alpha_n, C_n \rangle$$

zu der Folge

$$\langle \alpha_1, C_1 \rangle, \ldots, \langle \alpha_n, C_n \rangle, \langle \alpha_{n+1}, \bigvee x A \rangle$$

übergehen, falls es ein $i (1 \leqq i \leqq n)$ gibt, so daß gilt:

(a) $C_i = [A, x, y]$;
(b) $\mathrm{Frf}(x, y, A)$;
(c) $\alpha_{n+1} = \alpha_i$.

Die *S2*-Existenzeinführung entspricht dem folgenden semantischen Sachverhalt: Wenn $\Gamma \Vdash [A, x, y]$, dann $\Gamma \Vdash \bigvee x A$ (vgl. Satz 2.2.5–3.(2)).

Die Bedingung (b) in den Regeln $\bigwedge$ B und $\bigvee$ E könnte auch weggelassen werden, ohne daß dadurch ein inadäquates System entstünde. Wir wollen die Regeln von *Σ2* jedoch, ebenso wie die Axiome von *Π2*, möglichst schwach formulieren, da dies in theoretischer Hinsicht befriedigender ist. Das gleiche gilt auch für die beiden folgenden Regeln.

6. *S2-Alleinführung* (*S2*-$\bigwedge$ E):

Man darf von der Folge

$$\langle \alpha_1, C_1 \rangle, \ldots, \langle \alpha_n, C_n \rangle$$

zu der Folge

$$\langle \alpha_1, C_1 \rangle, \ldots, \langle \alpha_n, C_n \rangle, \langle \alpha_{n+1}, \bigwedge x A \rangle$$

übergehen, falls es ein $i (1 \leqq i \leqq n)$ gibt, so daß gilt:

(a) $C_i = [A, x, y]$;
(b) $\mathrm{Frf}(x, y, A)$;
(c) $\sim \mathrm{Fr}(y, \wedge xA)$;
(d) es gibt kein j mit $j \in \alpha_i$ und $\mathrm{Fr}(y, C_j)$;
(e) $\alpha_{n+1} = \alpha_i$.

Die $S2$-Alleinführung entspricht dem folgenden semantischen Sachverhalt: Wenn $\Gamma \Vdash [A, x, y]$ und y in keinem Element von $\Gamma \cup \{\wedge xA\}$ frei vorkommt, dann $\Gamma \Vdash \wedge xA$.

Beweis dieses semantischen Sachverhalts: Angenommen, es gilt $\Gamma \Vdash [A, x, y]$ und y kommt in keinem Element von $\Gamma \cup \{\wedge xA\}$ frei vor. Wir zeigen zunächst, daß dann gilt $\Gamma \Vdash \wedge y[A, x, y]$. Angenommen nämlich, dies gilt nicht. Dann gibt es eine nichtleere Klasse γ und eine $S2$-Interpretation I, die Γ $S2$-simultan über γ erfüllt und kein Modell von $\wedge y[A, x, y]$ über γ ist. Folglich gibt es eine $S2$-Interpretation I' mit $\mathrm{Diff}(I', I, y, \gamma)$ und $\sim \mathrm{Mod}(I', [A, x, y], \gamma)$. Ist B irgendein Element von Γ, so ist $\mathrm{Mod}(I, B, \gamma)$. Wegen $\sim \mathrm{Fr}(y, B)$ ist daher nach Satz 2.2.2–2 auch $\mathrm{Mod}(I', B, \gamma)$. I' erfüllt also Γ $S2$-simultan über γ. Voraussetzungsgemäß gilt dann aber $\mathrm{Mod}(I', [A, x, y], \gamma)$ (Widerspruch!). Aus $\Gamma \Vdash \wedge y[A, x, y]$ und $\sim \mathrm{Fr}(y, \wedge xA)$ erhält man nun unter Verwendung von Satz 2.2.8–1.(3) $\Gamma \Vdash \wedge xA$.

Die $S2$-Alleinführung entspricht der Art und Weise, wie in der Mathematik häufig generelle Aussagen bewiesen werden. Will man z. B. beweisen, daß *jede* natürliche Zahl eine bestimmte Eigenschaft hat, so genügt es zu zeigen, daß *irgendeine* beliebig herausgegriffene natürliche Zahl n die betreffende Eigenschaft hat. Dabei darf im Beweisgang nicht von einer weiteren Voraussetzung Gebrauch gemacht werden, die die Zahl n betrifft.

Auch die folgende Regel entspricht einer mathematischen Schlußweise. Diese Schlußweise läßt sich beispielsweise anwenden, wenn bereits (eventuell aufgrund gewisser Voraussetzungen $H_1, \ldots, H_n$) bewiesen wurde, daß es wenigstens eine natürliche Zahl mit einer bestimmten Eigenschaft gibt. Man kann dann annehmen, daß etwa n eine natürliche Zahl mit dieser Eigenschaft ist. Gelingt es nun, aus dieser Annahme (evtl. zusammen mit weiteren Prämissen $K_1, \ldots, K_m$) eine neue Aussage abzuleiten, so kann man darauf schließen, daß auch diese Aussage gilt (bzw. aus $H_1, \ldots, H_n, K_1, \ldots, K_m$ folgt). Dabei müssen allerdings noch weitere Bedingungen erfüllt sein. Zum Beispiel darf die Variable »n« weder in dieser Aussage noch in $K_1, \ldots, K_m$ unquantifiziert vorkommen.

7. *S2-Existenzbeseitigung* ($S2$-$\bigvee$B):

Man darf von der Folge

$\langle\alpha_1, C_1\rangle, \ldots, \langle\alpha_n, C_n\rangle$

zu der Folge

$\langle\alpha_1, C_1\rangle, \ldots, \langle\alpha_n, C_n\rangle, \langle\alpha_{n+1}, C_{n+1}\rangle$

übergehen, falls es i, j und $k(1 \leqq i, j, k \leqq n)$ mit $i < j < k$ gibt, so daß gilt:

(a) $C_i = \bigvee x A$;
(b) $C_j = [A, x, y]$;
(c) $C_k = C_{n+1}$;
(d) $\mathrm{Frf}(x, y, A)$;
(e) $\sim \mathrm{Fr}(y, \bigvee x A)$;
(f) $\sim \mathrm{Fr}(y, C_k)$;
(g) es gibt kein l mit $l \in \alpha_k$, $l \neq j$ und $\mathrm{Fr}(y, C_l)$;
(h) $\alpha_j = \{j\}$;
(i) $j \in \alpha_k$;
(j) $\alpha_{k+1} = (\alpha_i \cup \alpha_k) \setminus \{j\}$.

Die $S2$-Existenzbeseitigung entspricht dem folgenden semantischen Sachverhalt: Wenn $\Gamma \Vdash \bigvee x A$, $\Delta \cup \{[A, x, y]\} \Vdash B$ und y in keinem Element von $\Delta \cup \{\bigvee x A, B\}$ frei vorkommt, dann $\Gamma \cup \Delta \Vdash B$.

Beweis dieses semantischen Sachverhalts: Angenommen, es gelten die Voraussetzungen. Wir zeigen zunächst, daß dann gilt: $\Delta \cup \{\bigvee y[A, x, y]\} \Vdash B$. Angenommen, dies gilt nicht. Dann gibt es eine nichtleere Klasse γ und eine $S2$-Interpretation I, die $\Delta \cup \{\bigvee y[A, x, y]\}$ $S2$-simultan über γ erfüllt und kein Modell von B über γ ist. Folglich gilt $\mathrm{Mod}(I, \bigvee y[A, x, y], \gamma)$, und es existiert daher eine $S2$-Interpretation I' mit $\mathrm{Diff}(I', I, y, \gamma)$ und $\mathrm{Mod}(I', [A, x, y], \gamma)$. Ist nun C irgendein Element von Δ, so ist $\mathrm{Mod}(I, C, \gamma)$. Wegen $\sim \mathrm{Fr}(y, C)$ ist daher nach Satz 2.2.2–2 auch $\mathrm{Mod}(I', C, \gamma)$. I' erfüllt also Δ und somit auch $\Delta \cup \{[A, x, y]\}$ $S2$-simultan über γ. Voraussetzungsgemäß gilt folglich $\mathrm{Mod}(I', B, \gamma)$. Wegen $\sim \mathrm{Fr}(y, B)$ erhält man jedoch durch abermalige Anwendung von Satz 2.2.2–2 $\sim \mathrm{Mod}(I', B, \gamma)$ (Widerspruch!). Da $\sim \mathrm{Fr}(y, \bigvee x A)$, gewinnt man nun mit Hilfe von Satz 2.2.8–1.(3) $\Gamma \Vdash \bigvee y[A, x, y]$. Es ergibt sich somit $\Gamma \cup \Delta \Vdash B$.

Wir kommen nun zur Definition des Regelsystems $\Sigma 2$. Sei $Q2$ diejenige Klasse, deren Elemente genau die obigen sieben Ableitungsregeln sind. $\Sigma 2$ sei dann das Tripel $\langle S2, \emptyset, Q2\rangle$.

2.5.2. Ableitungen und Beweise in $\Sigma 2$

Die Begriffe *Ableitung*, *ableitbar*, *Beweis*, *Beweis für*, *Theorem* und *beweisbar* seien für $\Sigma 2$ ebenso definiert wie die entsprechenden Begriffe von $\Sigma 1$. Die Definitionen ergeben sich also, indem man in den Definitionen 1.4.2–1, 1.4.2–2, 1.4.3–1, 1.4.3–2 und 1.4.3–3 einfach »*S1*« bzw. »$\Sigma 1$« durch »*S2*« bzw. »$\Sigma 2$« ersetzt. Analog verwenden wir im folgenden anstelle des Ausdrucks »$\vdash_{\Sigma 1}$« den Ausdruck »$\vdash_{\Sigma 2}$« (oder kurz »$\vdash$«).

Wir geben nun Beispiele für korrekte und inkorrekte Anwendungen der Regeln von $\Sigma 2$ an. Dabei stellen die korrekten Anwendungsbeispiele zugleich auch Beispiele für Ableitungen in $\Sigma 2$ dar.

Als metasprachliche Namen für die GZ a_1, a_2, a_3, a_4 verwenden wir von nun an die Buchstaben »*a*«, »*b*«, »*c*« und »*d*«; die vier einstelligen PZ $F_1^1, F_2^1, F_3^1, F_4^1$ bezeichnen wir mit den Buchstaben »*F*«, »*G*«, »*H*« und »*I*«; das zweistellige PZ F_1^2 bezeichnen wir schließlich mit dem Buchstaben »*K*«.

I. *S2*-Allbeseitigung

a. Korrekte Anwendungen von $\wedge$ B

Beispiel 1:

1{1}	$\wedge a \wedge b Kab$	
2{1}	$\wedge b Kab$	$\wedge$ B
3{1}	Kab	$\wedge$ B
4{1}	Kaa	$\wedge$ B
5{1}	$\wedge b Kcb$	$\wedge$ B
6{1}	Kcc	$\wedge$ B

Beispiel 2:

1{1}	$\wedge a Fa$	
2{1}	Fb	$\wedge$ B
3 ∅	$\wedge a Fa \rightarrow Fb$	$\rightarrow$E

Beispiel 3:

1{1}	$\wedge a(Fa \rightarrow Ga)$	
2{2}	$\neg Ga$	E
3{1}	$Fa \rightarrow Ga$	$\wedge$ B
4{1, 2}	$\neg Fa$	TAUT
5{1}	$\neg Ga \rightarrow \neg Fa$	$\rightarrow$E

Die Anwendung von TAUT ist hier deswegen korrekt, weil die Formel $(\neg Ga \wedge (Fa \rightarrow Ga)) \rightarrow \neg Fa$ eine *S2*-Tautologie ist.

Beispiel 4:

1{1}	$\bigwedge a \bigwedge b(Kab \rightarrow \bigvee cKbc)$	
2{2}	$\neg \bigvee cKac$	E
3{1}	$\bigwedge b(Kab \rightarrow \bigvee cKbc)$	$\bigwedge$ B
4{1}	$Kaa \rightarrow \bigvee cKac$	$\bigwedge$ B
5{1, 2}	$\neg Kaa$	TAUT

b. Inkorrekte Anwendungen von $\bigwedge$ B

Beispiel 5:

1{1} $\bigwedge a \bigvee bKab$
2{2} $\bigvee cKbc$

Der hier vorliegende Übergang ist fehlerhaft, weil a nicht frei für b in $\bigvee bKab$ ist. Dessen ungeachtet gilt jedoch $\bigwedge a \bigvee bKab \Vdash \bigvee cKbc$. Wir werden später noch eine Ableitung von $\bigvee cKbc$ aus $\{\bigwedge a \bigvee bKab\}$ in $\Sigma 2$ angeben.

Beispiel 6:

1{1} $\bigwedge a \bigwedge bKab$
2{1} $\bigwedge bKbb$

Dieser Übergang enthält zwei Fehler: es gilt nämlich weder $[\bigwedge bKab, a, b] = \bigwedge bKbb$, noch ist a frei für b in $\bigwedge bKab$. Nichtsdestoweniger gilt $\bigwedge a \bigwedge bKab \Vdash \bigwedge bKbb$.

Beispiel 7:

1{1} $\bigwedge a \bigvee bKab$
2{1} $\bigvee bKbb$

Auch dieser Übergang enthält zwei Fehler: es gilt weder $[\bigvee bKab, a, b] = \bigvee bKbb$, noch ist a frei für b in $\bigvee bKab$. Im Unterschied zum vorangehenden Beispiel ist der Übergang aber auch in semantischer Hinsicht inkorrekt, da nicht $\bigwedge a \bigvee bKab \Vdash \bigvee bKbb$ gilt. Dies kann man sich so klarmachen: Sei I eine $S2$-Interpretation über $\mathbb{N}$, die dem PZ K die Klasse aller geordneten Paare $\langle m, n \rangle$ mit $m, n \in \mathbb{N}$ und $m < n$ zuordnet. Dann ist Mod(I, $\bigwedge a \bigvee bKab$, $\mathbb{N}$) und $\sim$ Mod(I, $\bigvee bKbb$, $\mathbb{N}$).

II. $S2$-Existenzeinführung

a. Korrekte Anwendungen von $\bigvee$ E

Beispiel 8:

1{1}	Fa	
2{1}	$\bigvee aFa$	$\bigvee$E
3{1}	$\bigvee bFb$	$\bigvee$E

Beispiel 9:

1{1}	$\bigwedge aKab$	
2{1}	$\bigvee b \bigwedge aKab$	$\bigvee$E

Beispiel 10:

1{1}	$\bigwedge a \bigwedge bKab$	
2{1}	$\bigwedge bKab$	$\bigwedge$B
3{1}	Kaa	$\bigwedge$B
4{1}	$\bigvee cKcc$	$\bigvee$E

Beispiel 11:

1{1}	$\bigwedge aFa$	
2{1}	Fa	$\bigwedge$B
3{1}	$\bigvee aFa$	$\bigvee$E
4 ∅	$\bigwedge aFa \rightarrow \bigvee aFa$	$\rightarrow$E

Beispiel 12:

1{1}	$\bigwedge a(Fa \rightarrow Ga)$	
2{2}	Fb	E
3{1}	$Fb \rightarrow Gb$	$\bigwedge$B
4{1, 2}	Gb	TAUT
5{1, 2}	$Fb \wedge Gb$	TAUT
6{1, 2}	$\bigvee a(Fa \wedge Ga)$	$\bigvee$E
7{1}	$Fb \rightarrow \bigvee a(Fa \wedge Ga)$	$\rightarrow$E

b. Inkorrekte Anwendungen von $\bigvee$ E

Beispiel 13:

1{1}	$Fb \wedge \bigvee bKbb$
2{1}	$\bigvee a(Fa \wedge \bigvee aKaa)$

Dieser Übergang ist fehlerhaft, weil nicht gilt $[Fa \wedge \bigvee aKaa, a, b] = Fb \wedge \bigvee bKbb$. Man erkennt jedoch leicht, daß $Fb \wedge \bigvee bKbb \Vdash \bigvee a(Fa \wedge \bigvee aKaa)$ gilt. Eine Ableitung von $\bigvee a(Fa \wedge \bigvee aKaa)$ aus $\{Fb \wedge \bigvee bKbb\}$ in $\Sigma 2$ werden wir später angeben.

Beispiel 14:

1{1}	$\wedge cKbc$	
2{1}	$\vee a \wedge bKab$	

Dieser Übergang ist inkorrekt, da a nicht frei für b in $\wedge bKab$ ist. Es gilt jedoch $\wedge cKbc \Vdash \vee a \wedge bKab$. Wir werden später auch eine Ableitung von $\vee a \wedge bKab$ aus $\{\wedge cKbc\}$ in $\Sigma 2$ angeben.

III. *S*2-Alleinführung

a. Korrekte Anwendungen von ∧E

Beispiel 15:

1{1}	$\wedge bFb$	
2{1}	Fa	∧B
3{1}	$\wedge aFa$	∧E

Beispiel 16:

1{1}	$\wedge a \wedge bKab$	
2{1}	$\wedge bKcb$	∧B
3{1}	Kcc	∧B
4{1}	$\wedge bKbb$	∧E

Beispiel 17:

1{1}	$\wedge a \wedge bKab$	
2{1}	$\wedge bKab$	∧B
3{1}	Kab	∧B
4{1}	$\wedge aKab$	∧E
5{1}	$\wedge b \wedge aKab$	∧E
6 ∅	$\wedge a \wedge bKab \rightarrow \wedge b \wedge aKab$	→E

Beispiel 18:

1{1}	$\wedge a \wedge b(Kab \rightarrow \neg Kba)$	
2{2}	Kaa	E
3{1}	$\wedge b(Kab \rightarrow \neg Kba)$	∧B
4{1}	$Kaa \rightarrow \neg Kaa$	∧B
5{1, 2}	$\neg Kaa$	TAUT
6{1}	$Kaa \rightarrow \neg Kaa$	→E
7{1}	$\neg Kaa$	TAUT
8{1}	$\wedge a \neg Kaa$	∧E

b. Inkorrekte Anwendungen von $\wedge$ E

Beispiel 19:

1{1} Fa
2{1} $\wedge aFa$

Dieser Übergang ist fehlerhaft, weil *a* frei in Fa vorkommt. Man erkennt auch leicht, daß nicht gilt $Fa \Vdash \wedge aFa$.

Beispiel 20:

1{1} Kbb
2{1} $\wedge aKab$

Dieser Übergang enthält zwei Fehler: *b* kommt sowohl in $\wedge aKab$ als auch in Kbb frei vor. Im übrigen gilt nicht $Kbb \Vdash \wedge aKab$.

Beispiel 21:

1{1} $\vee cKbc$
2{1} $\wedge a \vee bKab$

Fehler: *a* ist nicht frei für *b* in $\vee bKab$, und *b* kommt frei in $\vee cKbc$ vor. Im übrigen gilt nicht $\vee cKbc \Vdash \wedge a \vee bKab$.

IV. *S2*-Existenzbeseitigung

a. Korrekte Anwendungen von $\vee$ B

Beispiel 22:

1{1}	$\vee aKab$	
2{2}	Kcb	E
3{2}	$\vee cKcb$	$\vee$ E
4{1}	$\vee cKcb$	$\vee$ B

Beispiel 23:

1{1}	$\vee a \wedge bKab$	
2{2}	$\wedge bKab$	E
3{2}	Kaa	$\wedge$ B
4{2}	$\vee aKaa$	$\vee$ E
5{1}	$\vee aKaa$	$\vee$ B

Beispiel 24:

1{1}	$\bigvee a \bigwedge b Kab$	
2{2}	$\bigwedge b Kab$	E
3{2}	Kab	$\bigwedge$B
4{2}	$\bigvee a Kab$	$\bigvee$E
5{2}	$\bigwedge b \bigvee a Kab$	$\bigwedge$E
6{1}	$\bigwedge b \bigvee a Kab$	$\bigvee$B

b. Inkorrekte Anwendungen von $\bigvee$B

Beispiel 25:

1{1}	$\bigvee a Kab$	
2{2}	Kab	E
3{2}	$\bigvee b Kab$	$\bigvee$E
4{1}	$\bigvee b Kab$	

Fehler: *a* kommt frei vor in $\bigvee b Kab$.

Beispiel 26:

1{1}	$\bigvee a Kab$	
2{2}	Kbb	E
3{2}	$\bigvee b Kbb$	$\bigvee$E
4{1}	$\bigvee b Kbb$	

Fehler: *b* kommt frei vor in $\bigvee a Kab$.

Beispiel 27:

1{1}	$\bigvee a Kaa$	
2{2}	Kbb	E
3{2}	$\bigvee a Kab$	$\bigvee$E
4{1}	$\bigvee a Kab$	

Fehler: *b* kommt frei vor in $\bigvee a Kab$.

Beispiel 28:

1{1}	$\bigvee a(Fa \wedge \neg Fb)$	
2{2}	$Fb \wedge \neg Fb$	E
3{2}	$\bigvee b(Fb \wedge \neg Fb)$	$\bigvee$E
4{1}	$\bigvee b(Fb \wedge \neg Fb)$	

Fehler: *b* kommt frei vor in $\bigvee a(Fa \wedge \neg Fb)$.

Beispiel 29:

1{1}	$\bigvee aFa$	
2{2}	Fb	E
3{3}	$\neg Fb$	E
4{2, 3}	$Fb \wedge \neg Fb$	TAUT
5{2, 3}	$\bigvee b(Fb \wedge \neg Fb)$	$\bigvee$E
6{1, 3}	$\bigvee b(Fb \wedge \neg Fb)$	

Fehler: b kommt frei vor in $\neg Fb$.

Zur Einübung der Ableitungstechnik in *Σ2* geben wir nun noch eine Reihe von Ableitungsbeispielen an. Zunächst bringen wir die oben bereits angekündigten Ableitungen.

Beispiel 30 (vgl. *Beispiel* 5):

1{1}	$\bigwedge a \bigvee bKab$	
2{1}	$\bigvee bKab$	$\bigwedge$B
3{3}	Kab	E
4{3}	$\bigvee cKac$	$\bigvee$E
5{1}	$\bigvee cKac$	$\bigvee$B
6{1}	$\bigwedge a \bigvee cKac$	$\bigwedge$E
7{1}	$\bigvee cKbc$	$\bigwedge$B

Beispiel 31 (vgl. *Beispiel* 13):

1{1}	$Fb \wedge \bigvee bKbb$	
2{1}	$\bigvee bKbb$	TAUT
3{3}	Kbb	E
4{3}	$\bigvee aKaa$	$\bigvee$E
5{1}	$\bigvee aKaa$	$\bigvee$B
6{1}	$Fb \wedge \bigvee aKaa$	TAUT
7{1}	$\bigvee a(Fa \wedge \bigvee aKaa)$	$\bigvee$E

Beispiel 32 (vgl. *Beispiel* 14):

1{1}	$\bigwedge cKbc$	
2{1}	$\bigvee a \bigwedge cKac$	$\bigvee$E
3{3}	$\bigwedge cKac$	E
4{3}	Kab	$\bigwedge$B
5{3}	$\bigwedge bKab$	$\bigwedge$E
6{3}	$\bigvee a \bigwedge bKab$	$\bigvee$E
7{1}	$\bigvee a \bigwedge bKab$	$\bigvee$B

Beispiel 33:

1{1}	$\bigwedge a(Fa \vee Ga)$	
2{2}	$\bigvee a \neg Fa$	E
3{3}	$\bigwedge a(Ha \rightarrow \neg Ga)$	E
4{4}	$\neg Fb$	E
5{1}	$Fb \vee Gb$	⋀B
6{1, 4}	Gb	TAUT
7{3}	$Hb \rightarrow \neg Gb$	⋀B
8{1, 3, 4}	$\neg Hb$	TAUT
9{1, 3, 4}	$\bigvee a \neg Ha$	⋁E
10{1, 2, 3}	$\bigvee a \neg Ha$	⋁B

Beispiel 34:

1{1}	$\bigwedge a(Fa \rightarrow Ga)$	
2{2}	$\bigvee b(Fb \wedge Kab)$	E
3{3}	$Fb \wedge Kab$	E
4{3}	Fb	TAUT
5{1}	$Fb \rightarrow Gb$	⋀B
6{1, 3}	Gb	TAUT
7{3}	Kab	TAUT
8{1, 3}	$Gb \wedge Kab$	TAUT
9{1, 3}	$\bigvee b(Gb \wedge Kab)$	⋁E
10{1, 2}	$\bigvee b(Gb \wedge Kab)$	⋁B
11{1}	$\bigvee b(Fb \wedge Kab) \rightarrow \bigvee b(Gb \wedge Kab)$	→E
12{1}	$\bigwedge a(\bigvee b(Fb \wedge Kab) \rightarrow \bigvee b(Gb \wedge Kab))$	⋀E

Beispiel 35:

1{1}	$\bigwedge a \bigwedge b \bigwedge c(Kab \wedge Kbc \rightarrow Kac)$	
2{2}	$\bigwedge a \bigwedge b(Kab \rightarrow Kba)$	E
3{3}	$\bigwedge a \bigvee bKab$	E
4{3}	$\bigvee bKab$	⋀B
5{5}	Kab	E
6{2}	$\bigwedge b(Kab \rightarrow Kba)$	⋀B
7{2}	$Kab \rightarrow Kba$	⋀B
8{2, 5}	Kba	TAUT
9{2, 5}	$Kab \wedge Kba$	TAUT
10{1}	$\bigwedge b \bigwedge c(Kab \wedge Kbc \rightarrow Kac)$	⋀B
11{1}	$\bigwedge c(Kab \wedge Kbc \rightarrow Kac)$	⋀B
12{1}	$Kab \wedge Kba \rightarrow Kaa$	⋀B
13{1, 2, 5}	Kaa	TAUT
14{1, 2, 3}	Kaa	⋁B
15{1, 2, 3}	$\bigwedge aKaa$	⋀E

Beispiel 36:

1{1}	$\bigwedge a \bigvee b(Fa \wedge Gb)$	
2{1}	$\bigvee b(Fa \wedge Gb)$	$\bigwedge$ B
3{3}	$Fa \wedge Gb$	E
4{3}	Fa	TAUT
5{1}	Fa	$\bigvee$ B
6{1}	$\bigwedge aFa$	$\bigwedge$ E
7{1}	Fc	$\bigwedge$ B
8{3}	Gb	TAUT
9{1, 3}	$Fc \wedge Gb$	TAUT
10{1, 3}	$\bigwedge a(Fa \wedge Gb)$	$\bigwedge$ E
11{1, 3}	$\bigvee b \bigwedge a(Fa \wedge Gb)$	$\bigvee$ E
12{1}	$\bigvee b \bigwedge a(Fa \wedge Gb)$	$\bigvee$ B

Beispiel 37:

1{1}	$\bigvee a \bigvee b(Kab \vee Kba)$	
2{2}	$\bigvee b(Kab \vee Kba)$	E
3{3}	$Kab \vee Kba$	E
4{4}	Kab	E
5{4}	$\bigvee bKab$	$\bigvee$ E
6{4}	$\bigvee a \bigvee bKab$	$\bigvee$ E
7 ∅	$Kab \rightarrow \bigvee a \bigvee bKab$	$\rightarrow$ E
8{8}	Kba	E
9{8}	$\bigvee cKca$	$\bigvee$ E
10{10}	Kca	E
11{10}	$\bigvee bKcb$	$\bigvee$ E
12{10}	$\bigvee a \bigvee bKab$	$\bigvee$ E
13{8}	$\bigvee a \bigvee bKab$	$\bigvee$ B
14 ∅	$Kba \rightarrow \bigvee a \bigvee bKab$	$\rightarrow$ E
15{3}	$\bigvee a \bigvee bKab$	TAUT
16{2}	$\bigvee a \bigvee bKab$	$\bigvee$ B
17{1}	$\bigvee a \bigvee bKab$	$\bigvee$ B

Beispiel 38:

1{1}	$\bigwedge a(Fa \rightarrow \bigwedge b(Gb \rightarrow Kab))$	
2{2}	$\bigvee a(Ha \wedge \bigwedge b(Ib \rightarrow Kab))$	E
3{3}	$\bigwedge a \bigwedge b \bigwedge c(Kab \wedge Kbc \rightarrow Kac)$	E
4{4}	$\bigwedge a(Ha \rightarrow Ga)$	E
5{5}	Fa	E
6{6}	Ib	E
7{7}	$Hc \wedge \bigwedge b(Ib \rightarrow Kcb)$	E

8{7}	Hc	TAUT
9{4}	$Hc \rightarrow Gc$	$\bigwedge$B
10{4, 7}	Gc	TAUT
11{1}	$Fa \rightarrow \bigwedge b(Gb \rightarrow Kab)$	$\bigwedge$B
12{1, 5}	$\bigwedge b(Gb \rightarrow Kab)$	TAUT
13{1, 5}	$Gc \rightarrow Kac$	$\bigwedge$B
14{1, 4, 5, 7}	Kac	TAUT
15{7}	$\bigwedge b(Ib \rightarrow Kcb)$	TAUT
16{7}	$Ib \rightarrow Kcb$	$\bigwedge$B
17{6, 7}	Kcb	TAUT
18{1, 4, 5, 6, 7}	$Kac \wedge Kcb$	TAUT
19{3}	$\bigwedge b \bigwedge c(Kab \wedge Kbc \rightarrow Kac)$	$\bigwedge$B
20{3}	$\bigwedge c(Kad \wedge Kdc \rightarrow Kac)$	$\bigwedge$B
21{3}	$Kad \wedge Kdb \rightarrow Kab$	$\bigwedge$B
22{3}	$\bigwedge d(Kad \wedge Kdb \rightarrow Kab)$	$\bigwedge$E
23{3}	$Kac \wedge Kcb \rightarrow Kab$	$\bigwedge$B
24{1, 3, 4, 5, 6, 7}	Kab	TAUT
25{1, 3, 4, 5, 7}	$Ib \rightarrow Kab$	$\rightarrow$E
26{1, 3, 4, 5, 7}	$\bigwedge b(Ib \rightarrow Kab)$	$\bigwedge$E
27{1, 2, 3, 4, 5}	$\bigwedge b(Ib \rightarrow Kab)$	$\bigvee$B
28{1, 2, 3, 4}	$Fa \rightarrow \bigwedge b(Ib \rightarrow Kab)$	$\rightarrow$E
29{1, 2, 3, 4}	$\bigwedge a(Fa \rightarrow \bigwedge b(Ib \rightarrow Kab))$	$\bigwedge$E

Aufgabe: Man zeige, daß die folgenden Behauptungen gelten.

1. $\bigwedge a(Fa \wedge Ga) \vdash \bigwedge aFa$
2. $\bigwedge a(Fa \rightarrow Ga), \bigwedge aFa \vdash \bigwedge aGa$
3. $\bigwedge a(Fa \rightarrow Ga), \bigvee aFa \vdash \bigvee aGa$
4. $\bigwedge a \bigwedge b(Kab \rightarrow \neg Kba) \vdash \bigwedge a \neg Kaa$
5. $\bigwedge a(Fa \rightarrow Gb) \vdash \bigvee aFa \rightarrow Gb$
6. $\bigwedge a(Fa \rightarrow \neg Ga), \bigvee a(Ha \wedge Ga) \vdash \bigvee a(Ha \wedge \neg Fa)$
7. $\vdash \bigvee a(Fa \rightarrow Ga) \leftrightarrow (\bigwedge aFa \rightarrow \bigvee aGa)$
8. $\bigwedge a \neg (Fa \vee Ga), \bigvee a(Ha \leftrightarrow Fa) \vdash \bigvee a \neg Ha$
9. $\vdash \neg \bigvee a \bigwedge b(Kab \leftrightarrow \neg Kbb)$
10. $\bigvee a(Fa \wedge \bigwedge b(Fb \rightarrow Kab)) \vdash \bigvee a(Fa \wedge Kaa)$
11. $\vdash \bigvee b(Fb \rightarrow \bigwedge aFa)$
12. $\vdash \bigvee b(\bigvee aFa \rightarrow Fb)$
13. $\bigvee b \bigwedge a(Fa \rightarrow Kba) \vdash \bigwedge a(Fa \rightarrow \bigvee bKba)$
14. $\bigwedge a \bigvee b(Kab \rightarrow Fa) \vdash \bigwedge a(\bigwedge bKab \rightarrow Fa)$
15. $\bigwedge aFa \rightarrow \bigvee aGa \vdash \bigvee a \bigvee b(Fa \rightarrow Gb)$

2.5.3. Metatheoreme für $\Sigma 2$

In Satz 1.4.4 hatten wir die wichtigsten Behauptungen über Ableitbarkeit und Beweisbarkeit in $\Sigma 1$ zusammengestellt. Die entsprechenden Behauptungen gelten, wie man sich leicht klarmacht, auch in $\Sigma 2$, und zwar ergeben sie sich hier unter alleiniger Verwendung der Regeln E, $\rightarrow$E und TAUT. Von diesen Behauptungen werden wir im folgenden stets stillschweigend Gebrauch machen.

Satz 2.5.3–1. (*Tautologiesatz* für $\Sigma 2$)
Jede $S2$-Tautologie ist ein Theorem von $\Sigma 2$.

Beweis: Sei A irgendeine $S2$-Tautologie. Dann gibt es eine $S1$-gültige $S1$-Formel A^* derart, daß A ein Substitut von A^* ist. Sei nun B irgendein nicht in A^* vorkommender Satzbuchstabe. Dann ist $(B \rightarrow B) \rightarrow A^*$ $S1$-gültig und $(A \rightarrow A) \rightarrow A$ ein Substitut von $(B \rightarrow B) \rightarrow A^*$. Da $(A \rightarrow A) \rightarrow A$ folglich eine $S2$-Tautologie ist, ist A ein Theorem von $\Sigma 2$. Begründung:

1	$\{1\}$	A	
2	$\emptyset$	$A \rightarrow A$	$\rightarrow$E
3	$\emptyset$	A	TAUT

Satz 2.5.3–2.
Jedes Substitut eines Theorems von $\Sigma 1$ ist ein Theorem von $\Sigma 2$.

Beweis: Mit Satz 2.5.3–1 und dem Korrektheitssatz für $\Sigma 1$.

Die nächsten beiden Sätze ergeben sich leicht mit Hilfe der Regeln $\bigwedge$B bzw. $\bigvee$E.

Satz 2.5.3–3.
Sei A irgendeine $S2$-Formel, Γ irgendeine Teilklasse von $S2$ und seien x, y irgendwelche GZ mit Frf(x, y, A). Dann gilt: Wenn $\Gamma \vdash_{\Sigma 2} \bigwedge x A$, dann $\Gamma \vdash_{\Sigma 2} [A, x, y]$.

Satz 2.5.3–4.
Sei A irgendeine $S2$-Formel, Γ irgendeine Teilklasse von $S2$ und seien x, y irgendwelche GZ mit Frf(x, y, A). Dann gilt: Wenn $\Gamma \vdash_{\Sigma 2} [A, x, y]$, dann $\Gamma \vdash_{\Sigma 2} \bigvee x A$.

Unter Verwendung von $\wedge$ E gewinnt man

Satz 2.5.3–5.

Sei A irgendeine $S2$-Formel, Γ irgendeine Teilklasse von $S2$ und seien x, y irgendwelche GZ derart, daß Frf(x, y, A) und y in keinem Element von $\Gamma \cup \{\wedge x A\}$ frei vorkommt. Dann gilt: Wenn $\Gamma \models_{\Sigma 2} [A, x, y]$, dann $\Gamma \models_{\Sigma 2} \wedge x A$.

Hieraus ergibt sich als Folgesatz

Satz 2.5.3–6.

Sei A irgendeine $S2$-Formel, Γ irgendeine Teilklasse von $S2$, seien x, y irgendwelche GZ und komme x in keinem Element von Γ frei vor. Dann gilt: Wenn $\Gamma \models_{\Sigma 2} A$, dann $\Gamma \models_{\Sigma 2} \wedge x A$.

Satz 2.5.3–7.

Seien A, B irgendwelche $S2$-Formeln, Γ, Δ irgendwelche Teilklassen von $S2$ und x, y irgendwelche GZ derart, daß Frf(x, y, A) und y in keinem Element von $\Delta \cup \{\vee x A, B\}$ frei vorkommt. Dann gilt: Wenn $\Gamma \models_{\Sigma 2} \vee x A$ und $\Delta \cup \{[A, x, y]\} \models_{\Sigma 2} B$, dann $\Gamma \cup \Delta \models_{\Sigma 2} B$.

Beweis: Angenommen, es gelten die Voraussetzungen des Satzes. Dann gilt $\Delta \vdash [A, x, y] \rightarrow B$. Also gibt es eine Ableitung $C_1, \ldots, C_n$ von $\vee x A$ aus Γ, eine Ableitung $D_1, \ldots, D_m$ von $[A, x, y] \rightarrow B$ aus Δ sowie entsprechende Folgen $\alpha_1, \ldots, \alpha_n$ und $\beta_1, \ldots, \beta_m$ von Zahlenklassen. Sei nun für jedes $i (1 \leqq i \leqq m)$ β_i^* diejenige Zahlenklasse, für welche gilt:

$$\beta_i^* = \begin{cases} \emptyset, \text{ falls } \beta_i = \emptyset; \\ \{j_1 + n, \ldots, j_r + n\}, \text{ falls } \beta_i = \{j_1, \ldots, j_r\}. \end{cases}$$

Daß dann gilt $\Gamma \cup \Delta \vdash B$, ergibt sich so:

α_1	C_1	
$\vdots$	$\vdots$	
α_n	$\vee x A$	
β_1^*	D_1	
$\vdots$	$\vdots$	
β_m^*	$[A, x, y] \rightarrow B$	
$\{n+m+1\}$	$[A, x, y]$	E
$\beta_m^* \cup \{n+m+1\}$	B	TAUT
$\alpha_n \cup \beta_m^*$	B	$\vee$ B

Ein Folgesatz von Satz 2.5.3–7 ist

Satz 2.5.3–8.

Seien A, B irgendwelche $S2$-Formeln, Γ, Δ irgendwelche Teilklassen von $S2$ und sei x irgendein GZ, das in keinem Element von $\Delta \cup \{B\}$ frei vorkommt. Dann gilt: Wenn $\Gamma \models_{\Sigma 2} \bigvee x A$ und $\Delta \cup \{A\} \models_{\Sigma 2} B$, dann $\Gamma \cup \Delta \models_{\Sigma 2} B$.

2.5.4. Quasiableitungen und Quasibeweise in $\Sigma 2$

Ebenso wie für $\Sigma 1$ seien für $\Sigma 2$ die Begriffe *Quasiableitung*, *quasiableitbar*, *Quasibeweis* und *quasibeweisbar* definiert. Man erhält die Definitionen, indem man in den entsprechenden Definitionen von 1.4.6 »$S1$« bzw. »$\Sigma 1$« durch »$S2$« bzw. »$\Sigma 2$« ersetzt.

Beispiel für eine Quasiableitung in $\Sigma 2$: Die Formelfolge

$\bigwedge a \bigwedge b(Kab \rightarrow \neg Kba)$
$\bigwedge a \neg Kaa$
$\bigvee a Kaa$
Kaa
$\neg Kaa$
$Kbb \wedge \neg Kbb$
$Kbb \wedge \neg Kbb$
$\bigvee a Kaa \rightarrow Kbb \wedge \neg Kbb$
$\neg \bigvee a Kaa$

ist eine Quasiableitung von $\neg \bigvee a Kaa$ aus $\{\bigwedge a \bigwedge b(Kab \rightarrow \neg Kba)\}$ in $\Sigma 2$. Wie wir früher (s. Beispiel 18) bereits gezeigt haben, gilt nämlich $\bigwedge a \bigwedge b(Kab \rightarrow \neg Kba) \models_{\Sigma 2} \bigwedge a \neg Kaa$. Die »Rechtfertigung« der obigen Quasiableitung sieht nun so aus:

1{1}	$\bigwedge a \bigwedge b(Kab \rightarrow \neg Kba)$	
2{1}	$\bigwedge a \neg Kaa$	(s. Beispiel 18)
3{3}	$\bigvee a Kaa$	E
4{4}	Kaa	E
5{1}	$\neg Kaa$	$\bigwedge$B
6{1, 4}	$Kbb \wedge \neg Kbb$	TAUT
7{1, 3}	$Kbb \wedge \neg Kbb$	$\bigvee$B
8{1}	$\bigvee a Kaa \rightarrow Kbb \wedge \neg Kbb$	$\rightarrow$E
9{1}	$\neg \bigvee a Kaa$	TAUT

Jede in $\Sigma 2$ ableitbare Formel ist in $\Sigma 2$ trivialerweise auch quasi-ableitbar. Daß auch das Umgekehrte gilt, zeigt der folgende (dem Satz 1.4.6–2 entsprechende)

Satz 2.5.4–1.

Für jede $S2$-Formel A und jede Teilklasse Γ von $S2$ gilt: Wenn A in $\Sigma 2$ aus Γ quasiableitbar ist, dann ist A in $\Sigma 2$ aus Γ ableitbar.

Beweis: Sei A irgendeine $S2$-Formel, Γ irgendeine Teilklasse von $S2$ und sei A in $\Sigma 2$ aus Γ quasiableitbar. Dann gibt es eine Quasi-ableitung $C_1, \ldots, C_n$ von A aus Γ in $\Sigma 2$ sowie eine entsprechende Folge $\alpha_1, \ldots, \alpha_n$ von Zahlenklassen. Sei nun für jedes $i (1 \leqq i \leqq n)$ C_i^* eine $S2$-Formel, für welche gilt:

$$C_i^* = \begin{cases} C_i, \text{ falls } \alpha_i = \emptyset; \\ C_{j_1} \rightarrow (C_{j_2} \rightarrow \ldots (C_{j_r} \rightarrow C_i) \ldots), \text{ falls } \alpha_i = \{j_1, \ldots, j_r\}. \end{cases}$$

Wir zeigen zunächst, daß $\vdash C_n^*$.

Fall 1: $n = 1$.

Dann ist $\alpha_1 = \{1\}$ oder $\alpha_1 = \emptyset$. Ist $\alpha_1 = \{1\}$, so ist $C_1^* = C_1 \rightarrow C_1$, und es gilt daher $\vdash C_1^*$. Ist hingegen $\alpha_1 = \emptyset$, so ist $C_1^* = C_1$, und es gilt definitionsgemäß $\vdash C_1^*$.

Fall 2: $n > 1$.

Wir beweisen durch starke endliche Induktion, daß für alle j mit $1 \leqq j \leqq n$ gilt: $\vdash C_j^*$.

Induktionsbasis: s. Fall 1.

Induktionsschritt

Sei k irgendeine natürliche Zahl mit $1 \leqq k < n$ und gelte für alle i mit $1 \leqq i \leqq k$: $\vdash C_i^*$. (I.V.)

(a) Angenommen, die Folge $\langle \alpha_1, C_1 \rangle, \ldots, \langle \alpha_{k+1}, C_{k+1} \rangle$ ergibt sich durch Anwendung einer Ableitungsregel von $\Sigma 2$ auf die Folge $\langle \alpha_1, C_1 \rangle, \ldots, \langle \alpha_k, C_k \rangle$. Wir betrachten nur die Regeln TAUT, $\wedge$B, $\wedge$E und $\vee$B.

Die Folge $\langle \alpha_1, C_1 \rangle, \ldots, \langle \alpha_{k+1}, C_{k+1} \rangle$ ergebe sich durch Anwendung von TAUT.

Dann gibt es $j_1, \ldots, j_r (1 \leqq j_1, \ldots, j_r \leqq k)$ derart, daß die Formel $(\ldots(C_{j_1} \wedge C_{j_2}) \wedge \ldots \wedge C_{j_r}) \rightarrow C_{k+1}$ eine $S2$-Tautologie und $\alpha_{k+1} = \alpha_{j_1} \cup \ldots \cup \alpha_{j_r}$ ist. Aufgrund des Tautologiesatzes für $\Sigma 2$ ist diese Formel ein Theorem von $\Sigma 2$.

1: $\alpha_{k+1} = \emptyset$.

Dann ist $C^*_{k+1} = C_{k+1}$ und $\alpha_{j_1} = \ldots = \alpha_{j_r} = \emptyset$. Folglich ist auch $C^*_{j_1} = C_{j_1}, \ldots, C^*_{j_r} = C_{j_r}$, und es ergibt sich daher nach I.V. $\vdash C_{j_1}, \ldots, \vdash C_{j_r}$. Also gilt $\vdash (\ldots(C_{j_1} \wedge C_{j_2}) \wedge \ldots \wedge C_{j_r})$. Man erhält folglich $\vdash C_{k+1}$, d. h. $\vdash C^*_{k+1}$.

2: $\alpha_{k+1} = \{l_1, \ldots, l_s\}$.

Dann ist $C^*_{k+1} = C_{l_1} \rightarrow (C_{l_2} \rightarrow \ldots (C_{l_s} \rightarrow C_{k+1}) \ldots)$ und $\alpha_{j_1} \subseteq \alpha_{k+1}, \ldots, \alpha_{j_r} \subseteq \alpha_{k+1}$.

2.1: $\alpha_{j_i} = \emptyset$.

Dann ist $C^*_{j_i} = C_{j_i}$, und man erhält mit I.V. $\vdash C_{j_i}$. Also gilt auch $C_{l_1}, \ldots, C_{l_s} \vdash C_{j_i}$ und somit auch $\vdash C^*_{k+1}$.

2.2: $\alpha_{j_i} = \{m_1, \ldots, m_t\}$.

Dann ist $C^*_{j_i} = C_{m_1} \rightarrow (C_{m_2} \rightarrow \ldots (C_{m_t} \rightarrow C_{j_i}) \ldots)$. Nun gilt nach I.V. $\vdash C^*_{j_i}$. Also ergibt sich $C_{m_1}, \ldots, C_{m_t} \vdash C_{j_i}$ und somit auch $C_{l_1}, \ldots, C_{l_s} \vdash C_{j_i}$. Damit ist gezeigt, daß gilt:

$$\begin{array}{c} C_{l_1}, \ldots, C_{l_s} \vdash C_{j_1} \\ \vdots \\ C_{l_1}, \ldots, C_{l_s} \vdash C_{j_r} \end{array}$$

Wegen $\vdash (\ldots(C_{j_1} \wedge C_{j_2}) \wedge \ldots \wedge C_{j_r}) \rightarrow C_{k+1}$ erhält man also $C_{l_1}, \ldots, C_{l_s} \vdash C_{k+1}$. Hieraus folgt aber $\vdash C_{l_1} \rightarrow (C_{l_2} \rightarrow \ldots (C_{l_s} \rightarrow C_{k+1}) \ldots)$, d. h. $\vdash C^*_{k+1}$.

Die Folge $\langle \alpha_1, C_1 \rangle, \ldots, \langle \alpha_{k+1}, C_{k+1} \rangle$ ergebe sich durch Anwendung von $\wedge$B.

Dann ist C_{k+1} eine Formel $[A, x, y]$, und es gibt ein $i (1 \leqq i \leqq k)$ mit $C_i = \wedge x A$, Frf(x, y, A) und $\alpha_{k+1} = \alpha_i$.

1: $\alpha_{k+1} = \emptyset$.

Dann ist $C^*_{k+1} = [A, x, y]$ und $C^*_i = \wedge x A$. Nach I.V. gilt also $\vdash \wedge x A$, woraus man mit Satz 2.5.3–3 $\vdash [A, x, y]$, d. h. $\vdash C^*_{k+1}$ gewinnt.

2: $\alpha_{k+1} = \{l_1, \ldots, l_s\}$.

Dann ist $C^*_{k+1} = C_{l_1} \to (C_{l_2} \to \ldots (C_{l_s} \to [A, x, y]) \ldots)$ und $C^*_i = C_{l_1} \to (C_{l_2} \to \ldots (C_{l_s} \to \bigwedge xA) \ldots)$. Da nach I.V. gilt $\vdash C^*_i$, ergibt sich $C_{l_1}, \ldots, C_{l_s} \vdash \bigwedge xA$. Folglich erhält man $C_{l_1}, \ldots, C_{l_s} \vdash [A, x, y]$ und somit auch $\vdash C^*_{k+1}$.

Die Folge $\langle \alpha_1, C_1 \rangle, \ldots, \langle \alpha_{k+1}, C_{k+1} \rangle$ ergebe sich durch Anwendung von $\bigwedge$E.

Dann ist C_{k+1} eine Formel $\bigwedge xA$, und es gibt ein $i (1 \leqq i \leqq k)$ mit $C_i = [A, x, y]$, $\mathrm{Frf}(x, y, A)$, $\sim \mathrm{Fr}(y, \bigwedge xA)$ sowie $\alpha_{k+1} = \alpha_i$. Ferner gibt es kein j mit $j \in \alpha_i$ und $\mathrm{Fr}(y, C_j)$.

1: $\alpha_{k+1} = \emptyset$.

Dann ist $C^*_{k+1} = \bigwedge xA$ und $C^*_i = [A, x, y]$. Also gilt nach I.V. $\vdash [A, x, y]$. Unter Verwendung von Satz 2.5.3–5 erhält man somit $\vdash \bigwedge xA$, d. h. $\vdash C^*_{k+1}$.

2: $\alpha_{k+1} = \{l_1, \ldots, l_s\}$.

Dann ist $C^*_{k+1} = C_{l_1} \to (C_{l_2} \to \ldots (C_{l_s} \to \bigwedge xA) \ldots)$ und $C^*_i = C_{l_1} \to (C_{l_2} \to \ldots (C_{l_s} \to [A, x, y]) \ldots)$. Da nach I.V. $\vdash C^*_i$ gilt, erhält man $C_{l_1}, \ldots, C_{l_s} \vdash [A, x, y]$. Nun kommt y nach Voraussetzung in keiner der Formeln $C_{l_1}, \ldots, C_{l_s}$ frei vor. Also ergibt sich $C_{l_1}, \ldots, C_{l_s} \vdash \bigwedge xA$ und daher auch $\vdash C^*_{k+1}$.

Die Folge $\langle \alpha_1, C_1 \rangle, \ldots, \langle \alpha_{k+1}, C_{k+1} \rangle$ ergebe sich durch Anwendung von $\bigvee$B.

Dann gibt es i, j und $l (1 \leqq i, j, l \leqq k)$ mit $i < j < l$, $C_i = \bigvee xA$, $C_j = [A, x, y]$, $C_l = C_{k+1}$, $\mathrm{Frf}(x, y, A)$, $\sim \mathrm{Fr}(y, \bigvee xA)$ und $\sim \mathrm{Fr}(y, C_l)$. Ferner gibt es kein m mit $m \in \alpha_l$, $m \neq j$ und $\mathrm{Fr}(y, C_m)$. Weiterhin ist $\alpha_j = \{j\}$, $j \in \alpha_l$ und $\alpha_{k+1} = (\alpha_i \cup \alpha_l) \setminus \{j\}$.

1: $\alpha_{k+1} = \emptyset$.

Dann ist $C^*_{k+1} = C_l$, $\alpha_l = \{j\}$ und $\alpha_i = \emptyset$. Da folglich $C^*_l = C_j \to C_l$, gilt nach I.V. $\vdash C_j \to C_l$, und man erhält somit $[A, x, y] \vdash C_l$. Wegen $C^*_i = \bigvee xA$ gilt nach I.V. aber auch $\vdash \bigvee xA$. Also ergibt sich unter Verwendung von Satz 2.5.3–7 $\vdash C_l$, d. h. $\vdash C^*_{k+1}$.

2: $\alpha_{k+1} = \{l_1, \ldots, l_s\}$.

Dann ist $C^*_{k+1} = C_{l_1} \to (C_{l_2} \to \ldots (C_{l_s} \to C_l) \ldots)$.

2.1: $\alpha_l = \{j\}$.

Dann ergibt sich wie oben $[A, x, y] \vdash C_l$. Da $i < j$, ist $j \notin \alpha_i$. Also ist $\alpha_i = \alpha_{k+1}$ und daher $C_i^* = C_{l_1} \to (C_{l_2} \to \ldots (C_{l_s} \to \bigvee x A) \ldots)$. Unter Verwendung der I.V. erhält man folglich $C_{l_1}, \ldots, C_{l_s} \vdash \bigvee x A$. Es gilt somit $C_{l_1}, \ldots, C_{l_s} \vdash C_l$ und daher auch $\vdash C_{k+1}^*$.

2.2: $\alpha_l = \{j, m_1, \ldots, m_t\}$.

Dann ist $\{m_1, \ldots, m_t\} \subseteq \alpha_{k+1}$ und also $C_l^* = [A, x, y] \to (C_{m_1} \to \ldots (C_{m_t} \to C_l) \ldots)$. Aufgrund der I.V. gilt folglich $[A, x, y]$, $C_{m_1}, \ldots, C_{m_t} \vdash C_l$. Ist $\alpha_i = \emptyset$, so ist nach I.V. $\vdash \bigvee x A$, und es gilt daher $C_{l_1}, \ldots, C_{l_s} \vdash \bigvee x A$. Ist hingegen $\alpha_i \neq \emptyset$, so ergibt sich wegen $\alpha_i \subseteq \alpha_{k+1}$ wie oben $C_{l_1}, \ldots, C_{l_s} \vdash \bigvee x A$. Folglich gilt $C_{l_1}, \ldots, C_{l_s} \vdash C_l$ (Satz 2.5.3–7) und somit auch $\vdash C_{k+1}^*$.

Damit ist (a) abgeschlossen.

(b) Angenommen, es gilt $\alpha_{k+1} = \emptyset$ und $\vdash C_{k+1}$. Dann ist $C_{k+1}^* = C_{k+1}$, und es gilt folglich $\vdash C_{k+1}^*$.

(c) Angenommen, es gibt $j_1, \ldots, j_r (1 \leqq j_1, \ldots, j_r \leqq k)$, so daß $\alpha_{k+1} = \alpha_{j_1} \cup \ldots \cup \alpha_{j_r}$ und $C_{j_1}, \ldots, C_{j_r} \vdash C_{k+1}$. Dann ergibt sich $\vdash C_{k+1}^*$ genauso wie im Beweis für Satz 1.4.6–2.

Damit ist bewiesen, daß $\vdash C_n^*$. Um schließlich zu zeigen, daß dann auch $\Gamma \vdash C_n$, d. h. $\Gamma \vdash A$ gilt, argumentiert man wieder wie im Beweis für Satz 1.4.6–2. Damit ist Satz 2.5.4–1 bewiesen. Als Folgesatz erhalten wir

Satz 2.5.4–2.
Jede in $\Sigma 2$ quasibeweisbare $S2$-Formel ist ein Theorem von $\Sigma 2$.

2.5.5. Lehrsätze über $\Sigma 2$

Der nachfolgende Satz ist eine Zusammenfassung wichtiger prädikatenlogischer Lehrsätze. Die Begründungen dieser Lehrsätze verdeutlichen nochmals die Technik der Herstellung von Ableitungen bzw. Quasiableitungen in $\Sigma 2$.

Satz 2.5.5.
Seien A, B irgendwelche $S2$-Formeln und x, y irgendwelche GZ. Dann gilt:

(1) $\vdash \wedge xA \rightarrow [A, x, y]$, falls $\mathrm{Frf}(x, y, A)$.

Begründung:

$1\{1\}$	$\wedge xA$	
$2\{1\}$	$[A, x, y]$	$\wedge$B
$3\ \emptyset$	$\wedge xA \rightarrow [A, x, y]$	$\rightarrow$E

(2) $\vdash [A, x, y] \rightarrow \vee xA$, falls $\mathrm{Frf}(x, y, A)$.

Begründung:

$1\{1\}$	$[A, x, y]$	
$2\{1\}$	$\vee xA$	$\vee$E
$3\ \emptyset$	$[A, x, y] \rightarrow \vee xA$	$\rightarrow$E

(3) $\vdash A \rightarrow \wedge xA$, falls $\sim \mathrm{Fr}(x, A)$.

Begründung:

$1\{1\}$	A	
$2\{1\}$	$\wedge xA$	$\wedge$E
$3\ \emptyset$	$A \rightarrow \wedge xA$	$\rightarrow$E

(4) $\vdash \vee xA \rightarrow A$, falls $\sim \mathrm{Fr}(x, A)$.

Begründung:

$1\{1\}$	$\vee xA$	
$2\{2\}$	A	E
$3\{2\}$	A	TAUT
$4\{1\}$	A	$\vee$B
$5\ \emptyset$	$\vee xA \rightarrow A$	$\rightarrow$E

(5) $\vdash \wedge x(A \rightarrow B) \rightarrow (\wedge xA \rightarrow \wedge xB)$.

Begründung:

$1\{1\}$	$\wedge x(A \rightarrow B)$	
$2\{2\}$	$\wedge xA$	E
$3\{1\}$	$A \rightarrow B$	$\wedge$B
$4\{2\}$	A	$\wedge$B
$5\{1,2\}$	B	TAUT
$6\{1,2\}$	$\wedge xB$	$\wedge$E
$7\{1\}$	$\wedge xA \rightarrow \wedge xB$	$\rightarrow$E
$8\ \emptyset$	$\wedge x(A \rightarrow B) \rightarrow (\wedge xA \rightarrow \wedge xB)$	$\rightarrow$E

(6) $\vdash \bigwedge x(A \to B) \to (\bigvee xA \to \bigvee xB)$.

Begründung:

1{1}	$\bigwedge x(A \to B)$	
2{2}	$\bigvee xA$	E
3{3}	A	E
4{1}	$A \to B$	⋀B
5{1, 3}	B	TAUT
6{1, 3}	$\bigvee xB$	⋁E
7{1, 2}	$\bigvee xB$	⋁B
8{1}	$\bigvee xA \to \bigvee xB$	→E
9 ∅	$\bigwedge x(A \to B) \to (\bigvee xA \to \bigvee xB)$	→E

(7) $\vdash \bigwedge xA \leftrightarrow \neg \bigvee x \neg A$.

Begründung:

1{1}	$\bigwedge xA$	
2{2}	$\bigvee x \neg A$	E
3{3}	$\neg A$	E
4{1}	A	⋀B
5{1, 3}	$\bigwedge xA \wedge \neg \bigwedge xA$	TAUT
6{1, 2}	$\bigwedge xA \wedge \neg \bigwedge xA$	⋁B
7{1}	$\bigvee x \neg A \to \bigwedge xA \wedge \neg \bigwedge xA$	→E
8{1}	$\neg \bigvee x \neg A$	TAUT
9 ∅	$\bigwedge xA \to \neg \bigvee x \neg A$	→E
10{10}	$\neg \bigvee x \neg A$	E
11{11}	$\neg A$	E
12{11}	$\bigvee x \neg A$	⋁E
13{10, 11}	$\bigvee x \neg A \wedge \neg \bigvee x \neg A$	TAUT
14{10}	$\neg A \to \bigvee x \neg A \wedge \neg \bigvee x \neg A$	→E
15{10}	A	TAUT
16{10}	$\bigwedge xA$	⋀E
17 ∅	$\neg \bigvee x \neg A \to \bigwedge xA$	→E
18 ∅	$\bigwedge xA \leftrightarrow \neg \bigvee x \neg A$	TAUT

(8) $\vdash \neg \bigwedge xA \leftrightarrow \bigvee x \neg A$.

Begründung:

1 ∅	$\bigwedge xA \leftrightarrow \neg \bigvee x \neg A$	(7)
2 ∅	$\neg \bigwedge xA \leftrightarrow \bigvee x \neg A$	TAUT

(9) $\vdash \bigvee x A \leftrightarrow \neg \bigwedge x \neg A$.

Begründung:

1{1}	$\bigvee x A$	
2{2}	$\bigwedge x \neg A$	E
3{3}	A	E
4{3}	$\neg\neg A$	TAUT
5{3}	$\bigvee x \neg\neg A$	$\bigvee$E
6 ∅	$\neg \bigwedge x \neg A \leftrightarrow \bigvee x \neg\neg A$	(8)
7{3}	$\neg \bigwedge x \neg A$	TAUT
8{1}	$\neg \bigwedge x \neg A$	$\bigvee$B
9{1, 2}	$\bigwedge x \neg A \wedge \neg \bigwedge x \neg A$	TAUT
10{1}	$\bigwedge x \neg A \rightarrow \bigwedge x \neg A \wedge \neg \bigwedge x \neg A$	→E
11{1}	$\neg \bigwedge x \neg A$	TAUT
12 ∅	$\bigvee x A \rightarrow \neg \bigwedge x \neg A$	→E
13{13}	$\neg \bigwedge x \neg A$	E
14{14}	$\neg \bigvee x A$	E
15{13}	$\bigvee x \neg\neg A$	TAUT
16{16}	$\neg\neg A$	E
17{16}	A	TAUT
18{16}	$\bigvee x A$	$\bigvee$E
19{13}	$\bigvee x A$	$\bigvee$B
20{13, 14}	$\bigvee x A \wedge \neg \bigvee x A$	TAUT
21{13}	$\neg \bigvee x A \rightarrow \bigvee x A \wedge \neg \bigvee x A$	→E
22{13}	$\bigvee x A$	TAUT
23 ∅	$\neg \bigwedge x \neg A \rightarrow \bigvee x A$	→E
24 ∅	$\bigvee x A \leftrightarrow \neg \bigwedge x \neg A$	TAUT

(10) $\vdash \neg \bigvee x A \leftrightarrow \bigwedge x \neg A$.

Begründung:

1 ∅	$\bigvee x A \leftrightarrow \neg \bigwedge x \neg A$	(9)
2 ∅	$\neg \bigvee x A \leftrightarrow \bigwedge x \neg A$	TAUT

(11) $\vdash \bigvee x(A \vee B) \leftrightarrow \bigvee x A \vee \bigvee x B$.

Begründung:

1{1}	$\bigvee x(A \vee B)$	
2{2}	$A \vee B$	E
3 ∅	$A \rightarrow \bigvee x A$	(2)

4 $\emptyset$	$B \rightarrow \bigvee xB$	(2)
5 $\{2\}$	$\bigvee xA \vee \bigvee xB$	TAUT
6 $\{1\}$	$\bigvee xA \vee \bigvee xB$	$\bigvee$ B
7 $\emptyset$	$\bigvee x(A \vee B) \rightarrow \bigvee xA \vee \bigvee xB$	$\rightarrow$ E
8 $\{8\}$	$\bigvee xA \vee \bigvee xB$	E
9 $\{9\}$	$\bigvee xA$	E
10 $\{10\}$	A	E
11 $\{10\}$	$A \vee B$	TAUT
12 $\{10\}$	$\bigvee x(A \vee B)$	$\bigvee$ E
13 $\{9\}$	$\bigvee x(A \vee B)$	$\bigvee$ B
14 $\emptyset$	$\bigvee xA \rightarrow \bigvee x(A \vee B)$	$\rightarrow$ E
15 $\{15\}$	$\bigvee xB$	E
16 $\{16\}$	B	E
17 $\{16\}$	$A \vee B$	TAUT
18 $\{16\}$	$\bigvee x(A \vee B)$	$\bigvee$ E
19 $\{15\}$	$\bigvee x(A \vee B)$	$\bigvee$ B
20 $\emptyset$	$\bigvee xB \rightarrow \bigvee x(A \vee B)$	$\rightarrow$ E
21 $\{8\}$	$\bigvee x(A \vee B)$	TAUT
22 $\emptyset$	$\bigvee xA \vee \bigvee xB \rightarrow \bigvee x(A \vee B)$	$\rightarrow$ E
23 $\emptyset$	$\bigvee x(A \vee B) \leftrightarrow \bigvee xA \vee \bigvee xB$	TAUT

(12) $\vdash \bigwedge xA \vee \bigwedge xB \rightarrow \bigwedge x(A \vee B)$.

Begründung:

1 $\{1\}$	$\bigwedge xA \vee \bigwedge xB$	
2 $\{2\}$	$\bigwedge xA$	E
3 $\{2\}$	A	$\bigwedge$ B
4 $\{2\}$	$A \vee B$	TAUT
5 $\{2\}$	$\bigwedge x(A \vee B)$	$\bigwedge$ E
6 $\emptyset$	$\bigwedge xA \rightarrow \bigwedge x(A \vee B)$	$\rightarrow$ E
7 $\{7\}$	$\bigwedge xB$	E
8 $\{7\}$	B	$\bigwedge$ B
9 $\{7\}$	$A \vee B$	TAUT
10 $\{7\}$	$\bigwedge x(A \vee B)$	$\bigwedge$ E
11 $\emptyset$	$\bigwedge xB \rightarrow \bigwedge x(A \vee B)$	$\rightarrow$ E
12 $\{1\}$	$\bigwedge x(A \vee B)$	TAUT
13 $\emptyset$	$\bigwedge xA \vee \bigwedge xB \rightarrow \bigwedge x(A \vee B)$	$\rightarrow$ E

(13) $\vdash \bigwedge x(A \rightarrow B) \leftrightarrow (A \rightarrow \bigwedge xB)$, falls $\sim \mathrm{Fr}(x, A)$.

Begründung:

1{1}	$\bigwedge x(A \rightarrow B)$	
2{2}	A	E
3{1}	$A \rightarrow B$	⋀B
4{1, 2}	B	TAUT
5{1, 2}	$\bigwedge xB$	⋀E
6{1}	$A \rightarrow \bigwedge xB$	→E
7 ∅	$\bigwedge x(A \rightarrow B) \rightarrow (A \rightarrow \bigwedge xB)$	→E
8{8}	$A \rightarrow \bigwedge xB$	E
9{9}	A	E
10{8, 9}	$\bigwedge xB$	TAUT
11{8, 9}	B	⋀B
12{8}	$A \rightarrow B$	→E
13{8}	$\bigwedge x(A \rightarrow B)$	⋀E
14 ∅	$(A \rightarrow \bigwedge xB) \rightarrow \bigwedge x(A \rightarrow B)$	→E
15 ∅	$\bigwedge x(A \rightarrow B) \leftrightarrow (A \rightarrow \bigwedge xB)$	TAUT

(14) $\vdash \bigvee x(A \rightarrow B) \leftrightarrow (\bigwedge xA \rightarrow \bigvee xB)$.

Begründung:

1{1}	$\bigvee x(A \rightarrow B)$	
2{2}	$\bigwedge xA$	E
3{3}	$A \rightarrow B$	E
4{2}	A	⋀B
5{2, 3}	B	TAUT
6{2, 3}	$\bigvee xB$	⋁E
7{1, 2}	$\bigvee xB$	⋁B
8{1}	$\bigwedge xA \rightarrow \bigvee xB$	→E
9 ∅	$\bigvee x(A \rightarrow B) \rightarrow (\bigwedge xA \rightarrow \bigvee xB)$	→E
10{10}	$\bigwedge xA \rightarrow \bigvee xB$	E
11{11}	$\neg \bigvee x(A \rightarrow B)$	E
12 ∅	$\neg \bigvee x(A \rightarrow B) \leftrightarrow \bigwedge x \neg (A \rightarrow B)$	(10)
13{11}	$\bigwedge x \neg (A \rightarrow B)$	TAUT
14{11}	$\neg (A \rightarrow B)$	⋀B
15{11}	A	TAUT
16{11}	$\bigwedge xA$	⋀E
17{10, 11}	$\bigvee xB$	TAUT
18{11}	$\neg B$	TAUT
19{11}	$\bigwedge x \neg B$	⋀E
20 ∅	$\neg \bigvee xB \leftrightarrow \bigwedge x \neg B$	(10)

21{11}	$\neg \bigvee xB$	TAUT
22{10, 11}	$\bigvee xB \wedge \neg \bigvee xB$	TAUT
23{10}	$\neg \bigvee x(A \rightarrow B) \rightarrow \bigvee xB \wedge \neg \bigvee xB$	→E
24{10}	$\bigvee x(A \rightarrow B)$	TAUT
25 ∅	$(\bigwedge xA \rightarrow \bigvee xB) \rightarrow \bigvee x(A \rightarrow B)$	→E
26 ∅	$\bigvee x(A \rightarrow B) \leftrightarrow (\bigwedge xA \rightarrow \bigvee xB)$	TAUT

(15) $\vdash \bigvee x \bigvee yA \rightarrow \bigvee y \bigvee xA$.

Begründung:

1{1}	$\bigvee x \bigvee yA$	
2{2}	$\bigvee yA$	E
3{3}	A	E
4{3}	$\bigvee xA$	⋁E
5{3}	$\bigvee y \bigvee xA$	⋁E
6{2}	$\bigvee y \bigvee xA$	⋁B
7{1}	$\bigvee y \bigvee xA$	⋁B
8 ∅	$\bigvee x \bigvee yA \rightarrow \bigvee y \bigvee xA$	→E

Aufgabe: Man zeige, daß die folgenden Behauptungen gelten.

1. $\vdash \bigwedge xA \wedge \bigwedge xB \rightarrow \bigwedge x(A \wedge B)$
2. $\vdash \bigvee x(A \wedge B) \rightarrow \bigvee xA \wedge \bigvee xB$
3. $\bigwedge x(A \rightarrow B), \bigvee xA \vdash \bigvee xB$
4. $\neg \bigwedge x(A \wedge B), \bigwedge xA \vdash \bigvee x \neg B$
5. $\vdash \neg \bigvee xA \rightarrow \bigwedge x(A \rightarrow B)$
6. $\vdash \bigwedge xA \vee \bigvee xB \rightarrow \bigvee x(A \vee B)$
7. $\vdash (\bigwedge xA \rightarrow \bigwedge xB) \rightarrow \bigvee x(A \rightarrow B)$
8. $\vdash (\bigvee xA \rightarrow \bigvee xB) \rightarrow \bigvee x(A \rightarrow B)$

2.5.6. Die Adäquatheit von $\Sigma 2$

Wir haben bereits gezeigt, daß $\Pi 2$ adäquat ist bezüglich der Klasse der $S2$-gültigen Formeln. Um die Adäquatheit von $\Sigma 2$ bezüglich dieser Klasse nachzuweisen, genügt es also zu zeigen, daß $\Sigma 2$ und $\Pi 2$ äquivalent sind. Wir beweisen die Äquivalenz in zwei Schritten (vgl. hierzu 1.4.8).

Satz 2.5.6–1.

Jedes Theorem von $\Sigma 2$ ist ein Theorem von $\Pi 2$.

Beweis: Sei A irgendein Theorem von $\Sigma 2$. Dann gibt es einen Beweis $C_1, \ldots, C_n$ für A in $\Sigma 2$ und eine entsprechende Folge $\alpha_1, \ldots, \alpha_n$ von Zahlenklassen. Für jedes $i (1 \leqq i \leqq n)$ sei C_i^* so definiert wie im Beweis für Satz 2.5.4–1. Wir zeigen zunächst, daß $\vdash_{\Pi 2} C_n^*$. Dazu beweisen wir durch starke endliche Induktion, daß für alle j mit $1 \leqq j \leqq n$ gilt: $\vdash_{\Pi 2} C_j^*$.

Induktionsbasis

Wegen $\alpha_1 = \{1\}$ ist $C_1^* = C_1 \to C_1$, und es gilt daher $\vdash_{\Pi 2} C_1^*$.

Induktionsschritt

Sei k irgendeine natürliche Zahl mit $1 \leqq k < n$ und gelte für alle i mit $1 \leqq i \leqq k$: $\vdash_{\Pi 2} C_i^*$. (I.V.) – Wir betrachten nur die Regeln TAUT, $\wedge$ B, $\wedge$ E und $\vee$ B.

Angenommen, die Folge $\langle \alpha_1, C_1 \rangle, \ldots, \langle \alpha_{k+1}, C_{k+1} \rangle$ ergibt sich durch Anwendung von TAUT.

Dann gibt es $j_1, \ldots, j_r (1 \leqq j_1, \ldots, j_r \leqq k)$ derart, daß die Formel $(\ldots(C_{j_1} \wedge C_{j_2}) \wedge \ldots \wedge C_{j_r}) \to C_{k+1}$ eine $S2$-Tautologie ist und $\alpha_{k+1} = \alpha_{j_1} \cup \ldots \cup \alpha_{j_r}$. Nach Satz 2.2.6–2 ist diese Formel dann $S2$-gültig und daher aufgrund des Vollständigkeitssatzes für $\Pi 2$ ein Theorem von $\Pi 2$.

1: $\alpha_{k+1} = \emptyset$.

Dann ist $C_{k+1}^* = C_{k+1}$ und $\alpha_{j_1} = \ldots = \alpha_{j_r} = \emptyset$. Folglich ist $C_{j_1}^* = C_{j_1}, \ldots, C_{j_r}^* = C_{j_r}$, und man erhält somit mit I.V. $\vdash_{\Pi 2} C_{j_1}, \ldots, \vdash_{\Pi 2} C_{j_r}$. Da dann $\vdash_{\Pi 2} (\ldots(C_{j_1} \wedge C_{j_2}) \wedge \ldots \wedge C_{j_r})$, ergibt sich also $\vdash_{\Pi 2} C_{k+1}^*$.

2: $\alpha_{k+1} = \{l_1, \ldots, l_s\}$.

Dann ist $C_{k+1}^* = C_{l_1} \to (C_{l_2} \to \ldots (C_{l_s} \to C_{k+1}) \ldots)$ und $\alpha_{j_1} \subseteq \alpha_{k+1}, \ldots, \alpha_{j_r} \subseteq \alpha_{k+1}$.

2.1: $\alpha_{j_i} = \emptyset$.

Dann ist $C_{j_i}^* = C_{j_i}$, und man erhält mit I.V. $\vdash_{\Pi 2} C_{j_i}$. Also gilt auch $C_{l_1}, \ldots, C_{l_s} \vdash_{\Pi 2} C_{j_i}$ und somit $\vdash_{\Pi 2} C_{k+1}^*$.

2.2: $\alpha_{j_i} = \{m_1, \ldots, m_t\}$.

Es gilt nach I.V. $\vdash C_{j_i}^*$. Also ergibt sich $C_{m_1}, \ldots, C_{m_t} \vdash_{\Pi 2} C_{j_i}$ und daher auch $C_{l_1}, \ldots, C_{l_s} \vdash_{\Pi 2} C_{j_i}$. Es gilt somit $C_{l_1}, \ldots, C_{l_s} \vdash_{\Pi 2} C_{k+1}$ und daher auch $\vdash_{\Pi 2} C_{k+1}^*$.

Angenommen, $\langle\alpha_1, C_1\rangle, \ldots, \langle\alpha_{k+1}, C_{k+1}\rangle$ ergibt sich durch Anwendung von $\wedge$ B.

Dann ist C_{k+1} eine Formel $[A, x, y]$, und es gibt ein $i (1 \leqq i \leqq k)$ mit $C_i = \wedge x A$, Frf(x, y, A) und $\alpha_{k+1} = \alpha_i$.

1: $\alpha_{k+1} = \emptyset$.

Dann ist $C^*_{k+1} = [A, x, y]$ und $C^*_i = \wedge x A$. Nach I.V. gilt somit $\vdash_{\overline{\Pi 2}} \wedge x A$, woraus man unter Verwendung von Satz 2.3.2–2.(1) $\vdash_{\overline{\Pi 2}} [A, x, y]$, d.h. $\vdash_{\overline{\Pi 2}} C^*_{k+1}$ gewinnt.

2. $\alpha_{k+1} = \{l_1, \ldots, l_s\}$.

Dann ist $C^*_{k+1} = C_{l_1} \to (C_{l_2} \to \ldots (C_{l_s} \to [A, x, y]) \ldots)$ und $C^*_i = C_{l_1} \to (C_{l_2} \to \ldots (C_{l_s} \to \wedge x A) \ldots)$. Da nach I.V. $\vdash_{\overline{\Pi 2}} C^*_i$, gilt $C_{l_1}, \ldots, C_{l_s} \vdash_{\overline{\Pi 2}} \wedge x A$. Folglich ergibt sich unter Verwendung von Satz 2.3.2–2.(1) $\vdash_{\overline{\Pi 2}} C^*_{k+1}$.

Angenommen, die Folge $\langle\alpha_1, C_1\rangle, \ldots, \langle\alpha_{k+1}, C_{k+1}\rangle$ ergibt sich durch Anwendung von $\wedge$ E.

Dann ist C_{k+1} eine Formel $\wedge x A$, und es gibt ein $i (1 \leqq i \leqq k)$ mit $C_i = [A, x, y]$, $\sim$Fr$(y, \wedge x A)$ sowie $\alpha_{k+1} = \alpha_i$. Ferner gibt es kein j mit $j \in \alpha_i$ und Fr(y, C_j).

1: $\alpha_{k+1} = \emptyset$.

Dann ist $C^*_{k+1} = \wedge x A$ und $C^*_i = [A, x, y]$. Nach I.V. gilt also $\vdash_{\overline{\Pi 2}} [A, x, y]$. Hieraus ergibt sich mit GEN $\vdash_{\overline{\Pi 2}} \wedge y [A, x, y]$. Unter Verwendung von Satz 2.3.3–5.(2) gewinnt man daher $\vdash_{\overline{\Pi 2}} \wedge x A$, d.h. $\vdash_{\overline{\Pi 2}} C^*_{k+1}$.

2. $\alpha_{k+1} = \{l_1, \ldots, l_s\}$.

Dann ist $C^*_{k+1} = C_{l_1} \to (C_{l_2} \to \ldots (C_{l_s} \to \wedge x A) \ldots)$ und $C^*_i = C_{l_1} \to (C_{l_2} \to \ldots (C_{l_s} \to [A, x, y]) \ldots)$. Da nach I.V. $\vdash_{\overline{\Pi 2}} C^*_i$ gilt, erhält man $C_{l_1}, \ldots, C_{l_s} \vdash_{\overline{\Pi 2}} [A, x, y]$. Nun kommt y voraussetzungsgemäß in keiner der Formeln $C_{l_1}, \ldots, C_{l_s}$ frei vor. Also gewinnt man durch Anwendung von GEN $C_{l_1}, \ldots, C_{l_s} \vdash_{\overline{\Pi 2}} \wedge y [A, x, y]$. Mit Hilfe der Sätze 2.3.3–5.(1) und 2.3.2–9.(2) erhält man infolgedessen $C_{l_1}, \ldots, C_{l_s} \vdash_{\overline{\Pi 2}} \wedge x A$ und daher auch $\vdash_{\overline{\Pi 2}} C^*_{k+1}$.

Angenommen, die Folge $\langle\alpha_1, C_1\rangle, \ldots, \langle\alpha_{k+1}, C_{k+1}\rangle$ ergibt sich durch Anwendung von $\vee$ B.

Dann gibt es i, j und $l (1 \leqq i, j, l \leqq k)$ mit $i < j < l$, $C_i = \vee x A$, $C_j = [A, x, y]$, $C_l = C_{k+1}$, Frf(x, y, A), $\sim$Fr$(y, \vee x A)$ und $\sim$Fr(y, C_l).

Ferner gibt es kein m mit $m \in \alpha_l$, $m \neq j$ und $\mathrm{Fr}(y, C_m)$. Weiterhin ist $\alpha_j = \{j\}$, $j \in \alpha_l$ und $\alpha_{k+1} = (\alpha_i \cup \alpha_l) \setminus \{j\}$.

1: $\alpha_{k+1} = \emptyset$.

Dann ist $C^*_{k+1} = C_l$, $\alpha_l = \{j\}$ und $\alpha_i = \emptyset$. Da folglich $C^*_l = C_j \to C_l$, gilt nach I.V. $\vdash_{\Pi 2} C_j \to C_l$, und man erhält somit $[A, x, y] \vdash_{\Pi 2} C_l$. Ferner gilt nach I.V. $\vdash_{\Pi 2} C^*_i$, d. h. $\vdash_{\Pi 2} \bigvee x A$. Also ergibt sich wegen Satz 2.3.3–5.(2) $\vdash_{\Pi 2} \bigvee y [A, x, y]$. Unter Verwendung von DEP gewinnt man daher $\vdash_{\Pi 2} C_l$, d. h. $\vdash_{\Pi 2} C^*_{k+1}$.

2: $\alpha_{k+1} = \{l_1, \ldots, l_s\}$.

Dann ist $C^*_{k+1} = C_{l_1} \to (C_{l_2} \to \ldots (C_{l_s} \to C_l) \ldots)$.

2.1: $\alpha_l = \{j\}$.

Dann ergibt sich wie oben $[A, x, y] \vdash_{\Pi 2} C_l$. Da $i < j$, ist $j \notin \alpha_i$. Also ist $\alpha_i = \alpha_{k+1}$, und es gilt daher $C^*_i = C_{l_1} \to (C_{l_2} \to \ldots (C_{l_s} \to \bigvee x A) \ldots)$. Unter Verwendung der I.V. erhält man folglich $C_{l_1}, \ldots, C_{l_s} \vdash_{\Pi 2} \bigvee x A$. Aufgrund der Sätze 2.3.3–5.(1) und 2.3.2–9.(2) gilt dann $C_{l_1}, \ldots, C_{l_s} \vdash_{\Pi 2} \bigvee y [A, x, y]$. Da sich nun mit Hilfe von DEP $C_{l_1}, \ldots, C_{l_s} \vdash_{\Pi 2} C_l$ ergibt, gilt folglich $\vdash_{\Pi 2} C^*_{k+1}$.

2.2: $\alpha_l = \{j, m_1, \ldots, m_t\}$.

Dann ist $\{m_1, \ldots, m_t\} \subseteq \alpha_{k+1}$ und also $C^*_l = [A, x, y] \to (C_{m_1} \to \ldots (C_{m_t} \to C_l) \ldots)$. Folglich gilt nach I.V. $[A, x, y], C_{m_1}, \ldots, C_{m_t} \vdash_{\Pi 2} C_l$. Ist $\alpha_i = \emptyset$, so ist nach I.V. $\vdash_{\Pi 2} \bigvee x A$, und es gilt daher $C_{l_1}, \ldots, C_{l_s} \vdash_{\Pi 2} \bigvee x A$. Ist hingegen $\alpha_i \neq \emptyset$, so ergibt sich wegen $\alpha_i \subseteq \alpha_{k+1}$ wie oben $C_{l_1}, \ldots, C_{l_s} \vdash_{\Pi 2} \bigvee x A$. Mit Hilfe der Sätze 2.3.3–5.(1), 2.3.2–9.(2) und DEP erhält man folglich $C_{l_1}, \ldots, C_{l_s} \vdash_{\Pi 2} C_l$. Also gilt $\vdash_{\Pi 2} C^*_{k+1}$.

Damit ist gezeigt, daß $\vdash_{\Pi 2} C^*_n$. Da definitionsgemäß $\alpha_n = \emptyset$, ergibt sich endlich $\vdash_{\Pi 2} A$.

Um die Umkehrung von Satz 2.5.6–1 zu beweisen, beweisen wir zunächst folgendes

Lemma

Jedes Axiom von $\Pi 2$ ist ein Theorem von $\Sigma 2$.

Beweis: Sei σ die im Beweis des Lemmas für Satz 2.3.6–7 (s. S. 384) definierte Funktion. Das Lemma ergibt sich dann aus folgender Behauptung, die wir durch schwache unendliche Induktion beweisen:

Für alle n mit $n \geqq 0$ gilt: Ist A irgendein $\Pi 2$-Axiom mit $\sigma^{\prime} A = n$, so ist A ein Theorem von $\Sigma 2$.

Induktionsbasis

Sei A irgendein $\Pi 2$-Axiom mit $\sigma^{\prime} A = 0$.

Fall 1: $A \in \alpha 1^* \cup \ldots \cup \alpha 13^*$.

Dann gibt es ein $\Pi 1$-Axiom B, so daß A ein Substitut von B ist. Da B $S1$-gültig ist, ist A eine $S2$-Tautologie. Aufgrund des Tautologiesatzes für $\Sigma 2$ ist A folglich ein Theorem von $\Sigma 2$.

Fall 2: $A \in \alpha 14 \cup \ldots \cup \alpha 19$.

Dann ist A nach Satz 2.5.5.(1)–(6) ein Theorem von $\Sigma 2$.

Induktionsschritt

Sei k irgendeine natürliche Zahl mit $k \geqq 0$ und A irgendein $\Pi 2$-Axiom mit $\sigma^{\prime} A = k+1$. Dann gibt es ein GZ x und ein $\Pi 2$-Axiom B derart, daß $A = \wedge x B$. Nach I.V. ist nun B ein Theorem von $\Sigma 2$. Folglich ist wegen Satz 2.5.3–5 auch $\wedge x B$ ein Theorem von $\Sigma 2$.

Satz 2.5.6–2.
Jedes Theorem von $\Pi 2$ ist ein Theorem von $\Sigma 2$.

Dieser Satz läßt sich unter Verwendung des Lemmas in analoger Weise wie Satz 1.4.8–2 beweisen.

Satz 2.5.6–3.
Für jede $S2$-Formel A und jede Teilklasse Γ von $S2$ gilt: A ist in $\Sigma 2$ aus Γ ableitbar gdw A in $\Pi 2$ aus Γ ableitbar ist.

Satz 2.5.6–4.
(1) Jedes Theorem von $\Sigma 2$ ist $S2$-gültig. (*Korrektheitssatz* für $\Sigma 2$)
(2) Für jede $S2$-Formel A und jede Teilklasse Γ von $S2$ gilt: Wenn A in $\Sigma 2$ aus Γ ableitbar ist, dann ist A eine $S2$-Konsequenz aus Γ. (*Verallgemeinerter Korrektheitssatz* für $\Sigma 2$)
(3) Jede $S2$-gültige Formel ist ein Theorem von $\Sigma 2$. (*Vollständigkeitssatz* für $\Sigma 2$)
(4) Für jede $S2$-Formel A und jede Teilklasse Γ von $S2$ gilt: Wenn A eine $S2$-Konsequenz aus Γ ist, dann ist A in $\Sigma 2$ aus Γ ableitbar. (*Stark verallgemeinerter Vollständigkeitssatz* für $\Sigma 2$)

Mit Hilfe des Identitätszeichen »=« kann man sog. *Mindestzahl-*, *Höchstzahl-* und *Anzahlaussagen* formulieren. Daß beispielsweise eine Klasse *K* *mindestens zwei* Elemente enthält, läßt sich so ausdrücken:

Es gibt ein a und ein b aus K mit $a \neq b$.

Entsprechend kann man den Sachverhalt beschreiben, daß *K* *mindestens drei* Elemente enthält:

Es gibt a, b und c aus K mit $a \neq b$ und $a \neq c$ und $b \neq c$.

Daß *K* *höchstens ein* Element enthält, kann man so formulieren:

Für alle a und b aus K gilt $a = b$.

Und daß *K* *höchstens zwei* Elemente enthält, besagt soviel wie:

Für alle a, b und c aus K gilt: $a = b$ oder $a = c$ oder $b = c$.

Eine Anzahlaussage ist z. B. die Aussage, daß *K* *genau zwei* Elemente enthält. Dies bedeutet:

K enthält mindestens und höchstens zwei Elemente.

Entsprechend kann man allgemein ausdrücken, daß *K* *genau n* ($n \geqq 1$) Elemente enthält:

K enthält mindestens und höchstens n Elemente.

Man kann die Höchstzahlaussagen auch als negierte Mindestzahlaussagen formulieren. So läßt sich der Sachverhalt, daß *K* *höchstens n* Elemente enthält, auch so beschreiben:

Es ist nicht der Fall, daß *K* mindestens $n+1$ Elemente enthält.

Eine Verallgemeinerung der Mindestzahl-, Höchstzahl- und Anzahlaussagen stellen die *relativierten* Mindestzahl-, Höchstzahl- und Anzahlaussagen dar. Die allgemeine Form dieser drei Aussagentypen ist:

(a) *K* enthält mindestens n Elemente mit der Eigenschaft *E*.
(b) *K* enthält höchstens n Elemente mit der Eigenschaft *E*.
(c) *K* enthält genau n Elemente mit der Eigenschaft *E*.

Auch diese relativierten Aussagen lassen sich mit Hilfe des Identitätszeichens formulieren. So kann man z. B. die Aussage, daß *K* mindestens zwei *runde* Elemente enthält, so wiedergeben:

Es gibt ein a und ein b aus K mit $a \neq b$ derart, daß a und b rund sind.

Oder kürzer:

Es gibt ein rundes a und ein rundes b aus K mit $a \neq b$.

Der Begriff der Identität läßt sich mengentheoretisch mit dem Begriff der Identitätsrelation erfassen. Unter der *Identitätsrelation bezüglich* einer Klasse K versteht man diejenige Relation R in K (d. h. diejenige Teilklasse R von K^2), für welche gilt:

Sind a, b irgendwelche Elemente von K, so ist $\langle a, b\rangle$ genau dann ein Element von R, wenn $a = b$.

So ist beispielsweise die Identitätsrelation bezüglich $\mathbb{N}$ die Klasse aller geordneten Paare $\langle n, n\rangle$ mit $n \in \mathbb{N}$. Denn sind n, m irgendwelche natürliche Zahlen, so ist $\langle n, m\rangle$ genau dann ein Element der Identitätsrelation bezüglich $\mathbb{N}$, wenn $n = m$.

Ist nun I eine $S2$-Interpretation über $\mathbb{N}$, die einem zweistelligen Prädikatzeichen P die Identitätsrelation bezüglich $\mathbb{N}$ zuordnet, so gilt für alle Gegenstandszeichen x und y:

$\langle I(x), I(y)\rangle \in I(P)$ gdw $I(x) = I(y)$.

Wir betrachten im folgenden spezielle $S2$-Interpretationen, die wir »identitätslogische Interpretationen« nennen werden. Es handelt sich dabei um solche $S2$-Interpretationen, die einem bestimmten festgehaltenen zweistelligen Prädikatszeichen stets die Identitätsrelation bezüglich des jeweiligen Gegenstandsbereiches zuordnen. Auf der Basis einer Semantik für die Sprache $S2$, die von identitätslogischen Interpretationen ausgeht, ist es dann möglich, zwischen Aussagen über Identität bzw. Verschiedenheit von Objekten (z. B. Mindestzahl-, Höchstzahl- und Anzahlaussagen) einerseits und gewissen $S2$-Formeln andererseits einen Zusammenhang herzustellen.

2.6.1. Identitätslogische Semantik

Grundlegend für die identitätslogische Semantik ist der Begriff der identitätslogischen Interpretation. Eine derartige Interpretation ordnet, wie bereits oben erwähnt wurde, einem bestimmten zweistelligen Prädikatzeichen die Identitätsrelation bezüglich des jeweiligen Gegenstandsbereiches zu. Wir wählen nun als dieses Prädikatzeichen den Ausdruck F_1^2, den wir im folgenden stets mit dem Symbol »$\equiv$« bezeichnen werden. Sind x, y irgendwelche Gegenstandszeichen, so bezeichnen wir ferner die Atomformel F_1^2xy dadurch, daß wir zuerst einen Namen von x, dann »$\equiv$« und darauf einen Namen von y schreiben, und die Formel $\neg F_1^2 xy$, indem wir anstelle von »$\equiv$« das Zeichen »$\not\equiv$« setzen. So ist beispielsweise der (metasprachliche) Ausdruck »$a_1 \equiv a_2$« ein Name der (objektsprachlichen) Formel $F_1^2 a_1 a_2$, und »$a_1 \not\equiv a_2$« ist ein Name von $\neg F_1^2 a_1 a_2$.

Man beachte, daß der Ausdruck »$a_1 \not\equiv a_2$« etwas ganz anderes bedeutet als der Ausdruck »$a_1 = a_2$«. Während nämlich »$a_1 \equiv a_2$« nur ein Formelname ist, ist »$a_1 = a_2$« eine metasprachliche Aussage, die besagt, daß das GZ a_1 mit dem GZ a_2 identisch ist. Entsprechendes gilt für die Ausdrücke »$a_1 \not\equiv a_2$« und »$a_1 \neq a_2$«.

Definition 2.6.1–1.

I ist eine *identitätslogische Interpretation über* γ gdw

(1) I ist eine $S2$-Interpretation über γ;

(2) $I(\equiv)$ ist die Klasse aller α, für die gilt: es gibt ein β aus γ mit $\alpha = \langle \beta, \beta \rangle$.

Wir definieren ferner:

I ist eine *identitätslogische Interpretation* gdw es ein γ gibt, so daß I eine identitätslogische Interpretation über γ ist.

Satz 2.6.1–1.

Sei γ irgendeine nichtleere Klasse, I irgendeine identitätslogische $S2$-Interpretation über γ und seien x, y irgendwelche GZ. Dann gilt:

(1) $\mathrm{Mod}(I, x \equiv y, \gamma)$ gdw $I(x) = I(y)$.

(2) $\mathrm{Mod}(I, x \equiv x, \gamma)$.

Beweis:

Ad (1): Es gilt: $\mathrm{Mod}(I, x \equiv y, \gamma)$ gdw $\langle I(x), I(y) \rangle \in I(\equiv)$ gdw $I(x) = I(y)$.

Ad (2): Trivial aus (1).

Ähnlich wie früher in der Semantik von $S2$ definieren wir nun einige grundlegende Begriffe der identitätslogischen Semantik.

Definition 2.6.1–2.

Eine $S2$-Formel A ist *identitätslogisch erfüllbar über* γ gdw es eine identitätslogische Interpretation I über γ mit $\mathrm{Mod}(I, A, \gamma)$ gibt.

Eine $S2$-Formel A ist *identitätslogisch erfüllbar* gdw es eine nichtleere Klasse γ gibt, so daß A identitätslogisch erfüllbar über γ ist.

Definition 2.6.1–3.

Δ ist *identitätslogisch simultan erfüllbar über* γ gdw es eine identitätslogische Interpretation über γ gibt, die Δ $S2$-simultan über γ erfüllt.

Δ ist *identitätslogisch simultan erfüllbar* gdw es eine nichtleere Klasse γ gibt, so daß Δ über γ identitätslogisch simultan erfüllbar ist.

Definition 2.6.1–4.

Eine $S2$-Formel A ist *identitätslogisch gültig über* γ gdw
(1) γ ist eine nichtleere Klasse;
(2) für jede identitätslogische Interpretation I über γ gilt: $\mathrm{Mod}(I, A, \gamma)$.

A ist *identitätslogisch gültig* gdw für jede nichtleere Klasse γ gilt: A ist identitätslogisch gültig über γ.

Definition 2.6.1–5.

A ist eine *identitätslogische Konsequenz aus* Δ *über* γ gdw
(1) $A \in S2$;
(2) $\Delta \subseteq S2$;
(3) γ ist eine nichtleere Klasse;
(4) jede identitätslogische Interpretation, die Δ $S2$-simultan über γ erfüllt, ist ein $S2$-Modell von A über γ.

A ist eine *identitätslogische Konsequenz aus* Δ gdw für jede nichtleere Klasse γ gilt: A ist eine identitätslogische Konsequenz aus Δ über γ.

Um auszudrücken, daß eine $S2$-Formel A identitätslogisch gültig ist, schreiben wir vor einen Namen von A das Zeichen »$\Vdash_{I}$«. Und um auszudrücken, daß A eine identitätslogische Konsequenz aus einer Formelklasse Δ ist, schreiben wir zwischen einen Namen von A und von Δ ebenfalls »$\Vdash_{I}$«.

Satz 2.6.1–2.

Sei A irgendeine $S2$-Formel und Γ irgendeine Teilklasse von $S2$. Dann gilt:

(1) Wenn A identitätslogisch erfüllbar ist, dann ist A auch $S2$-erfüllbar.
(2) Wenn Γ identitätslogisch simultan erfüllbar ist, dann ist Γ $S2$-simultan erfüllbar.

(3) Wenn A $S2$-gültig ist, dann ist A identitätslogisch gültig.

(4) Wenn A eine $S2$-Konsequenz aus Γ ist, dann ist A eine identitätslogische Konsequenz aus Γ.

Die Umkehrungen dieser vier Behauptungen sind nicht richtig. So ist beispielsweise die Formel $a_1 \not\equiv a_1$ $S2$-erfüllbar, nicht aber auch identitätslogisch erfüllbar. Ferner ist etwa die Formel $a_1 \equiv a_1$ identitätslogisch gültig, nicht aber auch $S2$-gültig.

Satz 2.6.1–3.

Sei A irgendeine $S2$-Formel und seien x, y irgendwelche GZ. Dann gilt:

(1) $\Vdash_{\overline{i}} x \equiv x$.

(2) $\Vdash_{\overline{i}} x \equiv y \rightarrow (A \rightarrow [A, x, y])$.

Beweis:

Ad (1): Sei γ irgendeine nichtleere Klasse und I irgendeine identitätslogische (im folgenden »i.l.«) Interpretation über γ. Dann gilt nach Satz 2.6.1–1.(2) $\mathrm{Mod}(I, x \equiv x, \gamma)$.

Ad (2): Sei γ irgendeine nichtleere Klasse und I irgendeine i.l. Interpretation über γ. Angenommen, I ist *kein* Modell von $x \equiv y \rightarrow (A \rightarrow [A, x, y])$ über γ. Dann ist $\mathrm{Mod}(I, x \equiv y, \gamma)$, $\mathrm{Mod}(I, A, \gamma)$ und $\sim \mathrm{Mod}(I, [A, x, y], \gamma)$. Nach Satz 2.6.1–1.(1) gilt dann $I(x) = I(y)$. Also ergibt sich aufgrund des Überführungstheorems für $S2$ $\mathrm{Mod}(I, [A, x, y], \gamma)$ (Widerspruch!).

Die meisten der früher im Rahmen der Semantik von $S2$ bewiesenen Sätze sind auch in identitätslogischer Version gültig. Die wichtigsten dieser Sätze sind: das Koinzidenztheorem für $S2$, das Überführungstheorem für $S2$, Satz 2.2.5–3, Satz 2.2.5–4, der Übertragungssatz, das Äquivalenztheorem für $S2$, das Ersetzungstheorem für $S2$, Satz 2.2.8–1, der Umbenennungssatz für $S2$, der Kongruenzsatz für $S2$ sowie die Sätze von LÖWENHEIM und LÖWENHEIM/SKOLEM. Ersetzt man in diesen Sätzen die Ausdrücke »$S2$-Interpretation«, »$S2$-erfüllbar«, »$S2$-simultan erfüllbar«, »$S2$-gültig« und »$S2$-Konsequenz« durch die oben definierten entsprechenden identitätslogischen Bezeichnungen, so erhält man gültige Sätze der identitätslogischen Semantik. Die Beweise der dem Satz 2.2.5–4 und den Sätzen von LÖWENHEIM und LÖWENHEIM/SKOLEM entsprechenden identitätslogischen Sätze verlaufen ebenso wie die früheren Beweise. Die übrigen identitätslogischen Sätze ergeben sich aus den früheren leicht mit Hilfe von Satz 2.6.1–2.

Nicht gültig hingegen ist sowohl die identitätslogische Fassung des Inflationstheorems als auch die identitätslogische Fassung des Deflationstheorems. Für das Inflationstheorem kann man das aufgrund der folgenden Tatsache einsehen:

Sei γ die Klasse $\{1\}$, γ^* die Klasse $\{1, 2\}$ und A die Formel $\wedge a_1 a_1 \equiv a_2$. Dann gilt:

(1) A ist i.l. erfüllbar über γ.
(2) A ist nicht i.l. erfüllbar über γ^*.

Beweis:

Ad (1): Sei I eine i.l. Interpretation über γ; sei ferner I' irgendeine $S2$-Interpretation mit $\mathrm{Diff}(I', I, a_1, \gamma)$. Dann gilt $I'(a_1) = I'(a_2)$ und folglich auch $\langle I'(a_1), I'(a_2)\rangle \in I(\equiv)$. Wegen $I'(\equiv) = I(\equiv)$ ergibt sich somit $\langle I'(a_1), I'(a_2)\rangle \in I'(\equiv)$. Also gilt $\mathrm{Mod}(I', a_1 \equiv a_2, \gamma)$. Damit ist gezeigt, daß $\mathrm{Mod}(I, \wedge a_1 a_1 \equiv a_2, \gamma)$.

Ad (2): Angenommen, $\wedge a_1 a_1 \equiv a_2$ ist i.l. erfüllbar über γ^*. Dann gibt es eine i.l. Interpretation I mit $\mathrm{Mod}(I, \wedge a_1 a_1 \equiv a_2, \gamma^*)$. Sei I' diejenige $S2$-Interpretation, für welche gilt: $\mathrm{Diff}(I', I, a_1, \gamma^*)$ und

$$I'(a_1) = \begin{cases} 1, \text{ falls } I(a_2) = 2; \\ 2, \text{ falls } I(a_2) = 1. \end{cases}$$

Dann gilt $\mathrm{Mod}(I', a_1 \equiv a_2, \gamma^*)$ und somit auch $\langle I'(a_1), I'(a_2)\rangle \in I'(\equiv)$, d. h. $\langle I'(a_1), I'(a_2)\rangle \in I(\equiv)$. Also ist $I'(a_1) = I'(a_2)$. Wegen $I'(a_2) = I(a_2)$ ergibt sich folglich $I'(a_1) = I(a_2)$ (Widerspruch!).

In ähnlicher Weise kann man zeigen, daß auch die i.l. Fassung des Deflationstheorems nicht gültig ist. Denn ist γ die Klasse $\{1, 2\}$, γ^* die Klasse $\{1\}$ und A die Formel $\vee a_1 a_1 \not\equiv a_2$, so gilt:

(1) A ist i.l. gültig über γ.
(2) A ist nicht i.l. gültig über γ^*.

Beweis: Übung!

2.6.2. Anzahlformeln

Wir zeigen nun, daß man zu jeder natürlichen Zahl $n (n \geqq 1)$ gewisse $S2$-Formeln angeben kann, die genau dann über einem Gegenstandsbereich γ identitätslogisch erfüllbar sind, wenn γ wenigstens (höchstens, genau) n Elemente enthält. Es handelt sich dabei um sog. *Mindestzahl-*, *Höchstzahl-* und *Anzahlformeln*. Eine gewisse Verallgemeinerung solcher Formeln stellen die sog. *relativierten Mindestzahl-*, *Höchstzahl-* und *Anzahlformeln* dar, mit denen wir uns danach beschäftigen werden. Wie die identitätslogische Semantik die erstgenannten Formeln zu gewissen Mindestzahl-, Höchstzahl- und Anzahlaussagen in Beziehung setzt, so die letztgenannten zu gewissen relativierten Mindestzahl-, Höchstzahl- und Anzahlaussagen (vgl. etwa Satz 2.6.2–2 und Satz 2.6.2–8).

I. Anzahlformeln

a. Mindestzahlformeln

Definition 2.6.2–1.

Sei ϕ eine Funktion aus $\mathbb{N}^2$ in $S2$, für die gilt: sind n, m irgendwelche natürliche Zahlen mit $n \geqq 1$ und $m > n$, so ist

$$\phi(n, m) = \begin{cases} a_n \neq a_{n+1}, \text{ falls } m = n+1; \\ (\phi(n, m-1) \wedge a_n \neq a_m), \text{ falls } m > n+1. \end{cases}$$

Beispiel:

$$\begin{aligned} \phi(1,4) &= (\phi(1,3) \wedge a_1 \neq a_4) \\ &= ((\phi(1,2) \wedge a_1 \neq a_3) \wedge a_1 \neq a_4) \\ &= ((a_1 \neq a_2 \wedge a_1 \neq a_3) \wedge a_1 \neq a_4) \end{aligned}$$

$$\begin{aligned} \phi(2,4) &= (\phi(2,3) \wedge a_2 \neq a_4) \\ &= (a_2 \neq a_3 \wedge a_2 \neq a_4) \end{aligned}$$

$$\phi(3,4) = a_3 \neq a_4$$

Satz 2.6.2–1.

Sind n und r irgendwelche natürliche Zahlen mit $n \geqq 2$ und $r \geqq 0$, ist γ irgendeine nichtleere Klasse und I irgendeine identitätslogische Interpretation über γ, so gilt: I ist ein $S2$-Modell von $\phi(r+1, r+n), \ldots, \phi(r+n-1, r+n)$ über γ gdw für alle i, j mit $r+1 \leqq i, j \leqq r+n$ und $i \neq j$ gilt: $I(a_i) \neq I(a_j)$.

Wir beweisen diesen Satz durch schwache unendliche Induktion nach n.

Induktionsbasis

Sei r irgendeine natürliche Zahl mit $r \geqq 0$, sei γ irgendeine nichtleere Klasse und I irgendeine i.l. Interpretation über γ. Dann gilt:

$$\begin{aligned}\mathrm{Mod}(I, \phi(r+1, r+2), \gamma) \text{ gdw } & \mathrm{Mod}(I, a_{r+1} \not\equiv a_{r+2}, \gamma) \\ \text{gdw } & I(a_{r+1}) \neq I(a_{r+2}).\end{aligned}$$

Induktionsschritt

Seien k und r irgendwelche natürliche Zahlen mit $k \geqq 2$ und $r \geqq 0$, sei γ irgendeine nichtleere Klasse und I irgendeine i.l. Interpretation über γ.

Angenommen, I ist ein $S2$-Modell von $\phi(r+1, r+k+1), \ldots, \phi(r+k, r+k+1)$ über γ. Dann ist I ein $S2$-Modell von $\phi(r+1, r+k), \ldots, \phi(r+k-1, r+k)$ und von $a_{r+1} \not\equiv a_{r+k+1}, \ldots, a_{r+k} \not\equiv a_{r+k+1}$. Also gilt nach I.V. für alle i, j mit $r+1 \leqq i, j \leqq r+k$ und $i \neq j$: $I(a_i) \neq I(a_j)$. Da I eine i.l. Interpretation ist, gilt ferner $I(a_{r+1}) \neq I(a_{r+k+1}), \ldots, I(a_{r+k}) \neq I(a_{r+k+1})$. Es gilt somit für alle i, j mit $r+1 \leqq i, j \leqq r+k+1$ und $i \neq j$: $I(a_i) \neq I(a_j)$.

Die andere Richtung der Behauptung ergibt sich in umgekehrter Weise.

Wir definieren nun eine Funktion, die jeder positiven natürlichen Zahl eine bestimmte Mindestzahlformel zuordnet.

Definition 2.6.2–2.

Sei σ diejenige Funktion von $\mathbb{N}^+$ in $S2$, für die gilt: Ist n irgendeine positive natürliche Zahl, so ist

$$\sigma(n) = \begin{cases} \vee a_1 a_1 \equiv a_1, \text{ falls } n = 1; \\ \vee a_1 \vee a_2 \phi(1, 2), \text{ falls } n = 2; \\ \vee a_1 \ldots \vee a_n(\ldots(\phi(1, n) \wedge \phi(2, n)) \wedge \ldots \wedge \phi(n-1, n)), \\ \text{falls } n \geqq 3. \end{cases}$$

Konvention:

Ist n eine positive natürliche Zahl, so bezeichnen wir die Formel $\sigma(n)$ auch dadurch, daß wir über das Zeichen »$\bigvee$« einen Namen von n schreiben.

Beispiel:

$$\begin{aligned}\overset{4}{\bigvee} &= \vee a_1 \vee a_2 \vee a_3 \vee a_4((\phi(1, 4) \wedge \phi(2, 4)) \wedge \phi(3, 4)) \\ &= \vee a_1 \vee a_2 \vee a_3 \vee a_4((((a_1 \not\equiv a_2 \wedge a_1 \not\equiv a_3) \wedge a_1 \not\equiv a_4) \\ &\quad \wedge (a_2 \not\equiv a_3 \wedge a_2 \not\equiv a_4)) \wedge a_3 \not\equiv a_4)\end{aligned}$$

Satz 2.6.2–2.

Sei γ irgendeine nichtleere Klasse und n irgendeine positive natürliche Zahl. Dann gilt: Wenn $\overset{n}{\bigvee}$ über γ identitätslogisch erfüllbar ist, dann enthält γ mindestens n Elemente.

Beweis: Angenommen, $\overset{n}{\bigvee}$ ist i.l. erfüllbar über γ.

Fall 1: $n=1$.

Der Bereich γ enthält mindestens 1 Element.

Fall 2: $n=2$.

Dann ist $\overset{n}{\bigvee} = \vee a_1 \vee a_2 a_1 \not\equiv a_2$. Nach Voraussetzung existiert eine i.l. Interpretation I über γ mit Mod$(I, \overset{n}{\bigvee}, \gamma)$. Also gibt es eine $S2$-Interpretation I' über γ mit Diff$(I', I, a_1, a_2, \gamma)$ und Mod$(I', a_1 \not\equiv a_2, \gamma)$. Da auch I' eine i.l. Interpretation ist, erhält man $I'(a_1) \neq I'(a_2)$. Folglich enthält γ mindestens 2 Elemente.

Fall 3: $n \geqq 3$.

Dann ist $\overset{n}{\bigvee} = \vee a_1 \dots \vee a_n (\dots(\phi(1,n) \wedge \phi(2,n)) \wedge \dots \wedge \phi(n-1,n))$. Nach Voraussetzung existiert eine i.l. Interpretation I über γ mit Mod$(I, \overset{n}{\bigvee}, \gamma)$. Also gibt es eine $S2$-Interpretation I' über γ mit Diff$(I', I, a_1, \dots, a_n, \gamma)$ und Mod$(I', (\dots(\phi(1, n) \wedge \phi(2, n)) \wedge \dots \wedge \phi(n-1, n)), \gamma)$. Da auch I' eine i.l. Interpretation ist, gilt aufgrund von Satz 2.6.2–1 für alle i, j mit $1 \leqq i, j \leqq n$ und $i \neq j: I(a_i) \neq I(a_j)$. Folglich enthält γ mindestens n Elemente.

Zum Beweis des nächsten Satzes benötigen wir folgendes

Lemma

Ist n irgendeine natürliche Zahl mit $n \geqq 3$ und γ irgendeine Klasse, die mindestens n Elemente enthält, so ist $\overset{n}{\bigvee}$ identitätslogisch gültig über γ.

Wir beweisen dieses Lemma durch schwache unendliche Induktion nach n.

Induktionsbasis

Sei γ irgendeine Klasse, die mindestens 3 Elemente enthält. Seien ferner $\alpha_1, \alpha_2, \alpha_3$ voneinander verschiedene Elemente aus γ. Angenommen nun, I ist irgendeine i.l. Interpretation über γ. Wir können dann 3 $S2$-Interpretationen I_1, I_2 und I_3 so definieren, daß gilt:

$\text{Diff}(I_1, I, a_1, \gamma)$ und $I_1(a_1) = \alpha_1$;
$\text{Diff}(I_2, I_1, a_2, \gamma)$ und $I_2(a_2) = \alpha_2$;
$\text{Diff}(I_3, I_2, a_3, \gamma)$ und $I_3(a_3) = \alpha_3$.

Hieraus ergibt sich $I_3(a_1) = \alpha_1$, $I_3(a_2) = \alpha_2$ und $I_3(a_3) = \alpha_3$. Da I_3 eine i.l. Interpretation ist, erhält man also

$$\text{Mod}(I_3, ((a_1 \mathrel{\ne\!\!\!=} a_2 \wedge a_1 \mathrel{\ne\!\!\!=} a_3) \wedge a_2 \mathrel{\ne\!\!\!=} a_3), \gamma).$$

Folglich gilt

$$\text{Mod}(I_2, \bigvee a_3((a_1 \mathrel{\ne\!\!\!=} a_2 \wedge a_1 \mathrel{\ne\!\!\!=} a_3) \wedge a_2 \mathrel{\ne\!\!\!=} a_3), \gamma),$$

also auch

$$\text{Mod}(I_1, \bigvee a_2 \bigvee a_3((a_1 \mathrel{\ne\!\!\!=} a_2 \wedge a_1 \mathrel{\ne\!\!\!=} a_3) \wedge a_2 \mathrel{\ne\!\!\!=} a_3), \gamma)$$

und somit schließlich

$$\text{Mod}(I, \bigvee a_1 \bigvee a_2 \bigvee a_3((a_1 \mathrel{\ne\!\!\!=} a_2 \wedge a_1 \mathrel{\ne\!\!\!=} a_3) \wedge a_2 \mathrel{\ne\!\!\!=} a_3), \gamma).$$

Damit ist gezeigt, daß $\overset{3}{\bigvee}$ über γ i.l. gültig ist.

Induktionsschritt

Sei k irgendeine natürliche Zahl mit $k \geqq 3$ und γ irgendeine Klasse, die mindestens $k+1$ Elemente enthält. Dann enthält γ mindestens k Elemente, und man kann somit unter Verwendung der I.V. darauf schließen, daß $\overset{k}{\bigvee}$ über γ i.l. gültig ist. Sei nun I irgendeine i.l. Interpretation über γ. Dann gilt $\text{Mod}(I, \overset{k}{\bigvee}, \gamma)$. Es existiert folglich eine $S2$-Interpretation I' mit $\text{Diff}(I', I, a_1, \ldots, a_k, \gamma)$ und

$$\text{Mod}(I', (\ldots(\phi(1, k) \wedge \phi(2, k)) \wedge \ldots \wedge \phi(k-1, k)), \gamma).$$

Da γ voraussetzungsgemäß mindestens $k+1$ Elemente enthält, gibt es ein α aus γ mit $I'(a_1) \neq \alpha, \ldots, I'(a_k) \neq \alpha$. Sei nun I'' diejenige $S2$-Interpretation, für welche gilt: $\text{Diff}(I'', I', a_{k+1}, \gamma)$ und $I''(a_{k+1}) = \alpha$. Dann ist $I''(a_1) \neq I''(a_{k+1}), \ldots, I''(a_k) \neq I''(a_{k+1})$. Da I'' eine i.l. Interpretation ist, gilt folglich $\text{Mod}(I'', a_1 \mathrel{\ne\!\!\!=} a_{k+1}, \gamma), \ldots, \text{Mod}(I'', a_k \mathrel{\ne\!\!\!=} a_{k+1}, \gamma)$. Weil a_{k+1} in der Formel

$$(\ldots(\phi(1, k) \wedge \phi(2, k)) \wedge \ldots \wedge \phi(k-1, k))$$

nicht frei vorkommt, gilt somit nach Satz 2.2.2–2

$$\text{Mod}(I'', (\ldots(\phi(1, k) \wedge \phi(2, k)) \wedge \ldots \wedge \phi(k-1, k)), \gamma).$$

Also ist $\text{Mod}(I'', \phi(1, k), \gamma), \ldots, \text{Mod}(I'', \phi(k-1, k), \gamma)$. Es ergibt sich folglich $\text{Mod}(I'', (\phi(1, k) \wedge a_1 \not\equiv a_{k+1}), \gamma), \ldots, \text{Mod}(I'', (\phi(k-1, k) \wedge a_{k-1} \not\equiv a_{k+1}), \gamma)$ und daher auch

$$\text{Mod}(I'', (\ldots(\phi(1, k+1) \wedge \phi(2, k+1)) \wedge \ldots \wedge \phi(k, k+1)), \gamma).$$

Hieraus folgt schließlich $\text{Mod}(I, \overset{k+1}{\bigvee}, \gamma)$.

Satz 2.6.2–3.

Sei n irgendeine natürliche Zahl mit $n \geqq 1$ und γ irgendeine Klasse, die mindestens n Elemente enthält. Dann ist $\overset{n}{\bigvee}$ identitätslogisch gültig über γ.

Beweis: Angenommen, es gelten die Voraussetzungen.

Fall 1: $n = 1$.

Sei I irgendeine i.l. Interpretation über γ. Dann ist $\text{Mod}(I, a_1 \equiv a_1, \gamma)$ und daher auch $\text{Mod}(I, \vee a_1 a_1 \equiv a_1, \gamma)$.

Fall 2: $n = 2$. Übung!

Fall 3: $n \geqq 3$.

Dann ergibt sich die Behauptung mit dem vorangehenden Lemma.

Von zentraler Bedeutung für die Semantik der Mindestzahlformeln ist der nun folgende

Satz 2.6.2–4.

Sei n irgendeine natürliche Zahl mit $n \geqq 1$ und γ irgendeine nichtleere Klasse. Dann gilt:

(1) $\overset{n}{\bigvee}$ ist identitätslogisch erfüllbar über γ gdw γ mindestens n Elemente enthält.

(2) $\overset{n}{\bigvee}$ ist identitätslogisch gültig über γ gdw γ mindestens n Elemente enthält.

Dieser Satz ergibt sich leicht unter Verwendung der Sätze 2.6.2–2 und 2.6.2–3, wobei zu berücksichtigen ist, daß jede über γ i.l. gültige Formel auch über γ i.l. erfüllbar ist. Als Folgesatz erhält man aus Satz 2.6.2–4 sofort den

Satz 2.6.2–5.

Sei n irgendeine natürliche Zahl mit $n \geqq 1$ und γ irgendeine nichtleere Klasse. Dann gilt:

$\overset{n}{\bigvee}$ ist identitätslogisch gültig über γ gdw $\overset{n}{\bigvee}$ über γ identitätslogisch erfüllbar ist.

b. Höchstzahlformeln

Die Höchstzahlformeln lassen sich definitorisch auf die Mindestzahlformeln zurückführen. Dabei ist der Gedanke maßgebend, daß eine Klasse dann und nur dann höchstens n Elemente enthält, wenn es nicht der Fall ist, daß sie mindestens $n+1$ Elemente enthält.

Konvention:

Ist n irgendeine positive natürliche Zahl, so bezeichnen wir die Formel $\neg\overset{n+1}{\bigvee}$ (d. h. die Formel $\neg\sigma(n+1)$) auch dadurch, daß wir über das erste Symbol des Ausdrucks »$\bigvee$!« einen Namen von n schreiben.

Für Höchstzahlformeln gilt nun der

Satz 2.6.2–6.

Sei n irgendeine natürliche Zahl mit $n \geqq 1$ und γ irgendeine nichtleere Klasse. Dann gilt:

(1) $\overset{n}{\bigvee}!$ ist identitätslogisch erfüllbar über γ gdw γ höchstens n Elemente enthält.

(2) $\overset{n}{\bigvee}!$ ist identitätslogisch gültig über γ gdw γ höchstens n Elemente enthält.

(3) $\overset{n}{\bigvee}!$ ist identitätslogisch gültig über γ gdw $\overset{n}{\bigvee}!$ über γ identitätslogisch erfüllbar ist.

Dieser Satz ergibt sich leicht unter Verwendung von Satz 2.6.2–4.

c. Anzahlformeln

Die Anzahlformeln setzen sich aus Mindestzahl- und Höchstzahlformeln zusammen.

Konvention:

Ist n irgendeine positive natürliche Zahl, so bezeichnen wir die Formel $(\overset{n}{\bigvee} \wedge \overset{n}{\bigvee}!)$ dadurch, daß wir über das erste Symbol des Ausdrucks »$\bigvee$!!« einen Namen von n schreiben.

Satz 2.6.2–7.

Sei n irgendeine natürliche Zahl mit $n \geqq 1$ und γ irgendeine nichtleere Klasse. Dann gilt:

(1) $\overset{n}{\bigvee}!!$ ist identitätslogisch erfüllbar über γ gdw γ genau n Elemente enthält.

(2) $\overset{n}{\bigvee}!!$ ist identitätslogisch gültig über γ gdw γ genau n Elemente enthält.

(3) $\overset{n}{\bigvee}!!$ ist identitätslogisch gültig über γ gdw $\overset{n}{\bigvee}!!$ über γ identitätslogisch erfüllbar ist.

Dieser Satz ergibt sich leicht unter Verwendung der Sätze 2.6.2–4 und 2.6.2–6.

Aufgabe: Man zeige, daß für alle positiven natürlichen Zahlen n, m mit $n > m$ gilt:

(1) $\Vdash_{\overline{i}} \overset{n}{\bigvee} \rightarrow \overset{m}{\bigvee}$

(2) $\Vdash_{\overline{i}} \overset{m}{\bigvee}! \rightarrow \overset{n}{\bigvee}!$

II. Relativierte Anzahlformeln

a. Relativierte Mindestzahlformeln

Wir definieren zunächst eine Funktion, deren Werte relativierte Mindestzahlformeln sind.

Sei τ diejenige Funktion auf der Klasse aller Tripel $\langle n, x, A\rangle$ mit $n \in \mathbb{N}^+$, $x \in gz$, $A \in S2$ und $\mathrm{Fr}(x, A)$, für welche gilt:

(a) ist $n = 1$, so ist $\tau(n, x, A) = \vee x A$;

(b) ist $n = 2$, so ist

$$\tau(n, x, A) = \vee a_{r+1} \vee a_{r+2}(\phi(r+1, r+2) \wedge ([A, x, a_{r+1}] \wedge [A, x, a_{r+2}]));$$

(c) ist $n \geqq 3$, so ist

$$\tau(n, x, A) = \bigvee a_{r+1} \ldots \bigvee a_{r+n}((\ldots(\phi(r+1, r+n) \wedge \phi(r+2, r+n)) \wedge \ldots \wedge \phi(r+n-1, r+n)) \wedge (\ldots([A, x, a_{r+1}] \wedge [A, x, a_{r+2}]) \wedge \ldots \wedge [A, x, a_{r+n}])).$$

Dabei sei a_r das GZ mit der größten Strichzahl, das in A vorkommt.

Beispiel:

$$\begin{aligned}\tau(2, a_1, F_1^1 a_1) &= \bigvee a_2 \bigvee a_3(\phi(2,3) \wedge (F_1^1 a_2 \wedge F_1^1 a_3)) \\ &= \bigvee a_2 \bigvee a_3(a_2 \neq a_3 \wedge (F_1^1 a_2 \wedge F_1^1 a_3))\end{aligned}$$

$$\begin{aligned}\tau(3, a_2, F_1^2 a_2 a_4) &= \bigvee a_5 \bigvee a_6 \bigvee a_7((\phi(5,7) \wedge \phi(6,7)) \\ &\quad \wedge ((F_1^2 a_5 a_4 \wedge F_1^2 a_6 a_4) \wedge F_1^2 a_7 a_4)) \\ &= \bigvee a_5 \bigvee a_6 \bigvee a_7(((a_5 \neq a_6 \wedge a_5 \neq a_7) \wedge a_6 \neq a_7) \\ &\quad \wedge ((F_1^2 a_5 a_4 \wedge F_1^2 a_6 a_4) \wedge F_1^2 a_7 a_4))\end{aligned}$$

Konvention:

Ist n eine positive natürliche Zahl, x ein GZ und A eine $S2$-Formel mit $\mathrm{Fr}(x, A)$, so bezeichnen wir die Formel $\tau(n, x, A)$ auch dadurch, daß wir das Zeichen »$\bigvee$« schreiben, dann einen Namen von x, darauf einen Namen von A, und schließlich über »$\bigvee$« einen Namen von n.

Zur Formulierung der nächsten Sätze führen wir noch eine weitere *Konvention* ein:

Ist γ eine nichtleere Klasse, I eine $S2$-Interpretation über γ, x ein GZ und α ein Element von γ, so bezeichnen wir diejenige $S2$-Interpretation, die von I höchstens in x bezüglich γ differiert und dem GZ x das Objekt α zuordnet, indem wir einen Namen von I rechts oben mit einem Namen von x und rechts unten mit einem Namen von α versehen.

Um das Verständnis des nächsten Satzes zu erleichtern, betrachten wir zunächst die semantischen Eigenschaften einer speziellen relativierten Mindestzahlformel.

Sei γ eine nichtleere Klasse und I eine identitätslogische Interpretation über γ. Dann sind die folgenden drei Behauptungen äquivalent:

(1) $\mathrm{Mod}(I, \overset{2}{\bigvee} a_1 F_1^1 a_1, \gamma)$.
(2) Es gibt mindestens 2 Elemente α_1, α_2 aus γ mit $\mathrm{Mod}(I_{\alpha_1}^{a_1}, F_1^1 a_1, \gamma)$ und $\mathrm{Mod}(I_{\alpha_2}^{a_1}, F_1^1 a_1, \gamma)$.
(3) $I(F_1^1)$ enthält mindestens 2 Elemente.

Um die Äquivalenz dieser drei Behauptungen zu zeigen, genügt es, folgendes nachzuweisen:

(a) Wenn (1) gilt, dann gilt (2).
(b) Wenn (2) gilt, dann gilt (3).
(c) Wenn (3) gilt, dann gilt (1).

Ad (a): Angenommen, es gilt (1). Dann ist

$$\mathrm{Mod}(I, \vee a_2 \vee a_3(a_2 \not\equiv a_3 \wedge (F_1^1 a_2 \wedge F_1^1 a_3)), \gamma).$$

Also gibt es eine i.l. Interpretation K mit $\mathrm{Diff}(K, I, a_2, a_3, \gamma)$ und

$$\mathrm{Mod}(K, (a_2 \not\equiv a_3 \wedge (F_1^1 a_2 \wedge F_1^1 a_3)), \gamma).$$

Es gilt folglich $K(a_2) \neq K(a_3)$, $K(a_2) \in K(F_1^1)$ und $K(a_3) \in K(F_1^1)$. Wegen

$$I_{K(a_2)}^{a_1}(a_1) = K(a_2) \text{ und } I_{K(a_3)}^{a_1}(a_1) = K(a_3)$$

erhält man

$$I_{K(a_2)}^{a_1}(a_1) \in I_{K(a_2)}^{a_1}(F_1^1) \text{ und } I_{K(a_3)}^{a_1}(a_1) \in I_{K(a_3)}^{a_1}(F_1^1).$$

Also ist $\mathrm{Mod}(I_{K(a_2)}^{a_1}, F_1^1 a_1, \gamma)$ und $\mathrm{Mod}(I_{K(a_3)}^{a_1}, F_1^1 a_1, \gamma)$. Infolgedessen gilt (2).

Ad (b): Angenommen, es gilt (2). Dann ist

$$I_{\alpha_1}^{a_1}(a_1) \in I_{\alpha_1}^{a_1}(F_1^1) \text{ und } I_{\alpha_2}^{a_1}(a_1) \in I_{\alpha_2}^{a_1}(F_1^1).$$

Folglich gilt (3).

Ad (c): Angenommen, es gilt (3). Seien α_1, α_2 verschiedene Elemente aus $I(F_1^1)$. Sei ferner I' diejenige $S2$-Interpretation, für welche gilt: $\mathrm{Diff}(I', I, a_2, a_3, \gamma)$, $I'(a_2) = \alpha_1$ und $I'(a_3) = \alpha_2$. Da I' eine i.l. Interpretation ist, gilt folglich $I'(a_2) \in I'(F_1^1)$ und $I'(a_3) \in I'(F_1^1)$. Also ergibt sich $\mathrm{Mod}(I', F_1^1 a_2, \gamma)$ und $\mathrm{Mod}(I', F_1^1 a_3, \gamma)$. Infolgedessen gilt (1).

Wir kommen nun zu dem angekündigten Satz über relativierte Mindestzahlformeln.

Satz 2.6.2–8.

Sei n irgendeine natürliche Zahl mit $n \geqq 1$, γ irgendeine nichtleere Klasse, I irgendeine identitätslogische Interpretation über γ, A irgendeine $S2$-Formel und x irgendein GZ mit $\mathrm{Fr}(x, A)$.

Dann gilt:

$\mathrm{Mod}(I, \overset{n}{\bigvee} xA, \gamma)$ gdw es mindestens n Elemente $\alpha_1, \ldots, \alpha_n$ aus γ gibt mit $\mathrm{Mod}(I^x_{\alpha_1}, A, \gamma), \ldots, \mathrm{Mod}(I^x_{\alpha_n}, A, \gamma)$.

Beweis: Wir unterscheiden drei Fälle.

Fall 1: $n=1$.

1.1: Angenommen, es gilt $\mathrm{Mod}(I, \overset{1}{\bigvee} xA, \gamma)$.

Dann ist $\mathrm{Mod}(I, \vee xA, \gamma)$, und es existiert daher eine $S2$-Interpretation K mit $\mathrm{Diff}(K, I, x, \gamma)$ und $\mathrm{Mod}(K, A, \gamma)$. Wegen $\mathrm{Diff}(I^x_{K(x)}, I, x, \gamma)$ gilt dann $\mathrm{Diff}(I^x_{K(x)}, K, x, \gamma)$. Da ferner $I^x_{K(x)}(x) = K(x)$, ergibt sich also $I^x_{K(x)} = K$ und folglich auch $\mathrm{Mod}(I^x_{K(x)}, A, \gamma)$.

1.2: Angenommen, es gibt ein α aus γ mit $\mathrm{Mod}(I^x_\alpha, A, \gamma)$.

Wegen $\mathrm{Diff}(I^x_\alpha, I, x, \gamma)$ ergibt sich dann $\mathrm{Mod}(I, \vee xA, \gamma)$.

Fall 2: $n=2$.

Dann ergibt sich die Behauptung in analoger Weise wie im Fall 3.

Fall 3: $n \geqq 3$.

3.1: Angenommen, es gilt $\mathrm{Mod}(I, \overset{n}{\bigvee} xA, \gamma)$.

Sei a_r das GZ mit der größten Strichzahl, das in A vorkommt. Dann gibt es eine i.l. Interpretation K mit $\mathrm{Diff}(K, I, a_{r+1}, \ldots, a_{r+n}, \gamma)$, die ein Modell von $\phi(r+1, r+n), \ldots, \phi(r+n-1, r+n)$ und von $[A, x, a_{r+1}], \ldots, [A, x, a_{r+n}]$ über γ ist. Nach Satz 2.6.2–1 gilt folglich für alle i, j mit $r+1 \leqq i, j \leqq r+n$ und $i \neq j: K(a_i) \neq K(a_j)$. Für jedes $i(r+1 \leqq i \leqq r+n)$ sei nun I_i diejenige $S2$-Interpretation, für welche gilt: $\mathrm{Diff}(I_i, K, x, \gamma)$ und $I_i(x) = K(a_i)$. Dann gilt aufgrund des Überführungstheorems $\mathrm{Mod}(I_i, A, \gamma)$. Wegen $\mathrm{Diff}(I_i, I^x_{K(a_i)}, x, a_{r+1}, \ldots, a_{r+n}, \gamma)$ und $I_i(x) = I^x_{K(a_i)}(x)$ gilt ferner $\mathrm{Diff}(I_i, I^x_{K(a_i)}, a_{r+1}, \ldots, a_{r+n}, \gamma)$. Da die GZ $a_{r+1}, \ldots, a_{r+n}$ voraussetzungsgemäß nicht in A vorkommen, ist folglich $\mathrm{Koinz}(I_i, I^x_{K(a_i)}, A, \gamma)$. Aufgrund des Koinzidenztheorems gilt daher $\mathrm{Mod}(I^x_{K(a_i)}, A, \gamma)$.

3.2: Angenommen, es gibt mindestens n Elemente $\alpha_1, \ldots, \alpha_n$ aus γ mit $\mathrm{Mod}(I^x_{\alpha_1}, A, \gamma), \ldots, \mathrm{Mod}(I^x_{\alpha_n}, A, \gamma)$.

Sei a_r das GZ mit der größten Strichzahl, das in A vorkommt, und sei $b_i = a_{r+i} (1 \leqq i \leqq n)$. Sei ferner K diejenige $S2$-Interpretation, für welche gilt: Diff$(K, I, b_1, \ldots, b_n, \gamma)$ und $K(b_1)=\alpha_1, \ldots, K(b_n)=\alpha_n$. Sei schließlich für jedes $i(1 \leqq i \leqq n)$ I_i diejenige $S2$-Interpretation, für welche gilt: Diff(I_i, K, x, γ) und $I_i(x)=K(b_i)$. Wegen $I_i(x)=I^x_{\alpha_i}(x)$ gilt dann Koinz$(I_i, I^x_{\alpha_i}, A, \gamma)$. Also ergibt sich aufgrund des Koinzidenztheorems Mod(I_i, A, γ). Mit Hilfe des Überführungstheorems erhält man daher Mod$(K, [A, x, b_i], \gamma)$. Da außerdem für alle i, j mit $1 \leqq i, j \leqq n$ und $i \neq j$ gilt: $K(b_i) \neq K(b_j)$, folgt schließlich wegen Satz 2.6.2–1 Mod$(I, \overset{n}{\bigvee} xA, \gamma)$.

b. Relativierte Höchstzahlformeln

Konvention:

Ist n eine positive natürliche Zahl, x ein GZ und A eine $S2$-Formel mit Fr(x, A), so bezeichnen wir die Formel $\neg \overset{n+1}{\bigvee} xA$ (d. h. die Formel $\neg \tau(n+1, x, A)$) auch dadurch, daß wir »$\bigvee$!« schreiben, dann einen Namen von x, darauf einen Namen von A und schließlich über »$\bigvee$« einen Namen von n.

Unter Verwendung von Satz 2.6.2–8 ergibt sich nun leicht der

Satz 2.6.2–9.

Sei n irgendeine natürliche Zahl mit $n \geqq 1$, γ irgendeine nichtleere Klasse, I irgendeine identitätslogische Interpretation über γ, A irgendeine $S2$-Formel und x irgendein GZ mit Fr(x, A). Dann gilt:

Mod$(I, \overset{n}{\bigvee} !xA, \gamma)$ gdw es höchstens n Elemente $\alpha_1, \ldots, \alpha_n$ aus γ gibt mit Mod$(I^x_{\alpha_1}, A, \gamma), \ldots,$ Mod$(I^x_{\alpha_n}, A, \gamma)$.

c. Relativierte Anzahlformeln

Konvention:

Ist n eine positive natürliche Zahl, x ein GZ und A eine $S2$-Formel mit Fr(x, A), so bezeichnen wir die Formel $(\overset{n}{\bigvee} xA \wedge \overset{n}{\bigvee} !xA)$ auch dadurch, daß wir »$\bigvee$!!« schreiben, dann einen Namen von x, darauf einen Namen von A und schließlich über »$\bigvee$« einen Namen von n.

Satz 2.6.2–10.

Sei n irgendeine natürliche Zahl mit $n \geqq 1$, γ irgendeine nichtleere Klasse, I irgendeine identitätslogische Interpretation über γ, A irgendeine $S2$-Formel und x irgendein GZ mit $\mathrm{Fr}(x, A)$. Dann gilt:

$\mathrm{Mod}(I, \overset{n}{\bigvee}!!xA, \gamma)$ gdw es genau n Elemente $\alpha_1, \ldots, \alpha_n$ aus γ gibt mit $\mathrm{Mod}(I^x_{\alpha_1}, A, \gamma), \ldots, \mathrm{Mod}(I^x_{\alpha_n}, A, \gamma)$.

Dieser Satz ergibt sich unmittelbar aus den Sätzen 2.6.2–8 und 2.6.2–9.

Aufgabe: Es sei eine dreistellige Funktion ψ folgendermaßen induktiv definiert:

(1) Ist x irgendein GZ und A irgendeine $S2$-Formel mit $\mathrm{Fr}(x, A)$, so ist $\psi(1, x, A) = \bigvee xA$.

(2) Ist n irgendeine natürliche Zahl mit $n \geqq 1$, x irgendein GZ und A irgendeine $S2$-Formel mit $\mathrm{Fr}(x, A)$, so ist $\psi(n+1, x, A) = \bigvee x(A \wedge \psi(n, y, ([A, x, y] \wedge x \not\equiv y)))$, wobei y das GZ mit der kleinsten Strichzahl ist, das nicht in A vorkommt.

Man zeige, daß für alle natürlichen Zahlen $n (n \geqq 1)$, alle GZ x und alle $S2$-Formeln A mit $\mathrm{Fr}(x, A)$ gilt: $\Vdash_{\overline{i}} \overset{n}{\bigvee} xA \leftrightarrow \psi(n, x, A)$.

2.7. Das identitätslogische axiomatische System *Π3*

In 2.3 haben wir gesagt, daß erst die Prädikatenkalküle erster Stufe mit Identität als Formalisierungen der elementaren Logik betrachtet werden können. Als ein Prädikatenkalkül erster Stufe mit Identität wird sich das axiomatische System *Π3* erweisen. Denn wir werden beweisen, daß *Π3* bezüglich der Klasse der identitätslogisch gültigen $S2$-Formeln adäquat ist, daß also *Π3* die Elemente dieser Klasse syntaktisch auszeichnet. Da die Klasse der $S2$-gültigen Formeln eine echte Teilklasse der Klasse der identitätslogisch gültigen Formeln ist, ist jedes Theorem von *Π2* also auch ein Theorem von *Π3* – aber nicht umgekehrt.

Wir werden das System *Π3* einfach dadurch erhalten, daß wir die Axiomenklasse von *Π2* um spezifisch identitätslogisch gültige $S2$-Formeln erweitern, im wesentlichen um die Formeln der Gestalt $x \equiv x$ und der Gestalt $x \equiv y \rightarrow (A \rightarrow [A, x, y])$ (mit $\mathrm{Frf}(x, y, A)$). Es ist daher zu erwarten, daß nicht nur alle Lehrsätze über *Π2* auch für *Π3* gelten, sondern daß auch alle anderen metatheoretischen Sätze über *Π2* ihre Gültigkeit für den neuen Kalkül behalten. Während *Π2* nur in einem etwas ungenauen Sinn als eine Erweiterung von *Π1* aufgefaßt werden kann – die Sprache von *Π1* ist ja keine Teilklasse der Sprache von *Π2* –, ist *Π3* hingegen im präzisen Sinn eine Erweiterung von *Π2*. Denn die Sprache von *Π3* ist mit der Sprache von *Π2* identisch, die Axiomenklasse von *Π3* ist eine Oberklasse der Axiomenklasse von *Π2*, und die Regelklasse von *Π3* ist mit der Regelklasse von *Π2* identisch.

2.7.1. Definition von *Π3*

Um die Axiomenklasse von *Π3* festzulegen, bestimmen wir zunächst zwei weitere Teilklassen von *S2*:

$\alpha 20$ sei die Klasse aller derjenigen *S2*-Formeln *D*, für welche gilt: es gibt ein Gegenstandszeichen *x* derart, daß

$$D = x \equiv x.$$

$\alpha 21$ sei die Klasse aller derjenigen *S2*-Formeln *D*, für welche gilt: es gibt eine *S2*-Formel *A* sowie Gegenstandszeichen *x*, *y* derart, daß Frf(*x*, *y*, *A*) und

$$D = x \equiv y \rightarrow (A \rightarrow [A, x, y]).$$

Wir definieren nun:

Eine *S2*-Formel ist ein *Π3*-Axiom gdw sich dies aufgrund folgender Bestimmungen ergibt:

(1) Jedes Element von $\alpha 1^* \cup \ldots \cup \alpha 13^* \cup \alpha 14 \cup \ldots \cup \alpha 21$ ist ein *Π3*-Axiom.

(2) Ist *A* ein *Π3*-Axiom und *x* ein Gegenstandszeichen mit Fr(*x*, *A*), so ist die Formel $\wedge xA$ ein *Π3*-Axiom.

Ferner sei *P3* die Klasse aller *Π3*-Axiome. Das System *Π3* sei dann das Tripel $\langle S2, P3, R2 \rangle$.

Die Begriffe *Beweis* in *Π3*, *Beweis für* eine *S2*-Formel in *Π3*, *Theorem* von *Π3* (*beweisbar* in *Π3*), *Ableitung* einer *S2*-Formel aus einer *S2*-Formelklasse in *Π3* und *ableitbar* aus einer *S2*-Formelklasse in *Π3* seien wieder genauso definiert wie in 1.3.2 bzw. 1.3.3. Ferner seien wie früher abkürzende Ausdrucksweisen mit Hilfe des Symbols »$\vdash_{\Pi 3}$« (kurz »$\vdash$«) festgelegt.

Wie man leicht erkennt, gelten sämtliche Sätze von 2.3.1–2.3.4 auch im Rahmen von *Π3*. Man erhält die jeweilige identitätslogische Version dieser Sätze, indem man einfach »*Π2*« durch »*Π3*« ersetzt.

Die so gewonnenen neuen Sätze werden wir dadurch bezeichnen, daß wir die alten Satzbezeichnungen rechts oben mit dem Buchstaben »i« (für »identitätslogisch«) versehen.

2.7.2. Lehrsätze über *Π3*

Wir geben einige der wichtigsten Lehrsätze der Prädikatenlogik erster Stufe mit Identität an.

Sei A irgendeine $S2$-Formel und seien x, y, z irgendwelche GZ. Dann gilt:

LS (143) $\vdash \bigwedge x x \equiv x$
(144) $\vdash \bigwedge x \bigvee y x \equiv y$
(145) $\vdash \bigvee x \bigvee y x \equiv y$
(146) $\vdash x \equiv y \rightarrow y \equiv x$
(147) $\vdash x \equiv y \leftrightarrow y \equiv x$
(148) $\vdash x \not\equiv y \leftrightarrow y \not\equiv x$
(149) $\vdash x \equiv y \wedge y \equiv z \rightarrow x \equiv z$
(150) $\vdash x \equiv y \wedge x \not\equiv z \rightarrow y \not\equiv z$
(151) $\vdash x \equiv y \rightarrow (A \leftrightarrow [A, x, y])$
(152) $\vdash A \leftrightarrow \bigwedge y(x \equiv y \rightarrow [A, x, y])$, falls $\sim \mathrm{Fr}(y, A)$
(153) $\vdash A \leftrightarrow \bigvee y(x \equiv y \wedge [A, x, y])$, falls $\sim \mathrm{Fr}(y, A)$

Ad (144):

1	$\vdash \bigwedge y x \not\equiv y \rightarrow x \not\equiv x$	*α14*
2	$\vdash x \equiv x \rightarrow \neg \bigwedge y x \not\equiv y$	
3	$\vdash x \equiv x$	*α20*
4	$\vdash \neg \bigwedge y x \not\equiv y$	
5	$\vdash \neg \bigwedge y x \not\equiv y \leftrightarrow \bigvee y \neg x \not\equiv y$	LS (115)^{i}
6	$\vdash \bigvee y \neg x \not\equiv y$	
7	$\vdash \bigvee y x \equiv y$	ET^{i}
8	$\vdash \bigwedge x \bigvee y x \equiv y$	Satz 2.3.2–4^{i}

Ad (146): Sei u ein GZ mit $u \neq x$ und $u \neq y$.

1	$\vdash x \equiv y \rightarrow (x \equiv u \rightarrow y \equiv u)$	*α21*
2	$\vdash \bigwedge u(x \equiv y \rightarrow (x \equiv u \rightarrow y \equiv u))$	Satz 2.3.2–4^{i}
3	$\vdash \bigwedge u(x \equiv y \rightarrow (x \equiv u \rightarrow y \equiv u)) \rightarrow$ $(x \equiv y \rightarrow (x \equiv x \rightarrow y \equiv x))$	*α14*
4	$\vdash x \equiv y \rightarrow (x \equiv x \rightarrow y \equiv x)$	
5	$\vdash x \equiv x \rightarrow (x \equiv y \rightarrow y \equiv x)$	
6	$\vdash x \equiv x$	*α20*
7	$\vdash x \equiv y \rightarrow y \equiv x$	

Ad (149): Sei u ein GZ mit $u \neq x$ und $u \neq y$.

1	$\vdash x \equiv y \rightarrow y \equiv x$	LS (146)
2	$\vdash y \equiv x \rightarrow (y \equiv u \rightarrow x \equiv u)$	$\alpha 21$
3	$\vdash \bigwedge u(y \equiv x \rightarrow (y \equiv u \rightarrow x \equiv u))$	GEN^{i}
4	$\vdash y \equiv x \rightarrow (y \equiv z \rightarrow x \equiv z)$	LS (106)^{i}
5	$\vdash x \equiv y \rightarrow (y \equiv z \rightarrow x \equiv z)$	
6	$\vdash x \equiv y \wedge y \equiv z \rightarrow x \equiv z$	

Ad (151): Wir beweisen diesen Lehrsatz durch vollständige Induktion nach dem Grad von A.

Induktionsbasis

Sei $h^l A = 0$. Dann ist A eine Atomformel, und es gilt daher Frf(x, y, A) und Frf($x, y, \neg A$). Also ergibt sich:

1	$\vdash x \equiv y \rightarrow (A \rightarrow [A, x, y])$	$\alpha 21$
2	$\vdash x \equiv y \rightarrow (\neg A \rightarrow [\neg A, x, y])$	$\alpha 21$
3	$\vdash x \equiv y \rightarrow (\neg A \rightarrow \neg [A, x, y])$	Satz 2.1.2–6.(1)
4	$\vdash x \equiv y \rightarrow ([A, x, y] \rightarrow A)$	
5	$\vdash x \equiv y \rightarrow (A \leftrightarrow [A, x, y])$	

Induktionsschritt

Sei k irgendeine natürliche Zahl mit $k \geqq 0$, und gelte $h^l A = k + 1$. Wir betrachten nur den Fall, daß $A = \mathrm{Q} z C$.

1: $\sim$ Fr(x, Q$z C$).

Dann ist nach Satz 2.1.2–6.(3) $[\mathrm{Q} z C, x, y] = \mathrm{Q} z C$. Folglich gilt $\vdash x \equiv y \rightarrow (\mathrm{Q} z C \leftrightarrow [\mathrm{Q} z C, x, y])$.

2: Fr(x, Q$z C$).

2.1: $y \neq z$.

Dann ist nach Satz 2.1.2–6.(4) $[\mathrm{Q} z C, x, y] = \mathrm{Q} z [C, x, y]$. Also ergibt sich:

1	$\vdash x \equiv y \rightarrow (C \leftrightarrow [C, x, y])$	I.V.
2	$\vdash \bigwedge z(x \equiv y \rightarrow (C \leftrightarrow [C, x, y]))$	Satz 2.3.2–4^{i}
3	$\vdash x \equiv y \rightarrow \bigwedge z(C \leftrightarrow [C, x, y])$	$z \neq x$, $z \neq y$, LS(130)^{i}
4	$\vdash \bigwedge z(C \leftrightarrow [C,x,y]) \rightarrow (\bigwedge z C \leftrightarrow \bigwedge z[C,x,y])$	LS(135)^{i}
5	$\vdash \bigwedge z(C \leftrightarrow [C,x,y]) \rightarrow (\bigvee z C \leftrightarrow \bigvee z[C,x,y])$	LS(138)^{i}
6	$\vdash x \equiv y \rightarrow (\mathrm{Q} z C \leftrightarrow \mathrm{Q} z [C, x, y])$	
7	$\vdash x \equiv y \rightarrow (\mathrm{Q} z C \leftrightarrow [\mathrm{Q} z C, x, y])$	

2.2: $y = z$.

Sei u das GZ mit der kleinsten Strichzahl, welches nicht in $\mathrm{Q}zC$ vorkommt. Dann ist nach Satz 2.1.2–6.(5) $[\mathrm{Q}zC, x, y] = \mathrm{Q}u[[C, y, u], x, y]$. Also ergibt sich:

1	$\vdash x \equiv y \rightarrow ([C, y, u] \leftrightarrow [[C, y, u], x, y])$	I.V.
2	$\vdash \bigwedge u(x \equiv y \rightarrow ([C, y, u] \leftrightarrow [[C, y, u], x, y]))$	Satz 2.3.2–4^{i}
3	$\vdash x \equiv y \rightarrow \bigwedge u([C, y, u] \leftrightarrow [[C, y, u], x, y])$	$u \neq x, u \neq y$, LS(130)^{i}
4	$\vdash x \equiv y \rightarrow (\mathrm{Q}u[C, y, u] \leftrightarrow \mathrm{Q}u[[C, y, u], x, y])$	LS(135)^{i}, LS(138)^{i}
5	$\vdash x \equiv y \rightarrow (\mathrm{Q}u[C, y, u] \leftrightarrow [\mathrm{Q}zC, x, y])$	
6	$\vdash \mathrm{Q}zC \leftrightarrow \mathrm{Q}u[C, y, u]$	$\sim \mathrm{Fr}(u, \mathrm{Q}zC)$,Satz 2.3.3–5.(1)^{i}
7	$\vdash x \equiv y \rightarrow (\mathrm{Q}zC \leftrightarrow [\mathrm{Q}zC, x, y])$	

Zum Beweis der nächsten beiden Lehrsätze erweist sich das folgende Lemma als nützlich.

Lemma

Sei A irgendeine $S2$-Formel, seien x, y irgendwelche GZ und gelte $\sim \mathrm{Fr}(y, A)$. Dann ist $\vdash [[A, x, y], y, x] \leftrightarrow A$.

Wir beweisen dieses Lemma durch vollständige Induktion nach dem Grad von A.

Induktionsbasis

Sei $h' A = 0$. Dann ist A eine Atomformel $Px_1 \dots x_r$, und es gilt $[[A, x, y], y, x] = P[[x_1]^x_y]^y_x \dots [[x_r]^x_y]^y_x$. Da für jedes $i (1 \leqq i \leqq r)$ $y \neq x_i$, ergibt sich folglich mit Satz 2.1.2–3 $[[A, x, y], y, x] = A$.

Induktionsschritt

Sei k irgendeine natürliche Zahl mit $k \geqq 0$, und gelte $h' A = k + 1$.

Fall 1: $A = \neg C$.

Dann ist $\sim \mathrm{Fr}(y, C)$, und es ergibt sich:

1	$\vdash [[C, x, y], y, x] \leftrightarrow C$	I.V.
2	$\vdash \neg [[C, x, y], y, x] \leftrightarrow \neg C$	
3	$\vdash [\neg [C, x, y], y, x] \leftrightarrow \neg C$	Satz 2.1.2–6.(1)
4	$\vdash [[\neg C, x, y], y, x] \leftrightarrow \neg C$	Satz 2.1.2–6.(1)

Fall 2: $A = B \otimes C$.

Dann ist $\sim \mathrm{Fr}(y, B)$ und $\sim \mathrm{Fr}(y, C)$. Es gilt also:

1 $\vdash [[B, x, y], y, x] \leftrightarrow B$	I.V.
2 $\vdash [[C, x, y], y, x] \leftrightarrow C$	I.V.
3 $\vdash [[B, x, y], y, x] \otimes [[C, x, y], y, x] \leftrightarrow B \otimes C$	
4 $\vdash [[B, x, y] \otimes [C, x, y], y, x] \leftrightarrow B \otimes C$	Satz 2.1.2–6.(2)
5 $\vdash [[B \otimes C, x, y], y, x] \leftrightarrow B \otimes C$	Satz 2.1.2–6.(2)

Fall 3: $A = \mathrm{Q}z\,C$.

3.1: $\sim \mathrm{Fr}(x, \mathrm{Q}z\,C)$.

Dann ergibt sich:

1 $\vdash \mathrm{Q}z\,C \leftrightarrow \mathrm{Q}z\,C$	
2 $\vdash [\mathrm{Q}z\,C, y, x] \leftrightarrow \mathrm{Q}z\,C$	Satz 2.1.2–6.(3)
3 $\vdash [[\mathrm{Q}z\,C, x, y], y, x] \leftrightarrow \mathrm{Q}z\,C$	Satz 2.1.2–6.(3)

3.2: $\mathrm{Fr}(x, \mathrm{Q}z\,C)$.

3.2.1: $y \neq z$. Dann ist $x \neq z$, $\sim \mathrm{Fr}(y, C)$ und $\mathrm{Fr}(y, \mathrm{Q}z[C, x, y])$. Also ergibt sich:

1 $\vdash [[C, x, y], y, x] \leftrightarrow C$	I.V.
2 $\vdash \mathrm{Q}z\,C \leftrightarrow \mathrm{Q}z\,C$	
3 $\vdash \mathrm{Q}z[[C, x, y], y, x] \leftrightarrow \mathrm{Q}z\,C$	[1, 2]
4 $\vdash [\mathrm{Q}z[C, x, y], y, x] \leftrightarrow \mathrm{Q}z\,C$	Satz 2.1.2–6.(4)
5 $\vdash [[\mathrm{Q}z\,C, x, y], y, x] \leftrightarrow \mathrm{Q}z\,C$	Satz 2.1.2–6.(4)

3.2.2: $y = z$. Sei u das GZ mit der kleinsten Strichzahl, welches nicht in $\mathrm{Q}z\,C$ vorkommt. Dann ist $\sim \mathrm{Fr}(u, C)$, $\sim \mathrm{Fr}(y, [C, y, u])$, $\mathrm{Fr}(y, \mathrm{Q}u[[C, y, u], x, y])$ und $x \neq u$. Also ergibt sich:

1 $\vdash \mathrm{Q}y\,C \leftrightarrow \mathrm{Q}z\,C$	
2 $\vdash \mathrm{Q}u[C, y, u] \leftrightarrow \mathrm{Q}z\,C$	Satz 2.3.3–4.(1)^{i}
3 $\vdash [[[C, y, u], x, y], y, x] \leftrightarrow [C, y, u]$	I.V.
4 $\vdash \mathrm{Q}u[[[C, y, u], x, y], y, x] \leftrightarrow \mathrm{Q}z\,C$	[2, 3]
5 $\vdash [\mathrm{Q}u[[C, y, u], x, y], y, x] \leftrightarrow \mathrm{Q}z\,C$	Satz 2.1.2–6.(4)
6 $\vdash [[\mathrm{Q}z\,C, x, y], y, x] \leftrightarrow \mathrm{Q}z\,C$	Satz 2.1.2–6.(5)

Ad (152):

1 $\vdash x \equiv y \rightarrow (A \rightarrow [A, x, y])$	LS(151)
2 $\vdash A \rightarrow (x \equiv y \rightarrow [A, x, y])$	
3 $\vdash \bigwedge y(A \rightarrow (x \equiv y \rightarrow [A, x, y]))$	Satz 2.3.2–4^{i}
4 $\vdash A \rightarrow \bigwedge y(x \equiv y \rightarrow [A, x, y])$	LS(130)^{i}
5 $\vdash \bigwedge y(x \equiv y \rightarrow [A, x, y]) \rightarrow [x \equiv y \rightarrow [A, x, y], y, x]$	LS(106)^{i}
6 $\vdash \bigwedge y(x \equiv y \rightarrow [A, x, y]) \rightarrow$ $([x \equiv y, y, x] \rightarrow [[A, x, y], y, x])$	Satz 2.1.2–6.(2)

7 $\vdash \bigwedge y(x\equiv y\rightarrow[A,x,y])\rightarrow(x\equiv x\rightarrow A)$ Lemma, ET^{i}

8 $\vdash x\equiv x\rightarrow(\bigwedge y(x\equiv y\rightarrow[A,x,y])\rightarrow A)$

9 $\vdash x\equiv x$ *α20*

10 $\vdash \bigwedge y(x\equiv y\rightarrow[A,x,y])\rightarrow A$

11 $\vdash A\leftrightarrow \bigwedge y(x\equiv y\rightarrow[A,x,y])$

Ad (153): Übung!

Es folgen nun noch einige Lehrsätze über Anzahlformeln. Die Lehrsätze (155)–(160) zeigen, daß es unter gewissen Bedingungen zu jeder Formel vom Typ $\overset{1}{\bigvee}!xA$ bzw. vom Typ $\overset{1}{\bigvee}!!xA$ eine »gleichwertige« Formel von einfacherer Gestalt gibt.

LS (154) $\vdash \bigwedge x\overset{1}{\bigvee}!!y\,x\equiv y$

(155) $\vdash \overset{1}{\bigvee}!xA\leftrightarrow \bigwedge y\bigwedge z([A,x,y]\wedge[A,x,z]\rightarrow y\equiv z)$, falls Fr$(x,A)$, $\sim$Fr(y,A), $\sim$Fr(z,A) und $y\neq z$

(156) $\vdash \overset{1}{\bigvee}!xA\leftrightarrow \bigwedge x\bigwedge y(A\wedge[A,x,y]\rightarrow x\equiv y)$, falls Fr$(x,A)$ und $\sim$Fr(y,A)

(157) $\vdash \overset{1}{\bigvee}!!xA\leftrightarrow \bigvee xA\wedge\bigwedge y\bigwedge z([A,x,y]\wedge[A,x,z]\rightarrow y\equiv z)$, falls Fr$(x,A)$, $\sim$Fr(y,A), $\sim$Fr(z,A) und $y\neq z$

(158) $\vdash \overset{1}{\bigvee}!!xA\leftrightarrow \bigvee xA\wedge\bigwedge x\bigwedge y(A\wedge[A,x,y]\rightarrow x\equiv y)$, falls Fr$(x,A)$ und $\sim$Fr(y,A)

(159) $\vdash \overset{1}{\bigvee}!!xA\leftrightarrow \bigvee x(A\wedge\bigwedge y([A,x,y]\rightarrow x\equiv y))$, falls Fr$(x,A)$ und $\sim$Fr(y,A)

(160) $\vdash \overset{1}{\bigvee}!!xA\leftrightarrow \bigvee x\bigwedge y([A,x,y]\leftrightarrow x\equiv y)$, falls Fr$(x,A)$ und $\sim$Fr(y,A)

Ad (154): Sei a_r das GZ mit der größten Strichzahl, das in $x\equiv y$ vorkommt. Dann ergibt sich:

1 $\vdash a_{r+1}\equiv x\wedge x\equiv a_{r+2}\rightarrow a_{r+1}\equiv a_{r+2}$ LS(149)

2 $\vdash \neg(a_{r+1}\not\equiv a_{r+2}\wedge(a_{r+1}\equiv x\wedge x\equiv a_{r+2}))$

3 $\vdash \neg(a_{r+1}\not\equiv a_{r+2}\wedge(x\equiv a_{r+1}\wedge x\equiv a_{r+2}))$ LS(147),ET^{i}

4 $\vdash \bigwedge a_{r+1}\bigwedge a_{r+2}\neg(a_{r+1}\not\equiv a_{r+2}\wedge(x\equiv a_{r+1}\wedge x\equiv a_{r+2}))$ Satz 2.3.2–4^{i}

5 $\vdash \neg\bigvee a_{r+1}\bigvee a_{r+2}(a_{r+1}\not\equiv a_{r+2}\wedge(x\equiv a_{r+1}\wedge x\equiv a_{r+2}))$ LS(117)^{i}, ET^{i}

6 $\vdash \bigvee y\,x\equiv y$ LS(144)

7 $\vdash \overset{1}{\bigvee}!!y\,x\equiv y$

8 $\vdash \bigwedge x\overset{1}{\bigvee}!!y\,x\equiv y$ Satz 2.3.2–4^{i}

Ad (155): Angenommen, es gilt $\mathrm{Fr}(x, A)$, $\sim\mathrm{Fr}(y, A)$, $\sim\mathrm{Fr}(z, A)$ und $y \neq z$. Sei a_r das GZ mit der größten Strichzahl, welches in A vorkommt. Das GZ a_{r+1} bezeichnen wir mit »b_1« und das GZ a_{r+2} mit »b_2«. Sei schließlich v ein GZ mit $\sim\mathrm{Fr}(v, A)$, $v \neq y$ und $v \neq b_1$. Wegen $\overset{1}{\bigvee}!xA = \neg\overset{2}{\bigvee}xA = \neg \bigvee b_1 \bigvee b_2(b_1 \not\equiv b_2 \wedge ([A, x, b_1] \wedge [A, x, b_2]))$ ergibt sich also

$$1 \vdash \overset{1}{\bigvee}!xA \leftrightarrow \bigwedge b_1 \bigwedge b_2([A, x, b_1] \wedge [A, x, b_2] \rightarrow b_1 \equiv b_2).$$

Nun gilt nach Satz 2.1.2–7 $[[A, x, b_1], x, b_2] = [A, x, b_1]$. Da $\sim\mathrm{Fr}(b_2, [A, x, b_1] \wedge A \rightarrow b_1 \equiv x)$, erhält man folglich unter Verwendung von Satz 2.3.3–4^{i} und ET^{i}

$$2 \vdash \overset{1}{\bigvee}!xA \leftrightarrow \bigwedge b_1 \bigwedge x([A, x, b_1] \wedge A \rightarrow b_1 \equiv x).$$

Also gilt wegen $[[A, x, b_1], x, v] = [A, x, b_1]$ und $\sim\mathrm{Fr}(v, [A, x, b_1] \wedge A \rightarrow b_1 \equiv x)$ auch

$$3 \vdash \overset{1}{\bigvee}!xA \leftrightarrow \bigwedge b_1 \bigwedge v([A, x, b_1] \wedge [A, x, v] \rightarrow b_1 \equiv v).$$

Mit LS(112)^{i} gewinnt man hieraus

$$4 \vdash \overset{1}{\bigvee}!xA \leftrightarrow \bigwedge v \bigwedge b_1([A, x, b_1] \wedge [A, x, v] \rightarrow b_1 \equiv v).$$

Also gilt wegen $[[A, x, v], x, b_1] = [A, x, v]$ und $\sim\mathrm{Fr}(b_1, A \wedge [A, x, v] \rightarrow x \equiv v)$ auch

$$5 \vdash \overset{1}{\bigvee}!xA \leftrightarrow \bigwedge v \bigwedge x(A \wedge [A, x, v] \rightarrow x \equiv v).$$

Hieraus folgt wegen $[[A, x, v], x, y] = [A, x, v]$ und $\sim\mathrm{Fr}(y, A \wedge [A, x, v] \rightarrow x \equiv v)$ aber

$$6 \vdash \overset{1}{\bigvee}!xA \leftrightarrow \bigwedge v \bigwedge y([A, x, y] \wedge [A, x, v] \rightarrow y \equiv v),$$

und man erhält daher mit LS(112)^{i}

$$7 \vdash \overset{1}{\bigvee}!xA \leftrightarrow \bigwedge y \bigwedge v([A, x, y] \wedge [A, x, v] \rightarrow y \equiv v).$$

Da $[[A, x, y], x, v] = [A, x, y]$ und $\sim\mathrm{Fr}(v, [A, x, y] \wedge A \rightarrow y \equiv x)$, erergibt sich also

$$8 \vdash \overset{1}{\bigvee}!xA \leftrightarrow \bigwedge y \bigwedge x([A, x, y] \wedge A \rightarrow y \equiv x).$$

Hieraus erhält man wegen $[[A, x, y], x, z] = [A, x, y]$ und $\sim\mathrm{Fr}(z, [A, x, y] \wedge A \rightarrow y \equiv x)$ schließlich

$$9 \vdash \overset{1}{\bigvee}!xA \leftrightarrow \bigwedge y \bigwedge z([A, x, y] \wedge [A, x, z] \rightarrow y \equiv z).$$

Ad (156): Dieser Lehrsatz ergibt sich aus Zeile 8 des Beweises für LS (155).

Ad (159): Angenommen, es gilt $\mathrm{Fr}(x, A)$ und $\sim \mathrm{Fr}(y, A)$. Bezeichne ferner »F« die Formel $\bigvee x A \wedge \bigwedge x \bigwedge y(A \wedge [A, x, y] \rightarrow x \equiv y)$. Dann ergibt sich:

1 $F \vdash \bigvee x A$
2 $F \vdash A \wedge [A, x, y] \rightarrow x \equiv y$
3 $F \vdash A \rightarrow ([A, x, y] \rightarrow x \equiv y)$ LS (31*)[i]
4 $F, A \vdash [A, x, y] \rightarrow x \equiv y$
5 $F, A \vdash \bigwedge y([A, x, y] \rightarrow x \equiv y)$ GEN[i]
6 $F, A \vdash A \wedge \bigwedge y([A, x, y] \rightarrow x \equiv y)$
7 $F, A \vdash \bigvee x(A \wedge \bigwedge y([A, x, y] \rightarrow x \equiv y))$
8 $F \vdash \bigvee x(A \wedge \bigwedge y([A, x, y] \rightarrow x \equiv y))$ DEP[i]
9 $\vdash F \rightarrow \bigvee x(A \wedge \bigwedge y([A, x, y] \rightarrow x \equiv y))$

Bezeichne nun »G« die Formel $\bigvee x(A \wedge \bigwedge y([A, x, y] \rightarrow x \equiv y))$. Man erhält dann:

10 $G \vdash \bigvee x A \wedge \bigvee x \bigwedge y([A, x, y] \rightarrow x \equiv y)$ LS (125)[i]
11 $G \vdash \bigvee x A$
12 $G \vdash \bigvee x \bigwedge y([A, x, y] \rightarrow x \equiv y)$

Sei z irgendein GZ mit $\sim \mathrm{Fr}(z, [A, x, y])$ und $z \neq x$. Dann ist $\sim \mathrm{Fr}(z, \bigwedge y([A, x, y] \rightarrow x \equiv y))$, und man erhält folglich unter Verwendung von Satz 2.3.3–4.(1)[i]

13 $\vdash \bigvee x \bigwedge y([A, x, y] \rightarrow x \equiv y) \leftrightarrow \bigvee z[\bigwedge y([A, x, y] \rightarrow x \equiv y), x, z]$.

Wegen $x \neq y$ ist $\mathrm{Fr}(x, \bigwedge y([A, x, y] \rightarrow x \equiv y))$. Und da $z \neq y$, gilt aufgrund von Satz 2.1.2–6

$$\begin{aligned}[\bigwedge y([A, x, y] \rightarrow x \equiv y), x, z] &= \bigwedge y[[A, x, y] \rightarrow x \equiv y, x, z] \\ &= \bigwedge y([[A, x, y], x, z] \rightarrow [x \equiv y, x, z]) \\ &= \bigwedge y([A, x, y] \rightarrow z \equiv y).\end{aligned}$$

Es ergibt sich also:

14 $\vdash \bigvee x \bigwedge y([A, x, y] \rightarrow x \equiv y) \leftrightarrow \bigvee z \bigwedge y([A, x, y] \rightarrow z \equiv y)$
15 $G \vdash \bigvee z \bigwedge y([A, x, y] \rightarrow z \equiv y)$ [12, 14]

Wegen $y \neq z$, $y \neq x$, $x \neq z$ und $\sim \mathrm{Fr}(y, A)$ erhält man unter Verwendung von Satz 2.3.3–4.(1)[i]

16 $\vdash \bigwedge x(A \rightarrow z \equiv x) \leftrightarrow \bigwedge y([A, x, y] \rightarrow z \equiv y)$.

Es ergibt sich dann:

17 $G \vdash \bigvee z \bigwedge x(A \rightarrow z \equiv x)$ [15, 16]
18 $(A \wedge [A, x, y]) \wedge x \not\equiv y, \bigwedge x(A \rightarrow z \equiv x) \vdash z \equiv x$
19 $(A \wedge [A, x, y]) \wedge x \not\equiv y, \bigwedge x(A \rightarrow z \equiv x) \vdash z \equiv y$
20 $z \equiv x \wedge z \equiv y \vdash x \equiv y$ LS(149), LS(147)
21 $(A \wedge [A, x, y]) \wedge x \not\equiv y, \bigwedge x(A \rightarrow z \equiv x) \vdash x \equiv y \wedge x \not\equiv y$

Sei nun v ein von x, y und z verschiedenes GZ. Dann erhält man unter Verwendung von LS$(38^*)^{\mathrm{i}}$

22 $(A \wedge [A, x, y]) \wedge x \not\equiv y, \bigwedge x(A \rightarrow z \equiv x) \vdash v \not\equiv v.$

Da z weder in $(A \wedge [A, x, y]) \wedge x \not\equiv y$ noch in $v \not\equiv v$ frei vorkommt, erhält man mit $\mathrm{DEP}_2^{\mathrm{i}}$

23 $(A \wedge [A, x, y]) \wedge x \not\equiv y, \bigvee z \bigwedge x(A \rightarrow z \equiv x) \vdash v \not\equiv v.$

Es gilt also:

24 $G, (A \wedge [A, x, y]) \wedge x \not\equiv y \vdash v \not\equiv v$ [17, 23]

Wegen $\sim \mathrm{Fr}(y, G)$ und $\sim \mathrm{Fr}(y, v \not\equiv v)$ erhält man mit $\mathrm{DEP}_2^{\mathrm{i}}$ folglich

25 $G, \bigvee y((A \wedge [A, x, y]) \wedge x \not\equiv y) \vdash v \not\equiv v.$

Und da x weder in G noch in $v \not\equiv v$ frei vorkommt, gewinnt man durch abermalige Anwendung von $\mathrm{DEP}_2^{\mathrm{i}}$

26 $G, \bigvee x \bigvee y((A \wedge [A, x, y]) \wedge x \not\equiv y) \vdash v \not\equiv v.$

Hieraus folgt wegen $\vdash v \equiv v$ aber

27 $G \vdash \neg \bigvee x \bigvee y((A \wedge [A, x, y]) \wedge x \not\equiv y).$

Also ergibt sich:

28 $G \vdash \bigvee x A \wedge \bigwedge x \bigwedge y(A \wedge [A, x, y] \rightarrow x \equiv y)$ [11], LS$(115)^{\mathrm{i}}$
29 $\vdash G \leftrightarrow F$ [9, 28]
30 $\vdash \overset{1}{\bigvee} !!xA \leftrightarrow G$ LS(158), [29]

Ad (160): Angenommen, es gilt $\mathrm{Fr}(x, A)$ und $\sim \mathrm{Fr}(y, A)$. Dann ergibt sich:

1 $A \wedge \bigwedge y([A, x, y] \rightarrow x \equiv y) \vdash [A, x, y] \rightarrow x \equiv y$
2 $A \vdash x \equiv y \rightarrow [A, x, y]$ LS(151)
3 $A \wedge \bigwedge y([A, x, y] \rightarrow x \equiv y) \vdash [A, x, y] \leftrightarrow x \equiv y$

Bezeichne nun »F« die Formel $\bigwedge y([A, x, y] \leftrightarrow x \equiv y)$.

4	$A \wedge \bigwedge y([A, x, y] \rightarrow x \equiv y) \vdash F$	GEN^{i}
5	$A \wedge \bigwedge y([A, x, y] \rightarrow x \equiv y) \vdash \bigvee x F$	
6	$\bigvee x(A \wedge \bigwedge y([A, x, y] \rightarrow x \equiv y)) \vdash \bigvee x F$	DEP^{i}_{2}
7	$\vdash \bigvee x(A \wedge \bigwedge y([A, x, y] \rightarrow x \equiv y)) \rightarrow \bigvee x F$	
8	$F \vdash \bigwedge y([A, x, y] \rightarrow x \equiv y)$	
9	$F \vdash \bigwedge y(x \equiv y \rightarrow [A, x, y])$	
10	$F \vdash A$	LS(152)
11	$F \vdash A \wedge \bigwedge y([A, x, y] \rightarrow x \equiv y)$	
12	$F \vdash \bigvee x(A \wedge \bigwedge y([A, x, y] \rightarrow x \equiv y))$	
13	$\bigvee x F \vdash \bigvee x(A \wedge \bigwedge y([A, x, y] \rightarrow x \equiv y))$	DEP^{i}_{2}
14	$\vdash \bigvee x F \rightarrow \bigvee x(A \wedge \bigwedge y([A, x, y] \rightarrow x \equiv y))$	
15	$\vdash \bigvee x(A \wedge \bigwedge y([A, x, y] \rightarrow x \equiv y)) \leftrightarrow \bigvee x F$	[7,14]
16	$\vdash \overset{1}{\bigvee} !!xA \leftrightarrow \bigvee x \bigwedge y([A, x, y] \leftrightarrow x \equiv y)$	LS(159)

2.7.3. Die Adäquatheit von *Π3*

Daß die Klasse der Theoreme von *Π3* identisch ist mit der Klasse der identitätslogisch gültigen Formeln, ergibt sich aus dem folgenden

Satz 2.7.3–1. (*Adäquatheitssatz* für *Π3*)
Für jede *S2*-Formel *A* gilt: *A* ist ein Theorem von *Π3* gdw *A* identitätslogisch gültig ist.

(I) Die Korrektheit von *Π3*

Satz 2.7.3–2. (*Korrektheitssatz* für *Π3*)
Jedes Theorem von *Π3* ist identitätslogisch gültig.

Dieser Satz läßt sich auf die gleiche Art beweisen wie der Korrektheitssatz für *Π2* (Satz 2.3.8–2).

Satz 2.7.3–3. (*Verallgemeinerter Korrektheitssatz* für *Π3*)
Für jede *S2*-Formel *A* und jede Teilklasse *Γ* von *S2* gilt: Wenn *A* in *Π3* aus *Γ* ableitbar ist, dann ist *A* eine identitätslogische Konsequenz aus *Γ*.

(II) Die Vollständigkeit von *Π3*

Satz 2.7.3–4. (*Stark verallgemeinerter Vollständigkeitssatz* für *Π3*)
Für jede *S2*-Formel *A* und jede Teilklasse *Γ* von *S2* gilt: Wenn *A* eine identitätslogische Konsequenz aus *Γ* ist, dann ist *A* in *Π3* aus *Γ* ableitbar.

Dieser Satz ergibt sich in der gleichen Weise aus dem folgenden Erfüllbarkeitssatz für *Π3* wie der stark verallgemeinerte Vollständigkeitssatz für *Π2* aus dem Erfüllbarkeitssatz für *Π2*.

Die Definition der Begriffe *Π3-konsistent*, *Π3-inkonsistent* und *Π3-maximalkonsistent* ergeben sich aus den entsprechenden Definitionen von 2.3.5, indem man in diesen einfach »*Π2*« durch »*Π3*« ersetzt.

Satz 2.7.3–5. (*Erfüllbarkeitssatz* für *Π3*)
Jede *Π3*-konsistente Teilklasse von *S2* ist über wenigstens einer abzählbar unendlichen Klasse identitätslogisch simultan erfüllbar.

Beweis: Man mache sich zunächst klar, daß alle diejenigen Sätze gelten, welche sich aus den Sätzen von 2.3.5 sowie aus den Sätzen 2.3.6–7, 2.3.6–8 und 2.3.6–9 durch Ersetzung von »*Π2*« durch »*Π3*« ergeben. Ferner überlege man sich, daß derjenige Satz gilt, den man erhält, wenn man in Satz 2.3.6–10 »*S2*-simultan erfüllbar« durch »identitätslogisch simultan erfüllbar« ersetzt.

Sei nun *Γ* irgendeine *Π3*-konsistente Teilklasse von *S2*. Sei ferner λ die im Beweis des Erfüllbarkeitssatzes für *Π2* definierte GZ-Abbildung. In der gleichen Weise wie früher läßt sich dann beweisen, daß es eine *Π3*-maximalkonsistente Oberklasse Δ^*_ω von $[\Gamma]^\lambda$ gibt. Um zu zeigen, daß Δ^*_ω i.l. simultan erfüllbar ist, können wir nun jedoch nicht unserem früheren Vorgehen entsprechend eine i.l. Interpretation *I* über gz verwenden, die so definiert ist, daß für jedes GZ *x* gilt: $I(x)=x$. Denn sind x, y irgendwelche GZ mit $x \neq y$ und $x \equiv y \in \Delta^*_\omega$, so ist $\sim$ Mod(I, $x \equiv y$, gz), und es kann dann nicht gelten: $x \equiv y \in \Delta^*_\omega$ gdw Mod(I, $x \equiv y$, gz). Wir definieren daher – abweichend von unserem früheren Vorgehen –:

Sei *I* diejenige i.l. Interpretation über gz, für welche gilt:

(1) ist *i* irgendeine positive natürliche Zahl, so ist

$$I(a_i) = \begin{cases} a_i, \text{ falls es kein } j \text{ mit } 1 \leq j < i \text{ und } a_j \equiv a_i \in \Delta^*_\omega \text{ gibt;} \\ I(a_l), \text{ falls es ein } j \text{ mit } 1 \leq j < i \text{ und } a_j \equiv a_i \in \Delta^*_\omega \text{ gibt,} \\ \text{wobei } l \text{ die kleinste natürliche Zahl mit } 1 \leq l < i \text{ und} \\ a_l \equiv a_i \in \Delta^*_\omega \text{ ist.} \end{cases}$$

(2) für jedes r-stellige ($r \geqq 1$) PZ P ist $I(P)$ die Klasse derjenigen α, für die gilt: es gibt GZ $x_1, \ldots, x_r$ derart, daß $Px \ldots x_r \in \Delta^*_\omega$ und $\alpha = \langle x_1, \ldots, x_r \rangle$.

Wir zeigen zunächst, daß für jedes GZ x gilt: $\Delta^*_\omega \vdash x \equiv I(x)$. Angenommen, x ist irgendein GZ. Dann gibt es ein $i (i \geqq 1)$ mit $x = a_i$.

Fall 1: Es gibt kein j mit $1 \leqq j < i$ und $a_j \equiv a_i \in \Delta^*_\omega$.

Dann ist definitionsgemäß $I(a_i) = a_i$, und es gilt daher $\vdash a_i \equiv I(a_i)$ (α *20*). Also ist $\Delta^*_\omega \vdash a_i \equiv I(a_i)$.

Fall 2: Es gibt ein j mit $1 \leqq j < i$ und $a_j \equiv a_i \in \Delta^*_\omega$.

Sei l die kleinste natürliche Zahl mit $1 \leqq l < i$ und $a_l \equiv a_i \in \Delta^*_\omega$. Dann ist definitionsgemäß $I(a_i) = I(a_l)$, und es gilt daher $\vdash I(a_l) \equiv I(a_i)$. Wäre nun $I(a_l) \neq a_l$, so gäbe es definitionsgemäß ein m mit $1 \leqq m < l$ und $a_m \equiv a_l \in \Delta^*_\omega$. Mit Satz 2.3.5–3 ergäbe sich folglich $\Delta^*_\omega \vdash a_m \equiv a_l$. Da wegen $a_l \equiv a_i \in \Delta^*_\omega$ aber auch $\Delta^*_\omega \vdash a_l \equiv a_i$ gilt, müßte aufgrund von LS(149) $\Delta^*_\omega \vdash a_m \equiv a_i$ und somit auch $a_m \equiv a_i \in \Delta^*_\omega$ gelten. Wegen $m < l$ und $1 \leqq m < i$ wäre l also *nicht* die kleinste natürliche Zahl mit $1 \leqq l < i$ und $a_l \equiv a_i \in \Delta^*_\omega$. Infolgedessen ist $I(a_l) = a_l$. Hieraus gewinnt man $\vdash a_l \equiv I(a_l)$. Mit LS(149) ergibt sich also $\vdash a_l \equiv I(a_i)$. Da sich ferner mit LS(146) auch $\Delta^*_\omega \vdash a_i \equiv a_l$ ergibt, gewinnt man also schließlich $\Delta^*_\omega \vdash a_i \equiv I(a_i)$.

Es kann nun gezeigt werden, daß für alle n mit $n \geqq 0$ gilt:

Ist A eine *S2*-Formel vom Grad n, so ist $A \in \Delta^*_\omega$ gdw Mod(I, A, gz).

Wir betrachten nur die Basis, da sich der Schritt genauso wie früher ergibt.

Induktionsbasis

Sei A irgendeine *S2*-Formel vom Grad 0. Dann hat A die Gestalt $Px_1 \ldots x_r$. Mit der soeben bewiesenen Behauptung, Satz 2.3.5–3, LS(151) und der Definition von I ergibt sich also:

$$\begin{aligned} Px_1 \ldots x_r \in \Delta^*_\omega \text{ gdw } & \Delta^*_\omega \vdash Px_1 \ldots x_r \\ \text{gdw } & \Delta^*_\omega \vdash PI(x_1) \ldots I(x_r) \\ \text{gdw } & PI(x_1) \ldots I(x_r) \in \Delta^*_\omega \\ \text{gdw } & \langle I(x_1), \ldots, I(x_r) \rangle \in I(P) \\ \text{gdw } & \mathrm{Mod}(I, Px_1 \ldots x_r, \mathrm{gz}). \end{aligned}$$

2.8. Das identitätslogische Regelsystem $\Sigma 3$

Wir geben nun noch ein Regelsystem der Prädikatenlogik erster Stufe mit Identität an. Dieses System, das ebenso wie $\Pi 3$ bezüglich der Klasse der identitätslogisch gültigen $S2$-Formeln adäquat ist, stellt eine Erweiterung von $\Sigma 2$ dar. $\Sigma 3$ entsteht einfach dadurch, daß man die Regelklasse von $\Sigma 2$ um zwei den Klassen $\alpha 20$ und $\alpha 21$ von $\Pi 3$ entsprechende Ableitungsregeln erweitert.

2.8.1. Definition von $\Sigma 3$

Zu den sieben Regeln von $\Sigma 2$ kommen die beiden folgenden Regeln hinzu:

8. *Identitätseinführung* ($\equiv$ E):

Man darf von der Folge

$$\langle \alpha_1, C_1 \rangle, \ldots, \langle \alpha_n, C_n \rangle$$

zu der Folge

$$\langle \alpha_1, C_1 \rangle, \ldots, \langle \alpha_n, C_n \rangle, \langle \emptyset, x \equiv x \rangle$$

übergehen.

9. *Identitätsbeseitigung* ($\equiv$ B):

Man darf von der Folge

$$\langle \alpha_1, C_1 \rangle, \ldots, \langle \alpha_n, C_n \rangle$$

zu der Folge

$$\langle \alpha_1, C_1 \rangle, \ldots, \langle \alpha_n, C_n \rangle, \langle \alpha_{n+1}, [A, x, y] \rangle$$

übergehen, falls es i und $j (1 \leqq i, j \leqq n)$ gibt, so daß gilt:

(a) $C_i = x \equiv y$;
(b) $C_j = A$;
(c) $\mathrm{Frf}(x, y, A)$;
(d) $\alpha_{n+1} = \alpha_i \cup \alpha_j$.

Definition des Regelsystems $\Sigma 3$:

Sei $Q3$ diejenige Klasse, die genau die sieben Ableitungsregeln von $\Sigma 2$ sowie die beiden Regeln $\equiv$E und $\equiv$B umfaßt. Dann sei $\Sigma 3$ das Tripel $\langle S2, \emptyset, Q3 \rangle$.

2.8.2. Ableitungen und Beweise in $\Sigma 3$

Die Begriffe *Ableitung, ableitbar, Beweis, Beweis für, Theorem, beweisbar, Quasiableitung, quasiableitbar, Quasibeweis* und *quasibeweisbar* seien für $\Sigma 3$ ebenso definiert wie die entsprechenden Begriffe von $\Sigma 2$.

Wir geben nur ein Beispiel für einen Beweis und ein Beispiel für einen Quasibeweis an.

Beispiel 1: Sei u ein GZ mit $u \neq x$ und $u \neq y$.

1	{1}	$x \equiv y$	
2	{2}	$x \equiv u$	E
3	{1, 2}	$y \equiv u$	≡B
4	{1}	$x \equiv u \rightarrow y \equiv u$	→E
5	{1}	$\bigwedge u(x \equiv u \rightarrow y \equiv u)$	∧E
6	{1}	$x \equiv x \rightarrow y \equiv x$	∧B
9	∅	$x \equiv x$	≡E
10	{1}	$y \equiv x$	TAUT
11	∅	$x \equiv y \rightarrow y \equiv x$	→E

Es gilt also: $\vdash_{\Sigma 3} x \equiv y \rightarrow y \equiv x$.

Beispiel 2: Sei u ein GZ mit $u \neq x$ und $u \neq y$.

1	{1}	$x \equiv y \wedge y \equiv z$	
2	{2}	$y \equiv x$	E
3	{3}	$y \equiv u$	E
4	{2, 3}	$x \equiv u$	≡B
5	{2}	$y \equiv u \rightarrow x \equiv u$	→E
6	∅	$y \equiv x \rightarrow (y \equiv u \rightarrow x \equiv u)$	→E
7	∅	$\bigwedge u(y \equiv x \rightarrow (y \equiv u \rightarrow x \equiv u))$	∧E
8	∅	$y \equiv x \rightarrow (y \equiv z \rightarrow x \equiv z)$	∧B
9	∅	$x \equiv y \rightarrow y \equiv x$	Beispiel 1
10	{1}	$y \equiv x$	TAUT
11	{1}	$y \equiv z \rightarrow x \equiv z$	TAUT
12	{1}	$x \equiv z$	TAUT
13	∅	$x \equiv y \wedge y \equiv z \rightarrow x \equiv z$	→E

Es gilt also: $\vdash_{\Sigma 3} x \equiv y \wedge y \equiv z \rightarrow x \equiv z$.

Aufgabe: Der Leser beweise, daß für jede $S2$-Formel A gilt: $\vdash_{\Sigma 3} A$ gdw $\vdash_{\Pi 3} A$.

In 2.2.9 haben wir gezeigt, daß für jede *endliche* Formelklasse Γ und für jede Formel A gilt: A ist eine $S2$-Bewertungskonsequenz aus Γ gdw $\Gamma \Vdash A$. Für *unendliche* Formelklassen ist diese Behauptung jedoch nicht allgemein richtig. Zwar gilt auch für unendliche Formelklassen Γ: wenn $\Gamma \Vdash A$, dann ist A eine $S2$-Bewertungskonsequenz aus Γ. Denn gilt $\Gamma \Vdash A$, so existiert nach Satz 2.3.9-3 eine endliche Teilklasse Δ von Γ mit $\Delta \Vdash A$. Also ergibt sich mit Satz 2.2.9-8, daß A eine $S2$-Bewertungskonsequenz aus Δ ist. Infolgedessen ist A auch eine $S2$-Bewertungskonsequenz aus Γ.

Es gibt jedoch unendliche Formelklassen Γ und Formeln A, so daß gilt: A ist eine $S2$-Bewertungskonsequenz aus Γ, aber keine $S2$-Konsequenz aus Γ.

Beweis: Sei Γ die Klasse aller Formeln $F_1^1 a_i (i \geqq 1)$ und A die Formel $\bigwedge a_1 F_1^1 a_1$. Gemäß Definition 2.2.9-2. (f) ist A dann eine $S2$-Bewertungskonsequenz aus Γ. Wäre $\Gamma \Vdash A$, so gäbe es nach Satz 2.3.9-3 eine endliche Teilklasse Δ von Γ mit $\Delta \Vdash A$. Also wäre A aufgrund von Satz 2.2.9-8 eine $S2$-Bewertungskonsequenz aus Δ. Für jede $S2$-Grundbewertung $\mathfrak{A}$, die allen Formeln aus Δ die Zahl 1 und allen Formeln aus $\Gamma \setminus \Delta$ die Zahl 0 zuordnet, müßte dann sowohl $\tilde{\mathfrak{A}}' A = 1$ als auch $\tilde{\mathfrak{A}}' A = 0$ gelten.

Die „starke Äquivalenz" zwischen Bewertungs- und Interpretationssemantik, die im Unterschied zu Satz 2.2.9-8 auch unendliche Formelklassen einschließt, kann also nur durch eine Modifikation bewertungssemantischer Begriffe gewonnen werden. Im folgenden wollen wir auf zwei Möglichkeiten, diese starke Äquivalenz zu gewinnen, näher eingehen. Beide beruhen auf einer Modifikation des Begriffs der $S2$-Bewertungskonsequenz. Wir folgen dabei einer Anregung von H. LEBLANC (1968).

(I) Finite Bewertungskonsequenz

Definition

A ist eine *finite Bewertungskonsequenz aus* Γ gdw

(1) $A \in S2$;
(2) $\Gamma \subseteq S2$;

(3) Γ ist endlich und A ist eine Bewertungskonsequenz aus Γ oder

Γ ist unendlich und es gibt eine endliche Teilklasse Δ von Γ derart, daß A eine $S2$-Bewertungskonsequenz aus Δ ist.

Es gilt nun der folgende Satz:

Sei Γ irgendeine Teilklasse von $S2$ und A irgendeine $S2$-Formel. Dann ist A eine finite Bewertungskonsequenz aus Γ gdw A eine $S2$-Konsequenz aus Γ ist.

Beweis: Angenommen, A ist eine finite Bewertungskonsequenz aus Γ.

Fall 1: Γ ist endlich.

Dann ist A definitionsgemäß eine $S2$-Bewertungskonsequenz aus Γ und daher nach Satz 2.2.9-8 auch eine $S2$-Konsequenz aus Γ.

Fall 2: Γ ist unendlich.

Dann gibt es definitionsgemäß eine endliche Teilklasse Δ von Γ derart, daß A eine $S2$-Bewertungskonsequenz aus Δ ist. Also ist A nach Satz 2.2.9-8 eine $S2$-Konsequenz aus Δ und somit auch aus Γ.

Angenommen umgekehrt, A ist eine $S2$-Konsequenz aus Γ. Dann gibt es nach Satz 2.3.9-3 eine endliche Teilklasse Δ von Γ mit $\Delta \Vdash A$. Wegen Satz 2.2.9-8 ist A folglich eine $S2$-Bewertungskonsequenz aus Δ. Definitionsgemäß ist A also eine finite Bewertungskonsequenz aus Γ.

(II) Isomorphe Bewertungskonsequenz

Sei λ diejenige GZ-Abbildung, für die gilt: $\lambda(a_i) = a_{2i} (i \geqq 1)$.

Definition

A ist eine *isomorphe Bewertungskonsequenz aus* Γ gdw

(1) $A \in S2$;
(2) $\Gamma \subseteq S2$;
(3) die Klasse der in den Formeln von $\Gamma \cup \{A\}$ nicht vorkommenden GZ ist unendlich und A ist eine $S2$-Bewertungskonsequenz aus Γ

oder

die Klasse der in den Formeln von $\Gamma \cup \{A\}$ nicht vorkommenden GZ ist endlich und $[A]^\lambda$ ist eine $S2$-Bewertungskonsequenz aus $[\Gamma]^\lambda$.

Es gilt nun der folgende Satz:

Sei Γ irgendeine Teilklasse von $S2$ und A irgendeine $S2$-Formel. Dann ist A eine isomorphe Bewertungskonsequenz aus Γ gdw A eine $S2$-Konsequenz aus Γ ist.

Beweis: Angenommen, A ist eine isomorphe Bewertungskonsequenz aus Γ.

Fall 1: Die Klasse der in den Formeln von $\Gamma \cup \{A\}$ nicht vorkommenden GZ ist unendlich.

Dann ist A definitionsgemäß eine $S2$-Bewertungskonsequenz aus Γ. Wäre nicht $\Gamma \Vdash A$, so gäbe es I und γ derart, daß gilt: I erfüllt Γ $S2$-simultan über γ und $\sim$ Mod (I, A, γ). Folglich gäbe es aufgrund von Satz 2.2.9-4 eine normale $S2$-Interpretation I^* über γ derart, daß gilt: I^* erfüllt Γ $S2$-simultan über γ und $\sim$ Mod (I^*, A, γ). Nach Satz 2.2.9-2 gäbe es also eine $S2$-Grundbewertung $\mathfrak{A}$ derart, daß $\tilde{\mathfrak{A}}$ jedem Element von Γ die Zahl 1 und der Formel A die Zahl 0 zuordnet. Da jedoch A eine $S2$-Bewertungskonsequenz aus Γ ist, müßte auch gelten $\tilde{\mathfrak{A}}{}^{\prime} A = 1$.

Fall 2: Die Klasse der in den Formeln von $\Gamma \cup \{\mathrm{A}\}$ nicht vorkommenden GZ ist endlich.

Dann ist $[A]^\lambda$ definitionsgemäß eine $S2$-Bewertungskonsequenz aus $[\Gamma]^\lambda$. Wäre nicht $\Gamma \Vdash A$, so wäre $\Gamma \cup \{\neg A\}$ nach Satz 2.2.5-4. (17) $S2$-simultan erfüllbar und daher nach Satz 2.3.9-1 auch $\Pi 2$-konsistent. Also müßte $[\Gamma \cup \{\neg A\}]^\lambda$, d.h. $[\Gamma]^\lambda \cup \{\neg [A]^\lambda\}$ wegen Satz 2.3.6-9 $\Pi 2$-konsistent und daher nach Satz 2.3.7-2 auch $S2$-simultan erfüllbar sein. Folglich gäbe es I und γ derart, daß I die Klasse $[\Gamma]^\lambda$ $S2$-simultan über γ erfüllt, aber kein Modell von $[A]^\lambda$ über γ ist. Da die Klasse der in den Formeln von $[\Gamma]^\lambda \cup \{\neg [A]^\lambda\}$ nicht vorkommenden GZ unendlich ist (kein GZ a_{2i-1} kommt in dieser Formelklasse vor), gäbe es eine normale $S2$-Interpretation I^* über γ derart, daß I^* die Klasse $[\Gamma]^\lambda$ $S2$-simultan über γ erfüllt und kein Modell von $[A]^\lambda$ über γ ist. Wie im Fall 1 ergäbe sich dann ein Widerspruch.

Der Beweis der umgekehrten Richtung (mit den Sätzen 2.2.9-3, 2.2.5-4. (17) und 2.3.6-10) sei dem Leser überlassen.

Verzeichnis der verwendeten Symbole und Abkürzungen

Verzeichnis der Sätze und Definitionen

Verzeichnis der Sätze

Verzeichnis der Definitionen

Literaturverzeichnis

*ASSER, G.[1]: Einführung in die mathematische Logik, Teil I, Zürich/Frankfurt 1965, Teil II, Zürich/Frankfurt 1972.

BERKA, K. und L. KREISER: Logik-Texte, Berlin 1971.

BERNAYS, P.: Axiomatische Untersuchungen des Aussagenkalküls der »Principia Mathematica«, in: Mathematische Zeitschrift 25 (1926), S. 305-320.

*— und A. A. FRAENKEL: Axiomatic Set Theory, Amsterdam 1958.

*— und M. SCHÖNFINKEL: Zum Entscheidungsproblem der mathematischen Logik, in: Mathematische Annalen 99 (1928), S. 342-372.

BETH, E. W.: The Foundations of Mathematics, Amsterdam ²1965.

*CARNAP, R.: Einführung in die symbolische Logik, Wien ²1960.

*CHURCH, A.: Introduction to Mathematical Logic I, Princeton (N.J.) 1956.

*DAVIS, M.: Computability and Unsolvability, New York/Toronto/London 1958.

*FRAENKEL, A. A., Y. BAR-HILLEL und A. LEVY: Foundations of Set Theory, Amsterdam/London ²1973.

FREGE, G.: Begriffsschrift, eine der arithmetischen nachgebildete Formelsprache des reinen Denkens, Halle 1879. (Neu abgedruckt in: FREGE, G.: Begriffsschrift und andere Aufsätze. Hrsg. v. I. ANGELELLI mit Anm. v. E. HUSSERLS u. H. SCHOLZ, Hildesheim ²1971).

*GRZEGORCZYK, A.: An Outline of Mathematical Logic, Warschau 1974.

GUMIN, G. und H. HERMES: Die Soundness des Prädikatenkalküls auf der Basis der Quineschen Regeln, in: Archiv für mathematische Logik und Grundlagenforschung 2 (1956), S. 68-77.

HASENJAEGER, G.: Eine Bemerkung zu Henkin's Beweis für die Vollständigkeit des Prädikatenkalküls der ersten Stufe, in: The Journal of Symbolic Logic 18 (1953), S. 42-48.

HENKIN, L.: The Completeness of the First-Order Functional Calculus, in: The Journal of Symbolic Logic 14 (1949), S. 159-166.

*HERMES, H.: Einführung in die mathematische Logik (1. Aufl. Stuttgart 1963), Stuttgart ³1972.

—: Aufzählbarkeit, Entscheidbarkeit und Berechenbarkeit, Berlin/Heidelberg/New York ²1971.

HILBERT, D.: Grundlagen der Geometrie, Leipzig 1899.

—: — Mit Supplementen von P. BERNAYS, Stuttgart ¹¹1972.

—: Die logischen Grundlagen der Mathematik, in: Mathematische Annalen 88 (1923), S. 151-165.

*— und W. ACKERMANN: Grundzüge der theoretischen Logik (1. Aufl. Berlin 1928), Berlin/Heidelberg/New York ⁵1967.

*— und P. BERNAYS: Grundlagen der Mathematik, Bd. 1, (1. Aufl. Berlin 1934), Berlin/Heidelberg/New York ²1968, Bd. 2, Berlin/Heidelberg/New York ²1970.

*HUGHES, G. E. und M. J. CRESSWELL: An Introduction to Modal Logic, London 1968.

HUNTER, G.: Metalogic, London/Basingstoke 1971.

*KLAUA, D.: Allgemeine Mengenlehre, 2 Bde., Berlin 1968.

*KLEENE, S. C.: Introduction to Mathematics, Amsterdam/Groningen ⁵1967.

*KUTSCHERA, F. v.: Elementare Logik, Wien/New York 1967.

[1] Die mit * versehenen Titel sind zum weiteren Studium geeignet.

—: Zur semantischen Begründung der klassischen und der intuitionistischen Logik, in: Notre Dame Journal of Formal Logic 2 (1966), S. 20-47.

LEBLANC, H.: A Simplified Account of Validity and Implication for Quantificational Logic, in: The Journal of Symbolic Logic 33 (1968), S. 231-235.

— und W. A. WISDOM: Deductive Logic, Boston 1972.

ŁUKASIEWICZ, J.: Elementy logiki matematycznej, Warschau 1929. (Englische Übersetzung: Elements of Mathematical Logic, Warschau 1963).

*MALCEV, A. J.: Algorithmen und rekursive Funktionen, Braunschweig 1974.

MAGARIS, A.: First Order Mathematical Logic, Waltham (Mass.)/Toronto/London 1967.

MATES, B.: Elementare Logik, Göttingen 1969.

*MAURER, H.: Theoretische Grundlagen der Programmiersprachen, Mannheim/Wien/Zürich 1969.

*MENDELSON, E.: Introduction to Mathematical Logic, Princeton (N.J.) 1964.

PASCH, M.: Vorlesungen über neuere Geometrie, Leipzig 1882.

POST, E. L.: Introduction to a General Theory of Elementary Propositions, in: American Journal of Mathematics 43 (1921), S. 162-185.

*PRAWITZ, D.: Natural Deduction, Stockholm 1965.

QUINE, W. V. O.: Methods of Logic, New York 1950. (Deutsche Übersetzung: Grundzüge der Logik, Frankfurt a. M. 1969.)

*ROBBIN, J. W.: Mathematical Logic: A First Cource, New York/Amsterdam 1969.

*ROGERS, R.: Mathematical Logic and Formalized Theories, Amsterdam/London 1971.

ROHLEDER, H.: Die Verwendung von Aussagenkalkülen zur Beschreibung elektrischer Schaltungen, in: Zeitschrift für mathematische Logik und Grundlagen der Mathematik 1 (1955), S. 304-309.

*ROSSER, J. B.: Logic for Mathematicians, New York 1953.

SCHOLZ, H.: Die Axiomatik der Alten, in: Blätter für deutsche Philosophie 4 (1930/31). (Abgedruckt in: SCHOLZ, H.: Mathesis Universalis, Darmstadt ²1969).

—: Vorlesungen über Grundzüge der mathematischen Logik I-II, Münster ²1950.

*— und G. HASENJAEGER: Grundzüge der mathematischen Logik, Berlin 1961.

*SHOENFIELD, J. R.: Mathematical Logic, London 1967.

*SMULLYAN, R.: First-Order Logic, Berlin/Heidelberg/New York 1968.

*—: Theory of Formal Systems, Princeton (N.J.) ²1968.

*SUPPES, P.: Axiomatic Set Theory, Princeton (N. J.) 1960.

*TAKEUTI, G. und W. M. ZARING: Introduction to Axiomatic Set Theory, New York/Heidelberg/Berlin 1971.

WHITEHEAD, A. N. und B. RUSSELL: Principia Mathematica, Bd. 1, Cambridge 1910, Bd. 2, Cambridge 1912, Bd. 3, Cambridge 1913.

*YASUHARA, A.: Recursive Function Theory and Logic, New York/London 1971.

Register